EINFÜHRUNG IN DIE THEORIE GEREGELTER DREHSTROMANTRIEBE

BAND 1

LEHRBÜCHER DER ELEKTROTECHNIK

BAND 6

EINFÜHRUNG IN DIE THEORIE GEREGELTER DREHSTROMANTRIEBE

VON

HANSRUEDI BÜHLER

PROFESSOR AN DER EIDG. TECHNISCHEN HOCHSCHULE LAUSANNE

BAND 1
GRUNDLAGEN

1977

BIRKHÄUSER VERLAG BASEL
UND STUTTGART

Meiner Frau gewidmet

CIP-Kurztitelaufnahme der Deutschen Bibliothek

Bühler, Hansruedi
Einführung in die Theorie geregelter Drehstrom-
antriebe. - Basel, Stuttgart: Birkhäuser.
Bd. 1. Grundlagen. - 1. Aufl. - 1977.
(Lehrbücher der Elektrotechnik; Bd. 6)
ISBN 3-7643-0837-0

ISBN 3–7643–0837–0

Vorwort

Drehzahlregelbare Drehstromantriebe werden seit etwa 1960 entwickelt und gebaut. Sie konnten zwar die klassischen Gleichstromantriebe mit Stromrichterspeisung nicht verdrängen, besitzen aber trotzdem eine grosse Bedeutung, insbesondere für Spezialfälle, wo die besonderen Eigenschaften der Drehstrommaschinen, wie hohe Leistung, hohe Drehzahl, grössere spezifische Leistung usw. ins Gewicht fallen. Mehrere Anlagen stehen bereits mit guten Erfahrungen im Betrieb. Die Entwicklung und Normalisierung wird weitergehen, und zwar sowohl auf dem Gebiet der Leistungselektronik (statische Frequenzumformer), wie auch auf dem Gebiet der Steuer- und Regelelektronik.

Das vorliegende Buch «Einführung in die Theorie geregelter Drehstromantriebe» möchte einen Beitrag zu dieser Entwicklung liefern, indem vor allem die regeltechnischen Aspekte dieser Antriebsarten behandelt und ausgearbeitet werden. Es richtet sich daher an Ingenieure, die in der Industrie in Entwicklung, Entwurf sowie Inbetriebsetzung geregelter Antriebe tätig sind oder die sich an Hochschulinstituten mit diesem Fragenkomplex beschäftigen. Weitere Interessenten sind Doktoranden, Nachdiplomstudierende, Diplomanden und besonders motivierte Studenten, die sich auf diesem Spezialgebiet der Regeltechnik, der Stromrichtertechnik und der elektrischen Maschinen weiterbilden möchten. Das Buch ist nicht nur als Lehrbuch zu bewerten, sondern auch als Monographie, da hier viele theoretische Untersuchungen verwertet wurden, die vom Verfasser und seinen Mitarbeitern am Lehrstuhl für Industrielle Elektronik an der Eidg. Technischen Hochschule in Lausanne gemäss einem ausgedehnten Forschungsprogramm durchgeführt wurden.

Mit Rücksicht auf den Umfang wurde das Werk in zwei Bände aufgeteilt. Der vorliegende Band 1 bringt in den Abschnitten 1 bis 3 die Grundlagen, während der Band 2 mit den Abschnitten 4 bis 7 den Anwendungen gewidmet ist. Die Abschnitte sind in den beiden Bänden fortlaufend numeriert, um Hinweise auf andere Abschnitte, Gleichungen oder Abbildungen zu vereinfachen.

Der Abschnitt 1 gibt als Einführung eine kurze Uebersicht über die verschiedenen Möglichkeiten zur Drehzahlverstellung bei Synchron- und Asynchronmaschinen, wobei sich hier die Darstellung auf eine generelle Beschreibung der Starkstromkreise beschränkt, ohne auf die vielfältigen Regel- und Steuerkreise einzugehen.

Der Abschnitt 2 behandelt das statische und dynamische Verhalten der

Drehstrommaschinen. Eine ausführliche Beschreibung dieser Grundlagen schien angebracht, da einerseits einige der Standardwerke auf diesem Gebiet vergriffen sind und anderseits in Zeitschriftenartikeln, Dissertationen usw. nicht immer einheitliche Bezeichnungen und Definitionen verwendet werden. Ueberdies sind dem Regeltechniker die Methoden zur Behandlung von nichtstationären Vorgängen in Drehstrommaschinen mit Hilfe der Zweiachsentheorie oder der komplexen Einachsentheorie nicht immer geläufig. Diese Methoden sind aber nicht nur zur Untersuchung der nichtstationären Vorgänge in elektrischen Maschinen geeignet, sondern können auch mit Erfolg zur Behandlung von Dreiphasenregelkreisen eingesetzt werden.

Das statische und dynamische Verhalten der Frequenzumrichter wird in Abschnitt 3 beschrieben. Dieser Teil ist relativ umfangreich, da über dieses Gebiet in der Literatur wenig zu finden ist und hier vor allem eigene Untersuchungen, insbesondere auch über den Einfluss der Zwangskommutierung verarbeitet wurden. Es werden hier Gleichungen und Strukturdiagramme aufgestellt, welche das Verhalten der Frequenzumrichter beschreiben, und zwar derart, dass eine Kombination mit den entsprechenden Gleichungen der Drehstrommaschinen möglich ist. Dabei werden die Frequenzumrichter durch stetige Ersatzsysteme angenähert, womit sich deren statisches und dynamisches Verhalten für die hier in Frage kommenden Vorgänge genügend genau behandeln lässt. Die Regelvorgänge lassen sich dann mit den jedem Regeltechniker vertrauten stetigen Methoden untersuchen.

Der Band 2 ist, wie bereits erwähnt, der Behandlung von Anwendungen gewidmet. In den Abschnitten 4 bis 7 werden nacheinander die direktumrichtergespeiste Synchronmaschine, der Stromrichtermotor, die untersynchrone Stromrichterkaskade sowie die umrichtergespeiste Asynchronmaschine hinsichlich der regeltechnischen Probleme sehr eingehend untersucht. Um eine gewisse Systematik in der Darstellung zu erreichen, werden jeweils zuerst die Leistungs- und Regelkreise beschrieben. Anschliessend werden entsprechend den heute gebräuchlichen überlagerten Regelkreisen vorerst die Stromregelkreise und nachher der Drehzahlregelkreis untersucht.

Es ist mir leider nicht möglich allen Mitarbeitern, Assistenten, Diplomanden und Studenten, die in Form von Studien- und Diplomarbeiten direkt oder indirekt zum Gelingen dieses Buches beigetragen haben, persönlich zu danken. Einen besonderen Dank möchte ich jedoch Herrn G. Renggli aussprechen, der mit grosser Sorgfalt die zahlreichen Klischeezeichnungen ausgeführt hat. Schliesslich danke ich dem Birkhäuser Verlag, der in gewohnter Art und Weise die Drucklegung des Buches ermöglicht hat.

Ciona di Carona (TI) und Lausanne, Frühjahr 1977 H. Bühler

INHALTSVERZEICHNIS

Band 1

Band 2

1 Einführung

1.1 Uebersicht

Für drehzahlgeregelte Antriebe wurde lange Zeit ausschliesslich der Gleichstrommotor eingesetzt, trotz seinem relativ komplizierten mechanischen Aufbau. Der Grund liegt darin, dass die Drehzahl sehr einfach durch Verändern der Ankerspannung und der Erregerspannung regelbar ist. Ursprünglich wurden zur Ankerspeisung rotierende Ward-Leonard-Umformergruppen eingesetzt, später Quecksilberdampfgleichrichter, die schliesslich durch Thyristoren abgelöst wurden (siehe z. B. Bühler [1]). Der Gleichstromantrieb hat heute einen hohen, ausgereiften Entwicklungsstand erreicht, und man kann auch eine weitgehende Normalisierung feststellen, und zwar sowohl der Starkstromkreise (Drehstrombrückenschaltung als Stromrichter zur Speisung des Motorankers) wie auch der Regelkreise (Ankerstromregelkreis mit überlagertem Drehzahlregelkreis), (siehe Kümmel [2]; Leonhard [4]; Ernst und Ströle [6]). Ebenso sind die theoretischen Grundlagen zur Bestimmung der optimalen Reglerparameter der verwendeten PI-Regler weitgehend bereitgestellt (Bühler [1]; Kümmel [2]; Pfaff [3]; Leonhard [4]; Buxbaum [5]).

Ab etwa 1960 setzte eine sehr starke Entwicklungstätigkeit auch auf dem Gebiete der geregelten Drehstromantriebe ein, um die konstruktiv einfacheren Synchron- und Asynchronmaschinen einsetzen zu können, (siehe z. B. Köllensperger [7]; Langer [8]; Schönung und Stemmler [9]; Schönung [10]; Abraham, Heumann und Koppelmann [11]; Abraham und Koppelmann [12]; Bystron und Meyer [13]. Zusammenfassende Darstellungen befinden, sich in Ernst und Ströle [6]; Murphy [28] und Bühler [29]). Hier steht allerdings ein wesentlich höherer Aufwand an Starkstromkreisen (Stromrichter und Frequenzumrichter) sowie Regel- und Steuerkreisen gegenüber. Das Problem besteht darin, dass die Drehzahl eines Drehstrommotors an die Speisefrequenz gebunden ist und dass es relativ aufwendig ist, eine dreiphasige Spannungsquelle variabler Frequenz herzustellen. Zwar gehen die ersten Versuche, die Drehstrommaschinen drehzahlveränderlich zu machen, bereits in die dreissiger Jahre zurück. Die praktische Realisierung scheiterte am damaligen Stand der Technik. Erst die neueren Entwicklungen auf dem Gebiet der Leistungselektronik (Einsatz der Thyristoren in der Stromrichtertechnik sowie die Entwicklung von

Umrichtern mit Zwangskommutierung) und der Entwicklung auf dem Gebiet der Regel- und Steuerelektronik (insbesondere der integrierten analogen und digitalen Bauelemente) gestatteten, das Problem erneut, und zwar diesmal mit Erfolg, aufzunehmen. Diese Entwicklung ist noch keineswegs abgeschlossen. Ebenso beginnt sich noch keine Normalisierung abzuzeichnen. Dies ist dadurch begründet, dass je nach Anwendungszweck die eine oder die andere Variante günstiger ist.

Es ist allerdings zu beachten, dass der Aufbau der statischen Frequenzumrichter relativ kompliziert ist und dass zu ihrem Betrieb auch umfangreichere Steuer- und Regeleinrichtungen notwendig sind. Der Gesamtpreis eines Drehstrommotors mit Frequenzumrichter und Regelung ist normalerweise höher als derjenige eines gleichwertigen Gleichstrommotors mit Stromrichter und Regelung. Es ist kaum zu erwarten, dass der geregelte Drehstromantrieb den Gleichstrommotor wird verdrängen können. Der Einsatz eines drehzahlregelbaren Drehstromantriebes wird vor allem auf Spezialfälle beschränkt bleiben, bei denen die speziellen Eigenschaften des Drehstrommotors besonders ins Gewicht fallen. Der Konstruktion eines Gleichstrommotors sind bekanntlich Grenzen gesetzt hinsichtlich maximaler Leistung und Drehzahl, die bei Drehstrommotoren wesentlich höher liegen. Hier wird der geregelte Drehstromantrieb sein interessantestes Anwendungsgebiet finden, da die Herstellungskosten dieser Anlagen sehr hoch liegen und somit umfangreiche Entwicklungsarbeiten ohne weiteres ertragen. Ein anderes dankbares Gebiet wird sich bei Hochleistungstriebfahrzeugen ergeben, wo die Einbauabmessungen beschränkt sind und der Drehstromantrieb bei gleichem Raumbedarf eine höhere Leistung unterzubringen gestattet.

Die geregelten Drehstromantriebe wurden theoretisch insbesondere im stationären Betrieb untersucht, wobei die Kennlinien für einen optimalen Betrieb sowie der Einfluss der Umrichterspeisung auf die Oberwellen in Strom und Drehmoment der Drehstrommaschinen bestimmt wurden (siehe z. B. Schönung und Stemmler [9]; Heumann und Jordan [14] und [15]; Naunin [16]; Sperling [74]). Dagegen liegen noch wenig Untersuchungen über das dynamische Verhalten der Regelkreise vor, insbesondere in Form von Frequenzganguntersuchungen. Dies ist vor allem darauf zurückzuführen, dass die Drehstrommaschinen eine wesentlich kompliziertere Regelstrecke darstellen, als die Gleichstrommaschine.

Das vorliegende Buch befasst sich eingehend mit der theoretischen Untersuchung der geregelten Drehstromantriebe hinsichtlich ihres regeltechnischen Verhaltens. In diesem einleitenden Abschnitt werden einige grundlegenden Hinweise auf die Möglichkeiten zur Drehzahlverstellung bei Synchron- und Asynchronmotoren gegeben. In Abschnitt 2 werden die theoretischen Grundlagen zur Untersuchung nichtstationärer Vorgänge in Drehstrommaschinen zusammengestellt. Der Abschnitt 3 ist den statischen

Frequenzumrichtern gewidmet, wobei insbesondere ihr Verhalten in Regelkreisen untersucht wird. In den folgenden Abschnitten (siehe Band 2) werden dann eingehend die wichtigsten Antriebsarten untersucht, wobei auch Hinweise auf den prinzipiellen Aufbau der Starkstrom- und Regelkreise und deren Funktionsweise gegeben werden, bevor auf die Untersuchung der Regelkreise eingegangen wird. Bei den Drehstromantrieben liegen vielfach gekoppelte Regelkreise vor, so dass ihre Untersuchung komplizierter ist, als bei den bekannten Gleichstromantrieben.

1.2 Möglichkeiten zur Drehzahlverstellung bei Synchronmaschinen

1.21 Allgemeines

Die Drehzahl eines Synchronmotors ist im stationären Betrieb eindeutig durch die Speisefrequenz vorgegeben. Es gilt

$$n = \frac{60 f_s}{p} \tag{1.1}$$

wobei n die Drehzahl in U/min., f_s die Speisefrequenz in Hz und p die Polpaarzahl der Synchronmaschine ist.

Die Drehzahl eines Synchronmotors kann somit nur verändert werden, wenn die Speisung aus einem Frequenzumrichter mit einstellbarer Frequenz erfolgt. Als Frequenzumrichter werden sowohl Direktumrichter als auch Zwischenkreisumrichter verwendet.

Mit Rücksicht auf einen einwandfreien Betrieb der Synchronmaschine muss deren Fluss konstant gehalten werden, was bedingt, dass die Speisespannung praktisch proportional der Frequenz verändert werden muss. Die im Polrad erregte Synchronmaschine weist überdies noch die Eigenschaft auf, dass im Stator ein Dreiphasenspannungssystem induziert wird, was im Hinblick auf die Kommutierung der Stromrichter von grosser Bedeutung ist.

Die zur Erregung der Synchronmaschine notwendige Energie wird normalerweise aus Stromrichtern geliefert. Dabei können die Schleifringe vermieden werden, indem rotierende Gleichrichter eingesetzt werden, die über eine Drehstromerregermaschine gespeist werden, welche die Erregerwicklung im feststehenden Teil aufweist. Dadurch ergeben sich bürstenlose Synchronmotoren, was sich auf den mechanischen Unterhalt des Antriebes ganz ausserordentlich auswirkt (Köllensperger und Tovar [17]; Hübner [20]).

Nachstehend werden die prinzipielle Anordnung und Funktionsweise der

Synchronmaschine zusammen mit den beiden möglichen Frequenzumrichterspeisungen (Direktumrichter oder Zwischenkreisumrichter) kurz besprochen.

1.22 Drehzahländerung durch veränderliche Speisefrequenz

1.221 *Speisung aus Direktumrichter*

Die prinzipielle Anordnung einer aus einem Direktumrichter gespeisten Synchronmaschine geht aus Abbildung 1.1 hervor (siehe LANGER [8]; STEMMLER [18]; HABÖCK [19]).

Der Direktumrichter besteht aus drei Umkehrstromrichtern 2a, 2b, 2c, die normalerweise in Drehstrombrückenschaltung ohne Kreisstrom arbeiten und je eine Phase der Ständerwicklung des Synchronmotors 1 speisen. Durch geeignete Steuerung wird dabei ein symmetrisches Dreiphasensystem mit einstellbarer Frequenz und Spannung erzeugt. Da der Umkehrstromrichter ausschliesslich am Netz mit konstanter Speisefrequenz (normalerweise 50 Hz) kommutiert, und die Wechselspannung am Ausgang durch dauernde Verstellung des Zündverzögerungswinkels als variable «Gleichspannung» erzeugt wird, so ist die maximal erreichbare Frequenz

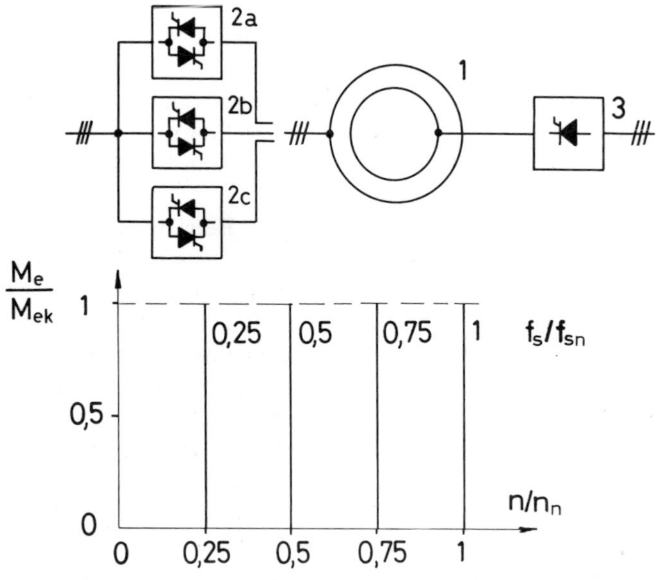

Abbildung 1.1

Synchronmaschine mit Speisung aus Direktumrichter. *1* Synchronmaschine, *2a*, *2b*, *2c* Direktumrichter, *3* Stromrichter für Erregung.

auf 20 bis 25 Hz begrenzt. Dies schränkt die Anwendung dieser Umrichterart wesentlich ein, und zwar auf langsam laufende Motoren meist grosser Leistung, wie zum Beispiel zum getriebelosen Antrieb von Zement-Rohrmühlen. Mit Rücksicht auf die niedrige Drehzahl und die konstruktive Ausführung des Polrades werden diese Antriebe mit 5 bis 10 Hz betrieben. Der Direktumrichter besitzt überdies den Nachteil des grossen Aufwandes an Stromrichterelementen, da total 6 Drehstrom-Brücken benötigt werden.

Vorteilhaft wirkt sich dagegen die Tatsache aus, dass der Mittelwert der Ausgangsspannung sinusförmig verändert werden kann, so dass der Statorstrom der Synchronmaschine praktisch eine reine Sinusform aufweist und somit Drehmomentpendelungen weitgehend vermieden werden. Ueberdies lässt sich die Ausgangsfrequenz bis auf Null reduzieren, so dass der Anlauf, selbst mit grossen Drehmomenten keine Probleme bietet.

Wird die Frequenz des Direktumrichters von aussen fest vorgegeben, so verhält sich die Synchronmaschine wie an einem starren Netz. Sie weist insbesondere ein Kippmoment M_{ek} auf und kann Polradpendelungen ausführen. Die Drehzahl ist unabhängig von der Belastung und nur durch die Speisefrequenz f_s gegeben (siehe Abbildung 1.1). Die Klemmenspannung der Synchronmaschine ist dabei praktisch proportional der Speisefrequenz zu verändern. Man kann die Maschine auch mit Frequenzen grösser als Nennfrequenz f_n betreiben, wobei dann die Klemmenspannung konstant gehalten wird. Damit arbeitet die Synchronmaschine im «Feldschwächegebiet» und das Kippmoment wird kleiner.

Durch geeignete Steuer- und Regelschaltungen kann das Auftreten eines Kippmomentes vermieden werden, indem die Speisefrequenz nicht von aussen vorgegeben wird, sondern von der Drehzahl des Motors abgeleitet wird. Damit erhält der Antrieb eine leicht geneigte Drehmoment-Drehzahl-Kennlinie. Gleichzeitig werden auch Polradpendelungen vermieden.

Da die Umkehrstromrichter einen Vierquadranten-Betrieb erlauben, so lässt sich jede beliebige Phasenlage zwischen Statorstrom und Statorspannung einstellen. Insbesondere ist es möglich mit dem für die Maschinen- und Stromrichterauslegung besonders günstigen Leistungsfaktor $\cos \varphi = 1$ zu arbeiten. Ebenso kann die Maschine als Generator betrieben werden.

Neben der Speisung des Stators muss die Synchronmaschine noch im Rotor erregt werden, wozu ein steuerbarer Gleichrichter (Stromrichter) 3 verwendet wird (siehe Abbildung 1.1).

Die direktumrichtergespeiste Synchronmaschine wird eingehend in Abschnitt 4 untersucht werden.

1.222 *Speisung aus Zwischenkreisumrichter*

Die Speisung einer Synchronmaschine aus einem Zwischenkreisumrichter ist schematisch in Abbildung 1.2 dargestellt (siehe z. B. Haböck [19]; Hübner [20]; Haböck und Köllensperger [21]). Diese Anordnung, die ein relativ

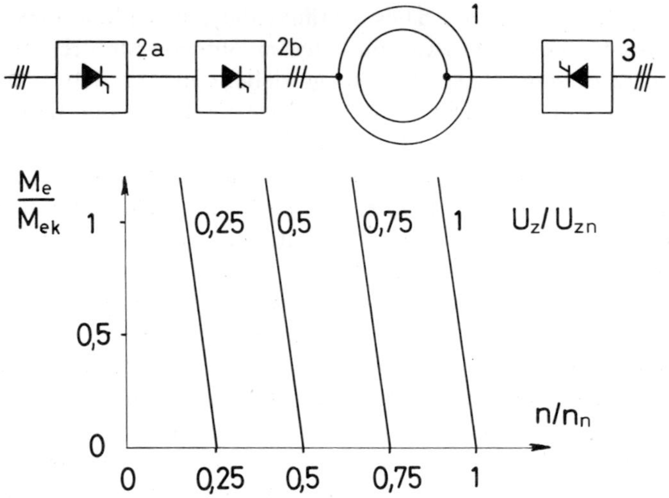

Abbildung 1.2
Synchronmaschine mit Speisung aus Zwischenkreisumrichter (Stromrichtermotor). *1* Synchronmaschine, *2a*, *2b* Zwischenkreisumrichter, *3* Stromrichter für Erregung.

weites Anwendungsgebiet besitzt, wird auch als Stromrichtermotor bezeichnet.

Der Zwischenkreisumrichter besteht aus einem netzgeführten Stromrichter 2a, der normalerweise im Gleichrichterbetrieb arbeitet sowie einem zweiten Stromrichter 2b der als Wechselrichter den Gleichstrom des Zwischenkreises in ein zweites Drehstromsystem variabler Frequenz umformt. Die Kommutierung des Wechselrichters 2b wird durch die in der Synchronmaschine 1 induzierten Spannungen gewährleistet. Die Synchronmaschine muss überdies die Steuerblindleistung des Wechselrichters aufbringen. Man spricht dann von einem maschinengeführten (oder lastgeführten) Wechselrichter. Seine Frequenz ist durch die momentane Drehzahl der Synchronmaschine gegeben und kann somit auch höher sein, als die Frequenz des Speisenetzes (50 Hz). Dies ist besonders günstig für schnelllaufende Antriebe, wie zum Beispiel zum Antrieb von hochtourigen Gebläsen. Als weiterer Vorteil ist auch der geringe Aufwand an Stromrichterelementen zu bewerten, da nur zwei Drehstrom-Brücken benötigt werden.

Der Gleichstrom im Zwischenkreis wird durch eine Drosselspule geglättet. Der Wechselrichter drückt damit der Synchronmaschine einen praktisch rechteckförmigen Statorstrom auf, was ausgeprägte Drehmomentpendelungen zur Folge hat, deren Frequenz das Sechsfache der Speisefrequenz beträgt. Diese Drehmomentpendelungen wirken sich vor allem bei tiefen Drehzahlen ungünstig aus, da sie einen ungleichförmigen Lauf der Synchronmaschine zur Folge haben. Bei tiefen Drehzahlen, insbesondere im

Stillstand, reichen überdies die in der Synchronmaschine induzierten Spannungen nicht mehr aus, um die Kommutierung des Wechselrichters zu gewährleisten. Ein Betrieb unterhalb 5 bis 20% der Nenndrehzahl ist dann nicht mehr möglich. Für den Anlauf aus dem Stillstand müssen besondere Massnahmen getroffen werden, wie Zwischenkreistaktung oder Einsatz eines zwangskommutierten Wechselrichters.

Die Klemmenspannung U der Synchronmaschine ist im Leerlauf proportional deren Drehzahl n. Für die Gleichspannung U_z im Zwischenkreis gilt die Beziehung

$$U_z = -\frac{3\sqrt{2}}{\pi}\frac{n}{n_n} U_n \cos \alpha_w \tag{1.2}$$

wobei U_n die Nennspannung bei Nenndrehzahl n_n ist. Bei festeingestelltem Zündverzögerungswinkel α_w des Wechselrichters ist somit die Drehzahl n proportional der Gleichspannung U_z im Zwischenkreis. Bei Belastung sinkt infolge der Spannungsabfälle die Drehzahl ab und es ergeben sich die in Abbildung 1.2 dargestellten geneigten Drehmoment-Drehzahl-Kennlinien.

Da die Frequenz nicht mehr starr vorgegeben ist, so kann bei geeigneter Steuerung kein Kippmoment auftreten. Ueberdies sind auch keine Polradpendelungen möglich.

Schliesslich ist noch zu beachten, dass der mit natürlicher Kommutierung arbeitende Wechselrichter nicht jede beliebige Phasenlage zwischen Statorstrom und Statorspannung zulässt. Die Synchronmaschine muss mit $\cos\varphi < 1$ übererregt betrieben werden, was sich ungünstig auf die Maschinendimensionierung auswirkt. Ein Betrieb mit $\cos\varphi = 1$ ist nur möglich, wenn ein Wechselrichter mit Zwangskommutierung eingesetzt wird. Dadurch wird allerdings der Aufwand am Zwischenkreisumrichter vergrössert, was unter Umständen durch eine Einsparung an der Synchronmaschine und am Zwischenkreisumrichter selbst, infolge des besseren Leistungsfaktors wettgemacht werden kann. Die preislich günstigste Lösung ist von Fall zu Fall zu untersuchen.

Durch Umsteuerung der Stromrichter 2a bzw. 2b in den Wechselrichter- bzw. Gleichrichterbetrieb, kann der Stromrichtermotor auch als Generator betrieben werden, was beispielsweise zur Abbremsung des Motors notwendig ist.

Der Abschnitt 5 ist der eingehenden Untersuchung des Stromrichtermotors gewidmet.

1.3 Möglichkeiten zur Drehzahlverstellung bei Asynchronmaschinen

1.31 Allgemeines

Die Drehzahl einer Asynchronmaschine hängt einerseits von der Speisefrequenz ab, welche die synchrone Drehzahl festlegt und anderseits vom

Schlupf, der durch die Motorkennlinien gegeben ist und von der Belastung abhängt. Es gilt

$$n = \frac{60}{p}(f_s - f_r). \tag{1.3}$$

Dabei ist f_r die Schlupffrequenz des Rotors in Hz.

Die Drehzahl eines Asynchronmotors kann somit sowohl durch Einwirken auf den Schlupf als auch auf die Speisefrequenz verändert werden. Damit ergeben sich wesentlich mehr Möglichkeiten, um eine Drehzahlverstellung zu bewerkstelligen. Nachstehend werden kurz verschiedene Möglichkeiten beschrieben, die sich mit Hilfe der Leistungselektronik realisieren lassen, und zwar vier Möglichkeiten zur Einwirkung auf den Schlupf und eine Möglichkeit durch Veränderung der Speisefrequenz aus einem Frequenzumrichter. Im letztern Fall gelangt praktisch nur der Zwischenkreisumrichter zum Einsatz.

Wird die Asynchronmaschine mit veränderlicher Speisefrequenz betrieben, so muss mit Rücksicht auf einen einwandfreien Betrieb die Spannung etwa proportional der Speisefrequenz verändert werden. Ueberdies ist zu beachten, dass die Asynchronmaschine keine aktiv induzierten Spannungen aufweist, welche die Kommutierung der Stromrichter übernehmen könnten. Daher müssen zwangskommutierte Wechselrichter eingesetzt werden.

1.32 Drehzahländerung durch Beeinflussung des Schlupfes

1.321 *Schlupfänderung durch Reduktion der Statorspannung mittels Drehstromsteller*

Abbildung 1.3 zeigt das Prinzipschaltbild einer Anordnung, welche eine Schlupfänderung des Asynchronmotors durch Einwirken auf die Statorspannung gestattet (siehe Kümmel [2]; Heumann und Stumpe [22]).

Ein Drehstromsteller 2 speist den Stator der Asynchronmaschine 1 mit einer im Effektivwert veränderbaren Spannung konstanter Frequenz. Das Drehmoment des Motors ist proportional dem Quadrat der Spannung, d.h. $M_e \sim (U_s/U_{sn})^2$. Die Kennlinien des Motors hängen somit von der Spannung U_s ab (siehe Abbildung 1.3). Je nach dem Belastungsmoment M kann der Schlupf und somit die Drehzahl n in gewissen Grenzen verändert werden. Im Leerlauf, d.h. für $M = 0$ ist jedoch keine Drehzahländerung möglich, hier läuft die Asynchronmaschine praktisch mit der synchronen Drehzahl.

Um unter Einwirkung des Belastungsmomentes M die Drehzahl in einem weiten Bereich verändern zu können, so muss der Motor einen grossen Kippschlupf aufweisen. Dazu muss man normalerweise einen

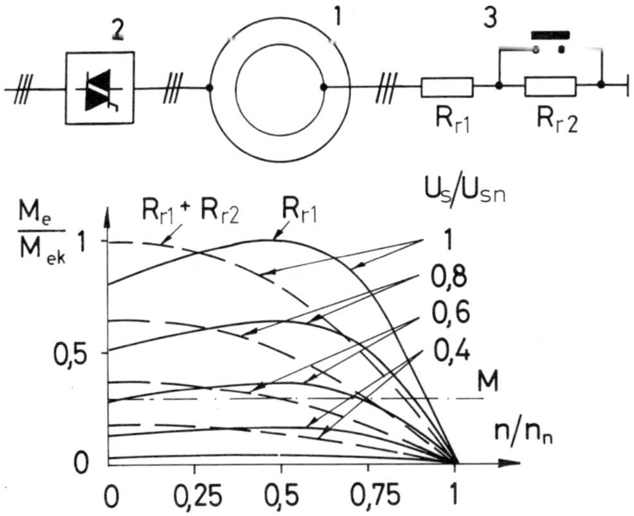

Abbildung 1.3
Asynchronmaschine mit Schlupfänderung durch Reduktion der Statorspannung mittels Drehstromsteller. *1* Asynchronmaschine, *2* Drehstromsteller, *3* externe ohmsche Widerstände.

Schleifringläufermotor verwenden, der gestattet, extern ohmsche Widerstände 3 in den Rotorkreis einzuschalten. Je nach dem Bereich, in dem sich die Drehzahl befindet, ist es zweckmässig, einen Teil dieser Widerstände kurzzuschliessen. Wie in Abbildung 1.3 schematisch dargestellt ist, arbeitet man zum Beispiel nur mit R_{r1} im Bereich $0{,}5 < n/n_n < 1$ (Kippschlupf = 0,5) und mit $R_{r1} + R_{r2}$ im Bereich $0 < n/n_n < 0{,}5$ (Kippschlupf = 1).

Im vorliegenden Fall ist eine Drehzahländerung nur mit erheblichen Verlusten möglich, da die Schlupfleistung in den Widerständen des Rotorkreises vernichtet wird. Man verwendet daher diese Anordnung nur für kleine Motorleistungen, oder wenn die Drehzahl nur kurzzeitig reduziert werden muss.

1.322 *Schlupfänderung durch Erhöhung des Rotorwiderstandes mittels pulsgesteuertem Widerstand*

Es ist auch möglich, den Schlupf eines Asynchronmotors durch stetiges Erhöhen des Rotorwiderstandes zu beeinflussen, wie dies schematisch in Abbildung 1.4 dargestellt ist (siehe Heumann und Stumpe [22]).

Der Stator ist in diesem Falle direkt mit dem speisenden Netz verbunden

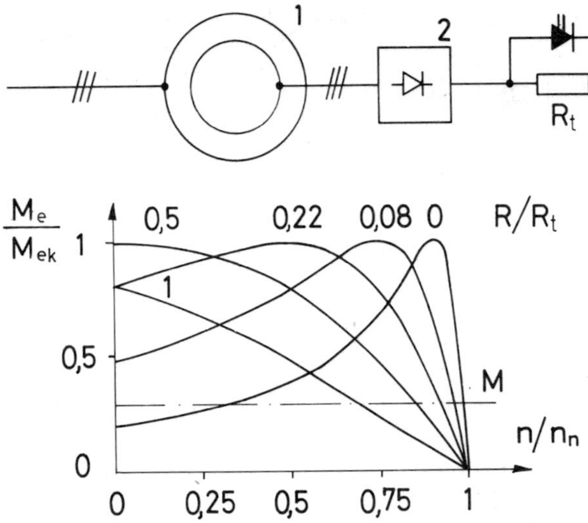

Abbildung 1.4
Asynchronmaschine mit Schlupfänderung durch Erhöhung des Rotorwiderstandes mittels pulsgesteuertem Widerstand. *1* Asynchronmaschine, *2* ungesteuerter Gleichrichter, *3* Gleichstromsteller zur Pulsung des Widerstandes R_t.

und liegt somit an konstanter Spannung und Speisefrequenz. Im Rotorkreis des Schleifringläufermotors 1 befindet sich ein ungesteuerter Gleichrichter 2 in Drehstrom-Brückenschaltung, der einen ohmschen Widerstand R_t speist. Parallel dazu befindet sich ein Gleichstromsteller 3 mit Zwangskommutierung. Durch rasches periodisches Ein- und Ausschalten des Gleichstromstellers ist es möglich den resultierenden Widerstand zwischen Null und R_t stetig zu verändern (pulsgesteuerter Widerstand, siehe Heumann und Stumpe [22]). Die Motorkennlinie hängt vom resultierenden Widerstand R (mit $0 \leq R/R_t \leq 1$) ab, wobei in bekannter Weise der Kippschlupf verändert wird.

Unter dem Einfluss des Belastungsmomentes M kann die Drehzahl durch Einwirken auf den Schlupf verändert werden. Demnach ist im Leerlauf keine Drehzahlverstellung möglich.

Bei der vorliegenden Anordnung wird die Schlupfenergie ebenfalls in ohmschen Widerständen vernichtet, so dass der Wirkungsgrad schlecht ist. Die Anwendung ist somit auch hier auf Motoren relativ kleiner Leistung beschränkt oder auf diejenigen Fälle, die nur eine kurzzeitige Drehzahländerung erfordern, insbesondere bei einem kontrollierten Hochlauf und anschliessendem Betrieb mit kurzgeschlossenenem Widerstand R_t.

1.323 *Schlupfänderung durch Zwischenkreisumrichter*

Es ist möglich, den Wirkungsgrad der vorstehend besprochenen Anordnung zu verbessern, indem der gepulste Widerstand durch einen Stromrichter mit natürlicher Kommutierung ersetzt wird, wie dies in Abbildung 1.5 schematisch dargestellt ist (siehe KÜMMEL [2]; HEUMANN und STUMPE [22]). Dieser Stromrichter 3 ist über einen Transformator 4 an das Speisenetz angeschlossen, welches die Kommutierung des Stromrichters 3 sicherstellt. Dieser arbeitet immer im Wechselrichterbetrieb und gestattet die Schlupfleistung ins Drehstromnetz zurückzuspeisen. Im Rotorkreis befindet sich somit ein Zwischenkreisumrichter, bestehend aus einem ungesteuerten Gleichrichter 2 und einem netzgeführten Wechselrichter 3. Diese Anordnung wird auch als Stromrichterkaskade bezeichnet.

Die Gleichspannung für die die beiden Stromrichter zu dimensionieren sind, ist durch folgende Beziehung gegeben

$$U_{\mathrm{d}} = \frac{3\sqrt{2}}{\pi} \, \frac{n_{\mathrm{n}} - n_{\min}}{n_{\mathrm{n}}} \, U_{\mathrm{r0}}. \tag{1.4}$$

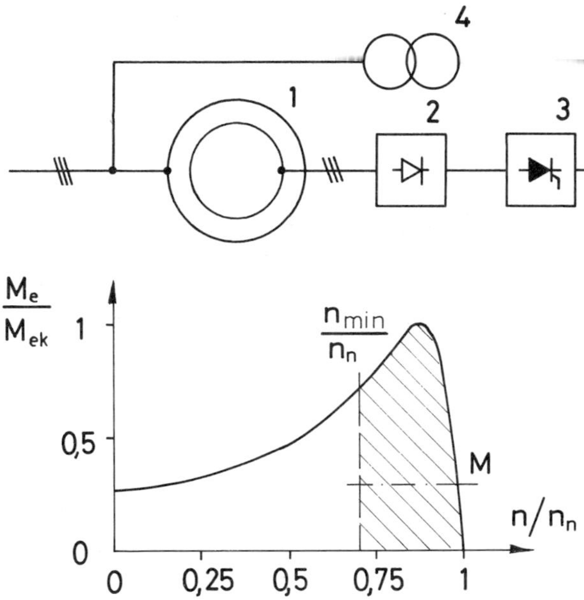

Abbildung 1.5
Asynchronmaschine mit Schlupfänderung durch Zwischenkreisumrichter (Stromrichterkaskade). *1* Asynchronmaschine, *2* ungesteuerter Gleichrichter, *3* netzgeführter Wechselrichter, *4* Transformator.

U_{r0} ist die verkettete Spannung, die im Rotor im Stillstand induziert wird. n_n ist die Synchrondrehzahl des Motors, die durch die Speisefrequenz gegeben ist. Die Koeffizienten in Gleichung (1.4) gelten für den Normalfall einer Drehstrombrückenschaltung der beiden Stromrichter. Die Gleichspannung und somit auch die Stromrichterleistung hängen von der kleinsten Drehzahl n_{min} ab, die im Betrieb erreicht werden soll. Je grösser n_{min} ist, um so mehr ist der Drehzahlregelbereich beschränkt (siehe schraffierte Fläche in Abbildung 1.5), aber um so kleiner ist die Nennleistung der beiden Stromrichter. Zu berücksichtigen ist ferner die Blindleistung, die das Speisenetz an den Wechselrichter liefern muss. Damit wird der Leistungsfaktor der ganzen Anlage reduziert, und zwar um so mehr, je tiefer die minimale Drehzahl n_{min} liegt. Aus diesen Gründen ist die Anwendung dieser Schaltung besonders dann interessant und ökonomisch, wenn die minimale Drehzahl oberhalb von $n_{min} > 0{,}5$ bis $0{,}75 \cdot n_n$ liegt. Sie findet selbst für grosse Leistungen bis in den Megawatt-Bereich Anwendung, wie zum Beispiel für Pumpenantriebe, die nur eine kleine Drehzahlverstellung unterhalb der synchronen Drehzahl verlangen.

Zur Drehzahländerung des Motors muss man auf den Zündverzögerungswinkel α_w des Wechselrichters 3 einwirken, womit die durch ihn vorgegebene Gleichspannung $-U_{di0} \cos \alpha_w$ festgelegt wird. Diese muss im Betrag gleich der gleichgerichteten Rotorspannung sein, die ihrerseits die Motordrehzahl festlegt. Mit Gleichung (1.4) folgt

$$U_d = \frac{3\sqrt{2}}{\pi} \frac{n_n - n}{n_n} U_{r0} = -U_{di0} \cos \alpha_w. \tag{1.5}$$

Daraus ergibt sich der Zusammenhang zwischen n und α_w. Wird α_w im Bereich 90° bis 150° verändert, so ändert sich die Drehzahl n zwischen n_n und n_{min}, wobei jetzt die Drehzahländerung auch im Leerlauf möglich ist. Die Drehzahl kann jedoch nur unterhalb der synchronen Drehzahl verändert werden, daher wird diese Anordnung auch als untersynchrone Stromrichterkaskade bezeichnet.

Für den Hochlauf des Motors bis oberhalb der Minimaldrehzahl n_{min} muss der Gleichrichter 2 vom Rotor abgetrennt werden; der letztere ist mit Anlaufwiderständen zu verbinden, welche in üblicher Weise den Hochlauf des Schleifringläufermotors ermöglichen. Erst wenn die Drehzahl grösser als n_{min} ist, kann auf die beiden Stromrichter umgeschaltet werden. Die dazu notwendigen Schalter sind in Abbildung 1.5 nicht eingetragen.

Die Stromrichterkaskade wird in Abschnitt 6 näher behandelt werden.

1.324 *Schlupfänderung durch Direktumrichter*

In gewissen Anwendungsfällen ist es notwendig, dass die Drehzahl auch über die synchrone Drehzahl hinaus geändert werden muss, wie zum

Beispiel bei rotierenden Netzkupplungsumformern zur Kupplung nichtsynchroner Netze. Eine der Maschinen ist dann eine Schleifringläufer-Asynchronmaschine die über- oder untersynchron betrieben werden muss, wobei insbesondere der Durchgang durch den Synchronismus keine Schwierigkeiten bieten darf. In diesen Fällen wird der Zwischenkreisumrichter im Rotorkreis durch einen Direktumrichter ersetzt, wie dies aus der schematischen Darstellung in Abbildung 1.6 hervorgeht (siehe STEMMLER [23]). Der Direktumrichter, bestehend aus drei Umkehrstromrichtern 2a, 2b, 2c ist über den Transformator 3 an das Speisenetz angeschlossen. Im untersynchronen Drehzahlbereich liefert der Direktumrichter die Schlupfleistung ins Speisenetz zurück, während im übersynchronen Drehzahlbereich der Direktumrichter zusätzliche Schlupfleistung in den Rotorkreis einspeist. Im vorliegenden Fall ist es möglich, die Asynchronmaschine auch im Generatorbetrieb zu betreiben, was bei den vorher besprochenen Schaltungen nicht möglich ist.

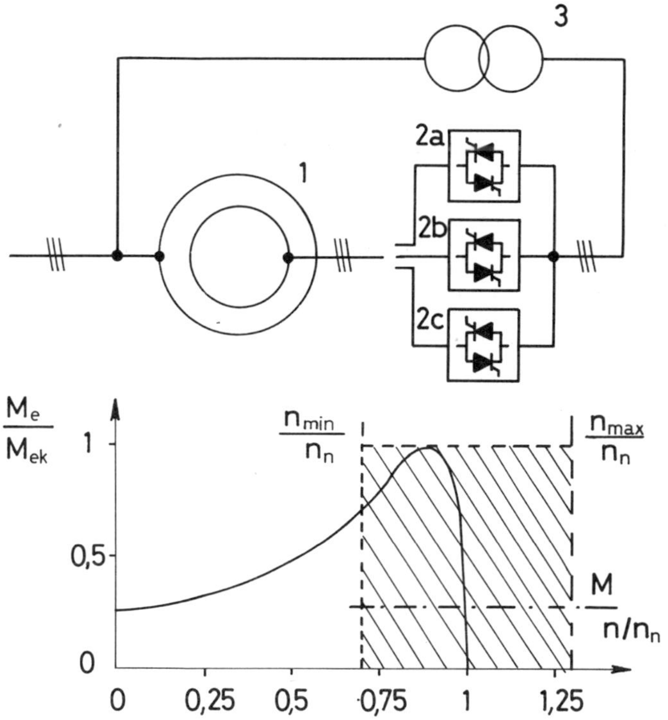

Abbildung 1.6
Asynchronmaschine mit Schlupfänderung durch Direktumrichter. *1* Asynchronmaschine, *2a*, *2b*, *2c* Direktumrichter, *3* Transformator.

In bezug auf die Spannungsauslegung des Direktumrichters gelten die gleichen Ueberlegungen wie für den Zwischenkreisumrichter in Abschnitt 1.323. Da bei Netzkupplungsumformern die Schlupffrequenz meistens gering ist, so genügt eine relativ kleine Spannung und somit Nennleistung des Direktumrichters. Da der Direktumrichter einen Vierquadrantenbetrieb gestattet, so kann jede beliebige Phasenverschiebung zwischen Rotorspannung und Rotorstrom eingestellt werden, so dass der Leistungsfaktor der ganzen Anlage in gewissen Grenzen beeinflussbar ist.

Zur Drehzahländerung des Motors ist die Frequenz des Direktumrichters entsprechend der notwendigen Schlupffrequenz vorzugeben und die Spannung so zu regeln, dass im Rotor ein Strom entsprechend der Belastung des Motors fliesst.

Auch in diesem Fall sind für den Hochlauf des Motors besondere Massnahmen zu treffen, wie zum Beispiel Hochlauf über Widerstände im Rotorkreis.

1.33 Drehzahländerung durch veränderliche Speisefrequenz

Hochwertige Regelantriebe mit grossem Drehzahlbereich und Drehrichtungsumkehr sowie hoher Regeldynamik lassen sich nur verwirklichen, wenn der Asynchronmotor, der nun ein konstruktiv einfacher Käfigläufermotor sein kann, aus einem Frequenzumrichter gespeist wird, wie dies in Abbildung 1.7 schematisch dargestellt ist. Die Drehzahl kann

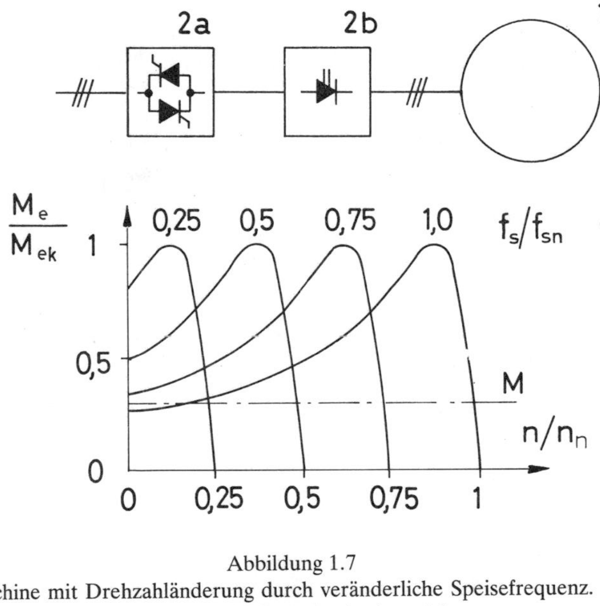

Abbildung 1.7
Asynchronmaschine mit Drehzahländerung durch veränderliche Speisefrequenz. *1* Asynchronmaschine, *2a, 2b* Zwischenkreisumrichter.

dabei über den ganzen Bereich praktisch verlustlos verändert werden (siehe KÜMMEL [2]; HEUMANN und STUMPE [22]; BÜHLER [24]).

Der Frequenzumrichter ist normalerweise ein Zwischenkreisumrichter, der aus einem netzgeführten Stromrichter 2a (eventuell Umkehrstromrichter, wenn Energieumkehr zum Abbremsen des Motors gefordert wird) und einem Wechselrichter mit Zwangskommutierung 2b besteht. Die Ausgangsfrequenz kann dann ohne weiteres Werte von 100 Hz oder mehr erreichen, was eine gute Ausnützung der Asynchronmaschine gestattet, wenn diese mit hohen Drehzahlen betrieben werden kann.

Der Frequenzumrichter wird entweder mit Gleichspannungs- oder Gleichstromzwischenkreis ausgeführt. Beim Gleichspannungszwischenkreis ist die Gleichspannung im Zwischenkreis konstant. Sie wird mit einem Pulswechselrichter zerhackt womit die Wechselspannung der jeweiligen Speisefrequenz des Asynchronmotors angepasst werden kann. Infolge der relativ hohen Pulsfrequenz ergeben sich nur geringe Oberwellen im Statorstrom womit auch Drehmomentpendelungen weitgehend vermieden werden. Beim Gleichstromzwischenkreis wird dagegen der geglättete Strom im Zwischenkreis über den Wechselrichter der Asynchronmaschine aufgedrückt, wobei die Stromform praktisch rechteckförmig ist, womit sich ausgeprägte Drehmomentpendelungen einstellen, die sich insbesondere bei tiefen Drehzahlen ungünstig bemerkbar machen.

Die Synchrondrehzahl des Asynchronmotors ist proportional der variablen Speisefrequenz f_s. Demzufolge verschieben sich die Drehmoment-Drehzahl-Kennlinien, wie dies in Abbildung 1.7 dargestellt ist. Die Drehzahl lässt sich auch im Leerlauf ($M = 0$) verstellen. Bei Belastung arbeitet der Asynchronmotor immer mit einem kleinen Schlupf, so dass keine zusätzlichen Schlupfverluste entstehen. Die Asynchronmaschine kann auch im Generatorbetrieb arbeiten. Dazu ist lediglich die Speisefrequenz zu reduzieren, so dass sich im Motor ein negativer Schlupf einstellt.

Das Verhalten der aus einem Frequenzumrichter gespeisten Asynchronmaschine wird in Abschnitt 7 eingehend untersucht werden.

2 Das statische und dynamische Verhalten der Drehstrommaschinen

2.1 Uebersicht

Die Untersuchung des nichtstationären Verhaltens von Drehstrommaschinen wurde ursprünglich für die Synchronmaschine eingeführt, da die Ausgleichsvorgänge bei Kurzschlüssen sowie die Polradpendelungen bei Parallellauf mit einem starren Netz für den praktischen Betrieb von grosser Bedeutung war. Diese Arbeiten wurden anfänglich in den Vereinigten Staaten von Amerika durchgeführt, wo auch eine systematische Theorie der Ausgleichsvorgänge in Drehstrommaschinen entwickelt wurde. Ab etwa 1950 gelangte die Zweiachsentheorie der Synchronmaschine auch in Europa zum Einsatz, wobei diese Theorie auf die in Europa üblichen Begriffe unter Einsatz der Laplace-Transformation angepasst wurde (siehe LAIBLE [25]). Die Zweiachsentheorie kann auch zur Untersuchung von Ausgleichsvorgängen in Asynchronmaschinen verwendet werden. Dank der vollkommen symmetrischen Form der Asynchronmaschine können die Vorgänge in den beiden Maschinenachsen zu einer einzigen komplexen Achse zusammengefasst werden unter Einführung komplexer Raumvektoren (KOVACS und RACZ [26]; KOVACS [27]).

Diese modernen Theorien zur Untersuchung von nichtstationären Vorgängen in Drehstrommaschinen eignen sich ganz ausgezeichnet zur Untersuchung von Regelvorgängen in geregelten Drehstromantrieben. Im vorliegenden Abschnitt 2 sollen die Grundlagen zusammengestellt werden, soweit sie zur Untersuchung des statischen und dynamischen Verhaltens der geregelten Drehstromantriebe notwendig sind. Nach einigen in Abschnitt 2.2 angegebenen für beide Maschinenarten gültigen allgemeinen Grundlagen wird in Abschnitt 2.3 die Zweiachsentheorie der Synchronmaschine abgeleitet, während der Abschnitt 2.4 der komplexen Einachsentheorie der Asynchronmaschine gewidmet ist. Dabei werden die im stationären Betrieb gültigen Kennlinien bestimmt, die für die Auslegung der Regelanordnungen notwendig sind. Ferner werden für das dynamische Verhalten entsprechende Strukturdiagramme angegeben. Die für die Stabilitätsuntersuchung der Regelkreise notwendigen Uebertragungsfunktionen hängen sehr stark von der jeweiligen Struktur der Regelkreise ab. Die Ableitung dieser Uebertragungsfunktionen ist daher in den Abschnitten 4 bis 7 enthalten und auf die entsprechenden Regelanordnungen zugeschnitten.

2.2 Die Grundlagen zur Behandlung des statischen und dynamischen Verhaltens der Drehstrommaschinen

2.21 Allgemeines

Für die Behandlung des statischen und dynamischen Verhaltens der Synchronmaschinen und der Asynchronmaschinen bestehen einige allgemein gültigen Grundlagen, die nachstehend kurz zusammengestellt werden sollen. So können die komplexem Raumvektoren bis zu einem gewissen Masse bei beiden Maschinenarten verwendet werden, womit vor allem die Spannungsgleichung in einem Dreiphasensystem sowie die Koordinatentransformation übersichtlich abgeleitet werden kann. Ebenso lassen sich damit einfache Ausdrücke für die Momentanwerte der Leistung und des Drehmomentes aufstellen. Diese Punkte werden in Abschnitt 2.22 behandelt.

Bezogene Grössen werden in Abschnitt 2.23 eingeführt. Damit lassen sich vielfach allgemein gültigere Resultate ableiten. Dabei wird gezeigt, wie die Spannungsgleichung, die Flussverkettung und die Drehmomentbeziehung durch Einführung bezogener Grössen umzuformen sind. Diese Ableitungen gelten ebenfalls generell für beide Maschinenarten.

Bei der Untersuchung des dynamischen Verhaltens von Drehstrommaschinen werden normalerweise die folgenden Voraussetzungen getroffen, die auch für die Behandlung von Regelvorgängen zugrunde gelegt werden sollen.

—Die Sättigung der magnetischen Kreise wird vernachlässigt.
—Es wird ein räumlich sinusförmig verteilter Fluss vorausgesetzt.
—Die im Stator und Rotor räumlich verteilten Wicklungen werden durch konzentrierte Wicklungen ersetzt.
—In vielen Fällen wird eine zeitlich sinusförmig veränderliche Spannungs- oder Stromform vorausgesetzt (insbesondere bei der Ableitung der statischen Kennlinien).
—Die Eisenverluste in der Maschine werden vernachlässigt.
—Die Widerstände und Reaktanzen der Maschinenwicklungen werden unabhängig von Temperatur und Frequenz vorausgesetzt, wobei insbesondere der Skineffekt vernachlässigt wird.

2.22 Komplexe Raumvektoren des Dreiphasensystems

2.221 *Definition*

In einem Dreiphasensystem seien die Momentanwerte der drei Phasenströme durch I_a, I_b und I_c gegeben. Trotzdem es sich um Momentanwerte handelt, werden diese Grössen durch grosse Buchstaben gekennzeichnet, da die kleinen Buchstaben für die in Abschnitt 2.23 einzuführenden

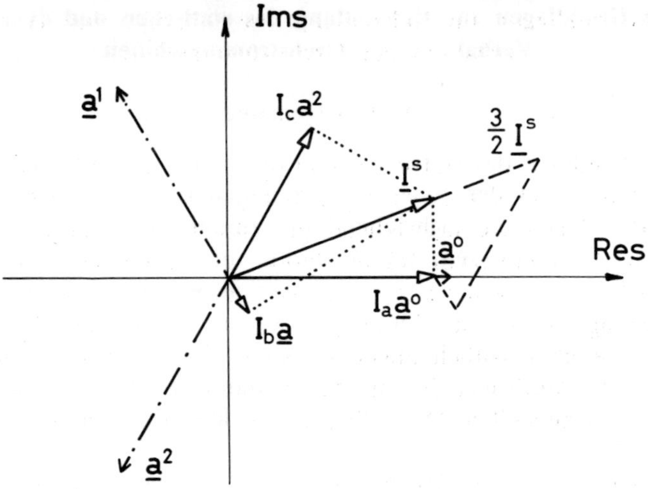

Abbildung 2.1
Darstellung des komplexen Raumvektors für die Ströme I_a, I_b und I_c eines Dreiphasensystems in der komplexen Ebene.

bezogenen Grössen reserviert sind. Zur Kennzeichnung der Effektivwerte oder Mittelwerte werden dann entsprechende Indizes benützt. Mit diesen drei Momentanwerten der Ströme kann ein komplexer Raumvektor gemäss

$$\underline{I}^s = \frac{2}{3}[I_a + \underline{a} I_b + \underline{a}^2 I_c] \tag{2.1}$$

gebildet werden, wobei $\underline{a} = \exp(j\,2\pi/3) = -1/2 + j\sqrt{3}/2$ ist (siehe KOVACS [27]). Der hochgestellte Index s gibt an, dass der Raumvektor in einem (mit dem Stator) stillstehenden Koordinatensystem *s* definiert ist. Dieser Raumvektor kann in der komplexen Zahlenebene gemäss Abbildung 2.1 dargestellt werden. Er ändert im allgemeinen Fall seine Länge und auch die Lage in Abhängigkeit der Zeit.

Bei einem symmetrischen, stationären Dreiphasensystem sind die Ströme durch $I_a = \hat{I} \cos \omega t$; $I_b = \hat{I} \cos(\omega t - 2\pi/3)$ und $I_c = \hat{I} \cos(\omega t - 4\pi/3)$ gegeben. Setzt man diese Beziehungen in (2.1) ein, so folgt

$$\underline{I}^s = \hat{I} e^{j\omega t}. \tag{2.2}$$

Im stationären Fall ist somit die Länge des Raumvektors konstant und gleich der Amplitude $\hat{I}$ der Phasenströme. Die Winkellage ändert sich proportional mit ωt.

Da der Raumvektor gemäss Gleichung (2.1) auf den Momentanwerten der Ströme beruht, so kann damit nicht nur der stationäre Zustand, sondern auch jeder beliebige Ausgleichsvorgang erfasst werden. Besitzt der Strom keine Nullkomponente, d. h. gilt die Beziehung

$$I_a + I_b + I_c = 0, \tag{2.3}$$

so genügt der komplexe Raumvektor vollständig, um die Zustände im Dreiphasensystem zu beschreiben. Im folgenden soll vorausgesetzt werden, dass keine Nullkomponente auftritt. Diese kann nur fliessen, wenn die Maschine in Dreieck geschaltet ist oder wenn bei Sternschaltung der Nulleiter verbunden ist und in der Spannung selbst eine Nullkomponente vorhanden ist. Gilt die Beziehung (2.3) nicht, so muss die Nulkomponente getrennt betrachtet werden (siehe Kovacs [27]).

Ist der Raumvektor $\underline{I}^s$ gegeben, so können daraus die Phasenströme I_a, I_b und I_c bestimmt werden durch Projektion von $\underline{I}^s$ auf die Achsen $\underline{a}^0$, $\underline{a}^1$ und $\underline{a}^2$ wie dies aus Abbildung 2.1 hervorgeht. Der Phasenstrom I_a folgt sofort aus

$$I_a = \operatorname{Re}\{\underline{I}^s\}. \tag{2.4a}$$

Betrachtet man den Raumvektor $\underline{I}^s$ von der Achse $\underline{a}^1$ aus, so erscheint dieser Raumvektor um $\underline{a}^{-1}$ verdreht. Damit ist die Projektion auf die Achse $\underline{a}^1$

$$I_b = \operatorname{Re}\{\underline{I}^s \underline{a}^{-1}\}. \tag{2.4b}$$

Analog folgt für den Phasenstrom I_c, da der Raumvektor um $\underline{a}^{-2}$ verdreht erscheint

$$I_c = \operatorname{Re}\{\underline{I}^s \underline{a}^{-2}\}. \tag{2.4c}$$

Die Raumvektoren können selbstverständlich auch auf andere Grössen des Dreiphasensystems angewendet werden, wie Spannungen und Flussverkettungen. Dabei gilt immer die Definition nach Gleichung (2.1).

2.222 *Die Spannungsgleichung*

Bei einer symmetrischen, ohmisch-induktiven Last in Sternschaltung gelten für die einzelnen Stränge die folgenden Spannungsgleichungen (Momentanwerte)

$$U_a = I_a R + \frac{d\Psi_a}{dt} \tag{2.5a}$$

$$U_b = I_b R + \frac{d\Psi_b}{dt} \tag{2.5b}$$

$$U_c = I_c R + \frac{d\Psi_c}{dt}. \tag{2.5c}$$

Dabei sind U_a, U_b und U_c die Phasenspannungen und Ψ_a, Ψ_b und Ψ_c die Flussverkettungen in den Wicklungen. Wird die zweite Gleichung mit $\underline{a}$, die dritte mit $\underline{a}^2$ multipliziert und alle drei Gleichungen summiert sowie alle

Glieder mit 2/3 multipliziert, so erhält man für die Spannungen, Ströme und Flussverkettungen je einen Raumvektor, so dass die Spannungsgleichungen des Dreiphasensystems in der konzentrierten Form

$$\underline{U}^s = \underline{I}^s R + \frac{d\underline{\Psi}^s}{dt} \tag{2.6}$$

geschrieben werden können.

Diese Gleichung ist gleich aufgebaut wie die Spannungsgleichung für einen Strang. Der einzige Unterschied besteht darin, dass in (2.6) komplexe Raumvektoren für Spannung, Strom und Flussverkettung auftreten, so dass diese Gleichung für alle drei Phasen repräsentativ ist. Zur Vereinfachung der Ausdrucksweise wird im folgenden vorwiegend von Spannung $\underline{U}^s$, Strom $\underline{I}^s$ und Flüssverkettung $\underline{\Psi}^s$ gesprochen, wobei das komplexe Symbol darauf hindeutet, dass es sich genau genommen um deren komplexen Raumvektoren handelt.

2.223 *Die Koordinatentransformation*

Bei der Behandlung des nichtstationären Verhaltens von Drehstrommaschinen ist es vielfach vorteilhaft, Koordinatentransformationen einzuführen, da damit die Behandlung des Gleichungssystems vereinfacht werden kann. Die Bedeutung und die zweckmässige Wahl der Koordinatensysteme wird später bei der Untersuchung der Synchronmaschine und der Asynchronmaschine eingehend behandelt werden. An dieser Stelle soll lediglich untersucht werden, wie sich ein Raumvektor bei einer Koordinatentransformation verändert. Dazu wird Abbildung 2.2 verwendet.

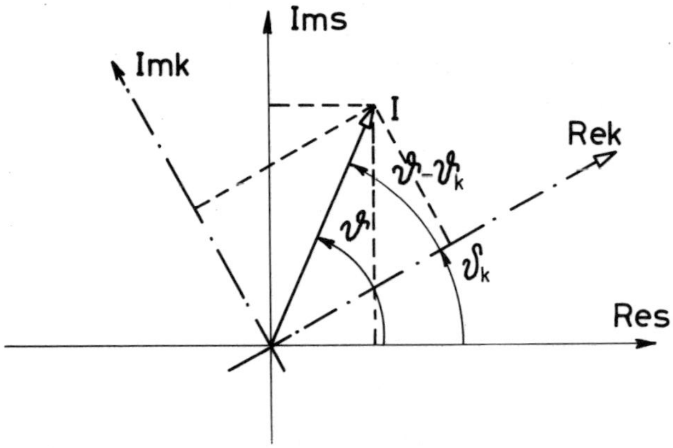

Abbildung 2.2
Koordinatentransformation eines Raumvektors $\underline{I}$.

Im ursprünglichen Koordinatensystem Res-Ims ist der Raumvektor $\underline{I}^{s}$ durch

$$\underline{I}^{s} = I e^{j\vartheta} \tag{2.7a}$$

gegeben, wobei im allgemeinen Fall sowohl I als auch ϑ zeitlich veränderliche Grössen sind. Im zweiten Koordinatensystem Rek-Imk gilt für den gleichen Raumvektor

$$\underline{I}^{k} = I e^{j(\vartheta - \vartheta_{k})} \tag{2.7b}$$

wobei ϑ_k der im allgemeinen Fall ebenfalls zeitlich veränderliche Winkel zwischen den beiden Koordinatensystemen ist. Der hochgestellte Index k gibt das Koordinatensystem an, in dem der Raumvektor dargestellt wird. Unter Beachtung von (2.7a) folgt

$$\underline{I}^{k} = \underline{I}^{s} e^{-j\vartheta_{k}} \tag{2.7c}$$

woraus auch

$$\underline{I}^{s} = \underline{I}^{k} e^{j\vartheta_{k}} \tag{2.7d}$$

abgeleitet werden kann.

Die beiden Gleichungen (2.7c) und (2.7d) bilden die grundlegenden Beziehungen für die Koordinatentransformation eines Raumvektors.

2.224 *Die Transformation der Spannungsgleichung*

Die Spannungsgleichung (2.6) soll in ein zweites, durch den hochgestellten Index k gekennzeichnetes Koordinatensystem transformiert werden. Dazu ist jeder Raumvektor durch die Beziehung (2.7d) zu ersetzen, d. h $\underline{U}^{s} = \underline{U}^{k} e^{j\vartheta_{k}}$; $\underline{I}^{s} = \underline{I}^{k} e^{j\vartheta_{k}}$ und $\underline{\Psi}^{s} = \underline{\Psi}^{k} e^{j\vartheta_{k}}$. Damit folgt vorerst aus (2.6)

$$\underline{U}^{k} e^{j\vartheta_{k}} = \underline{I}^{k} e^{j\vartheta_{k}} R + \frac{\mathrm{d}(\underline{\Psi}^{k} e^{j\vartheta_{k}})}{\mathrm{d}t}. \tag{2.8a}$$

Da sowohl $\underline{\Psi}^{k}$ als auch ϑ_k zeitlich veränderliche Grössen sind, so erstreckt sich die Differentiation auf beide Grössen, und man erhält

$$\underline{U}^{k} e^{j\vartheta_{k}} = \underline{I}^{k} e^{j\vartheta_{k}} R + \frac{\mathrm{d}\underline{\Psi}^{k}}{\mathrm{d}t} e^{j\vartheta_{k}} + j \frac{\mathrm{d}\vartheta_{k}}{\mathrm{d}t} \underline{\Psi}^{k} e^{j\vartheta_{k}}. \tag{2.8b}$$

Wird schliesslich noch durch $e^{j\vartheta_{k}}$ dividiert, so bleibt

$$\underline{U}^{k} = \underline{I}^{k} R + \frac{\mathrm{d}\underline{\Psi}^{k}}{\mathrm{d}t} + j \frac{\mathrm{d}\vartheta_{k}}{\mathrm{d}t} \underline{\Psi}^{k}. \tag{2.9}$$

Bei der Koordinatentransformation der Spannungsgleichung ergeben sich somit zwei Glieder welche die in den Wicklungen induzierte Spannung beschreiben. Das erste Glied $\mathrm{d}\underline{\Psi}^{k}/\mathrm{d}t$ entspricht der transformatorisch induzierten Spannung infolge der zeitlichen Aenderung der Flussverkettung $\underline{\Psi}^{k}$, während das zweite Glied $j(\mathrm{d}\vartheta_{k}/\mathrm{d}t)\underline{\Psi}^{k}$ einer rotatorisch induzierten

Spannung infolge der Drehung des Koordinatensystems k mit der Winkelgeschwindigkeit $\mathrm{d}\vartheta_k/\mathrm{d}t$ entspricht. Es soll ausdrücklich darauf hingewiesen werden, dass die Beziehung (2.9) nicht nur für Drehstrommaschinen gilt, sondern für jedes symmetrische Dreiphasensystem. Wie später noch gezeigt werden wird, gelten diese Beziehungen auch noch viel allgemeiner, d. h. immer dann, wenn ein Raumvektor mit seinem Differentialquotienten in die Rechnung eingeht und diese Grösse einer Koordinatentransformation unterworfen wird.

2.225 *Der Momentanwert der Leistung*

Der Momentanwert der Leistung ist durch

$$P = \frac{3}{2} \mathrm{Re}\, \{\underline{U}^{*s} \underline{I}^s\} \tag{2.10}$$

gegeben, wobei $\underline{U}^{*s}$ der konjugiert komplexe Wert des Raumzeigers $\underline{U}^s$ ist (siehe Kovacs [27]). Die Richtigkeit dieser Beziehung kann durch Einsetzen der Definition des Raumzeigers gemäss (2.1) bewiesen werden:

$$\begin{aligned} P &= \tfrac{3}{2} \mathrm{Re}\, \{\tfrac{2}{3}[U_a + \underline{a}^* U_b + (\underline{a}^*)^2 U_c]\tfrac{2}{3}[I_a + \underline{a} I_b + \underline{a}^2 I_c\} = \\ &= \tfrac{2}{3} \mathrm{Re}\, \{U_a I_a + U_b I_b + U_c I_c + \underline{a} U_a I_b + \underline{a}^2 U_a I_c + \underline{a}^2 U_b I_a + \\ &\quad + \underline{a} U_b I_c + \underline{a} U_c I_a + \underline{a}^2 U_c I_b\}, \end{aligned} \tag{2.11a}$$

da

$$\left.\begin{aligned} \underline{a}^* &= \underline{a}^{-1} = \underline{a}^2 \\ (\underline{a}^*)^2 &= \underline{a}^{-2} = \underline{a} \end{aligned}\right\} \tag{2.11b}$$

ist. Mit

$$\mathrm{Re}\, \{\underline{a}\} = \mathrm{Re}\, \{\underline{a}^2\} = -\tfrac{1}{2} \tag{2.11c}$$

folgt weiter

$$P = \tfrac{2}{3}\{U_a I_a + U_b I_b + U_c I_c - \tfrac{1}{2}[U_a(I_b + I_c) + U_b(I_a + I_c) + U_c(I_a + I_b)]\} \tag{2.11d}$$

Da ferner $I_a + I_b + I_c = 0$ vorausgesetzt wurde, so ist $I_b + I_c = -I_a$; $I_a + I_c = -I_b$ und $I_a + I_b = -I_c$. Damit folgt aus (2.11d)

$$P = U_a I_a + U_b I_b + U_c I_c, \tag{2.11e}$$

was der Summe der Momentanwerte der Leistung in den drei Strängen entspricht.

2.226 *Der Momentanwert des Drehmomentes*

Eine wichtige Beziehung zur Untersuchung des nichtstationären Verhaltens der Drehstrommaschinen bildet die Gleichung zur Bestimmung des Momentanwertes des von der Maschine ausgeübten elektromagnetischen Drehmomentes. Es gilt

$$M_e = \frac{3}{2} p\, \mathrm{Im}\, \{\underline{\Psi}^{*s} \underline{I}^s\} \tag{2.12}$$

Dabei ist $\underline{\Psi}^{*s}$ der konjugiert komplexe Raumvektor der Flussverkettung in der Maschine und p deren Polpaarzahl. Zur Ableitung dieser Beziehung gehen wir von der Energiebilanz aus und betrachten deren Aenderung während einer kleinen Zeitspanne δt. Es gilt

$$P_i \, \delta t = M_e \omega_m \, \delta t + \delta W_m \tag{2.13a}$$

Dabei ist P_i die innere Leistung, die sich aus der Klemmenleistung nach Abzug der Verluste ergibt. ω_m ist die mechanische Winkelgeschwindigkeit und δW_m die Aenderung der magnetischen Energie. Für die letztere kann

$$\delta W_m = \frac{\partial W_m}{\partial t} \delta t \tag{2.13b}$$

angesetzt werden. (2.13a) reduziert sich dann auf

$$P_i = M_e \omega_m + \frac{\partial W_m}{\partial t} \tag{2.13c}$$

Für die innere Leistung gilt nach (2.10)

$$P_i = \tfrac{3}{2} \operatorname{Re} \{\underline{U}_i^{*s} \underline{I}^s\} = \tfrac{3}{2} \operatorname{Re} \left\{ \frac{d\underline{\Psi}^{*s}}{dt} \underline{I}^s \right\} \tag{2.13d}$$

dabei ist $\underline{U}_i^s$ der Raumvektor der innern Spannung $\underline{U}^s - \underline{I}^s R$, die gleich der durch die Flussänderung induzierten Spannung $d\underline{\Psi}^s/dt$ ist.

Zur weiteren Umformung werden nun zweckmässigerweise $\underline{\Psi}^s$ und $\underline{I}^s$ auf ein mit der elektrischen Winkelgeschwindigkeit $\omega_m p$ umlaufendes Koordinatensystem k bezogen. Gemäss den Ausführungen in Abschnitt 2.223 und 2.224 folgt

$$\frac{d(\underline{\Psi}^{*k} e^{-j\vartheta_k})}{dt} \underline{I}^k e^{j\vartheta_k} = \left[\frac{d\underline{\Psi}^{*k}}{dt} - j \frac{d\vartheta_k}{dt} \underline{\Psi}^{*k} \right] \underline{I}^k = \left[\frac{d\underline{\Psi}^{*k}}{dt} - j\omega_m p \underline{\Psi}^{*k} \right] \underline{I}^k \tag{2.13e}$$

(2.13d) und (2.13e) in (2.13c) eingesetzt ergibt

$$\tfrac{3}{2} \operatorname{Re} \left\{ \frac{d\underline{\Psi}^{*k}}{dt} \underline{I}^k - j\omega_m p \underline{\Psi}^{*k} \underline{I}^k \right\} = M_e \omega_m + \frac{\partial W_m}{\partial t}. \tag{2.13f}$$

Das erste Glied auf der linken Seite, d. h. $\tfrac{3}{2} \operatorname{Re} \left\{ \frac{d\underline{\Psi}^{*k}}{dt} \underline{I}^k \right\}$ entspricht der zeitlichen Aenderung der magnetischen Energie $\partial W_m/\partial t$. Dieses Glied verschwindet, wenn der Fluss im umlaufenden Koordinatensystem in seinem Betrag konstant bleibt. Für das Drehmoment folgt dann

$$M_e = \tfrac{3}{2} \operatorname{Re} \{-jp \underline{\Psi}^{*k} \underline{I}^k\} = \tfrac{3}{2} p \operatorname{Im} \{\underline{\Psi}^{*k} \underline{I}^k\}. \tag{2.14a}$$

Werden $\underline{\Psi}^{*k}$ und $\underline{I}^k$ wieder im ursprünglichen Koordinatensystem s

ausgedrückt, so folgt unter Beachtung der Beziehung (2.7c)

$$M_e = \tfrac{3}{2} p \operatorname{Im}\{\underline{\Psi}^{*s} e^{j\vartheta_k} \underline{I}^s e^{-j\vartheta_k}\} = \tfrac{3}{2} p \operatorname{Im}\{\underline{\Psi}^{*s} \underline{I}^s\}. \tag{2.14b}$$

Aus dieser Ableitung erhält man somit ein wichtiges Resultat, das aussagt, dass der Momentanwert des Drehmomentes unabhängig vom gewählten Koordinatensystem ist.

2.23 Bezogene Grössen

2.231 *Allgemeine Grundlagen*

Bei der Behandlung von nichtstationären Vorgängen in Drehstrommaschinen ist es allgemein üblich mit bezogenen Grössen (Per-Unit-System) zu arbeiten (LAIBLE [25]). Dabei werden die Momentanwerte der Spannungen, Ströme, Flussverkettungen auf Bezugswerte entsprechend dem Nennbetrieb der Maschine bezogen. Die Konstanten der Maschinen werden dann ebenfalls in bezogenen Grössen ausgedrückt. Das ergibt den grossen Vorteil, dass die Maschinenkonstanten weniger von der Leistung abhängen und somit die Vorgänge in zwei Maschinen unterschiedlicher Leistung besser miteinander verglichen werden können. Bezogene Grössen werden auch oft zur Untersuchung von Regelungen verwendet, insbesondere bei der Behandlung von Gleichstromantrieben (BÜHLER [1]). Es ist daher naheliegend auch bei der Untersuchung geregelter Drehstromantriebe auf bezogene Grössen zurückzugreifen. Diese bezogene Grössen werden nicht nur bei der Untersuchung der Drehstrommaschinen verwendet werden, sondern auch für alle übrigen Glieder der Regelkreise, wie Frequenzumrichter, Regler usw.

Es sei allgemein X_n der Bezugswert der Grösse X. Seine bezogene Grösse ist dann durch

$$x = \frac{X}{X_n} \tag{2.15}$$

festgelegt. Dabei werden für bezogene Grössen kleine Buchstabensymbole verwendet, um diese von den physikalischen Grössen zu unterscheiden, zum Beispiel:

Physikalische Grössen	U, I, ϕ
Dimension	V, A, Vs
Bezogene Grössen	u, i, φ
Dimension	per Unit $\triangleq 1$

Im folgenden wird insbesondere mit n die bezogene, d. h. relative Drehzahl und mit f die bezogene Frequenz bezeichnet. Es scheint zweckmässig, für diese Grössen keine abweichenden Bezeichungen zu verwenden. Wird ausnahmsweise die Drehzahl in U/min benötigt, so wird dies durch $n[U/\text{min}]$, bzw. bei der Frequenz durch $f[\text{Hz}]$ angegeben.

Bei Drehstrommaschinen werden die Bezugswerte normalerweise auf die Daten bei Nennbetrieb der Maschine (Index n) festgelegt, wobei folgende Beziehungen gelten

Phasenspannungen	$\hat{U}_n = \sqrt{2}\, U_{\text{effn}}$
Phasenströme	$\hat{I}_n = \sqrt{2}\, I_{\text{effn}}$
Kreisfrequenz	$\omega_n[s^{-1}] = 2\pi f_n[\text{Hz}]$
Flussverkettungen	$\hat{\Psi}_n = \hat{U}_n/(\omega_n[s^{-1}])$
Leistungen	$S_n = 3\,U_{\text{effn}} I_{\text{effn}} = \frac{3}{2}\hat{U}_n \hat{I}_n$
Drehmoment	$M_n = \dfrac{S_n}{\Omega_n} = \dfrac{3}{2}\dfrac{\hat{U}_n \hat{I}_n}{\Omega_n}$
mechanische Winkelgeschwindigkeit	$\Omega_n = \omega_n[s^{-1}]/p$
Impedanzen	$Z_n = \hat{U}_n/\hat{I}_n$
Induktivitäten	$L_n = \hat{\Psi}_n/\hat{I}_n = \dfrac{\hat{U}_n}{(\omega_n[s^{-1}])\hat{I}_n}$.

Bei der Synchronmaschine sind zusätzlich noch Bezugswerte für Erregerspannung und Erregerstrom notwendig. Hier wird nicht der Normalbetriebspunkt zugrunde gelegt, sondern der Leerlaufpunkt. Da im stationären Betrieb in den Dämpferwicklungen der Synchronmaschine keine Ströme fliessen, so sind für diese Bezugsgrössen keine Nennwerte vorhanden. Hier werden die Bezugswerte so festgelegt, dass die Dämpferströme möglichst einfach in das Gleichungssystem eingehen, wie dies in Abschnitt 2.313 und 2.314 gezeigt werden wird.

Es sei darauf hingewiesen, dass die Leistungen auf die Scheinleistung S_n und das Drehmoment auf einen Wert entsprechend dem Scheindrehmoment S_n/Ω_n bezogen wird. Arbeitet die Maschine mit einem $\cos\varphi < 1$, so ist das bezogene Drehmoment im Nennbetriebspunkt $m < 1$.

Bei der Behandlung von nichtstationären Vorgängen in Drehstrommaschinen wird oft auch die Zeit auf die Periodendauer der Speisespannung bezogen (Laible [25]). Bei der Behandlung von Regelungen ist dies jedoch nicht zweckmässig.

2.232 *Umformung der Spannungsgleichung*

Vorerst soll gezeigt werden, wie die Spannungsgleichung durch Einführung bezogener Grössen umzuformen ist. Wir gehen dazu von Gleichung (2.6)

aus und ersetzen darin $\underline{U}^s = \underline{u}^s \hat{U}_n$; $\underline{I}^s = \underline{i}^s \hat{I}_n$ und $\underline{\Psi}^s = \underline{\psi}^s \hat{\Psi}_n$. Damit folgt

$$\underline{u}^s \hat{U}_n = \underline{i}^s \hat{I}_n R + \frac{d(\underline{\psi}^s \hat{\Psi}_n)}{dt} \tag{2.16a}$$

Dividiert man diese Gleichung durch $\hat{U}_n$ und beachtet, dass $\hat{\Psi}_n = \hat{U}_n/(\omega_n[s^{-1}])$ ist, so erhält man

$$\underline{u}^s = \underline{i}^s r + \frac{1}{\omega_n} \frac{d\underline{\psi}^s}{dt} \tag{2.16b}$$

mit dem bezogenen Widerstand

$$r = R \frac{\hat{I}_n}{\hat{U}_n}. \tag{2.16c}$$

Es ist zu beachten, dass in der bezogenen Spannungsgleichung der Faktor $1/\omega_n$ auftritt (In der Folge wird die nähere Spezifizierung $[s^{-1}]$ zur Vereinfachung der Schreibweise weggelassen, da der Index n auf den Nennwert hinweist und somit eine Verwechslung mit einer bezogenen Grösse, die übrigens für die Kreisfrequenz nicht verwendet wird, kaum möglich ist). Dieser Faktor geht in die Rechnung ein, weil die Zeit, wie bereits erwähnt, nicht in bezogenen Grössen ausgedrückt wird.

Bei der Umformung der Spannungsgleichung in einem Koordinatensystem k gemäss Gleichung (2.9) kann der Winkel ϑ_k durch die relative Frequenz f_k mit der das Bezugssystem umläuft gemäss der folgenden Beziehung ausgedrückt werden

$$\vartheta_k = \vartheta_{k0} + \int_0^t f_k \omega_n \, dt \tag{2.17a}$$

dabei ist ϑ_{k0} der Anfangswert von ϑ_k zur Zeit $t = 0$. Die zeitliche Ableitung dieses Winkels ist dann

$$\frac{d\vartheta_k}{dt} = f_k \omega_n. \tag{2.17b}$$

Ersetzt man in Gleichung (2.9) die physikalischen Grössen durch ihre bezogenen Werte, so erhält man durch eine analoge Umformung, wie diejenige, die auf Gleichung (2.16b) geführt hat

$$\underline{u}^k = \underline{i}^k r + \frac{1}{\omega_n} \frac{d\underline{\psi}^k}{dt} + j f_k \underline{\psi}^k. \tag{2.17c}$$

Im letzten Glied, entsprechend der rotatorisch induzierten Spannung erscheint die Nennkreisfrequenz ω_n nicht mehr, da die Drehung des Bezugssystems durch die relative Frequenz f_k ausgedrückt wird. Die letztere kann dabei zeitlich veränderlich sein.

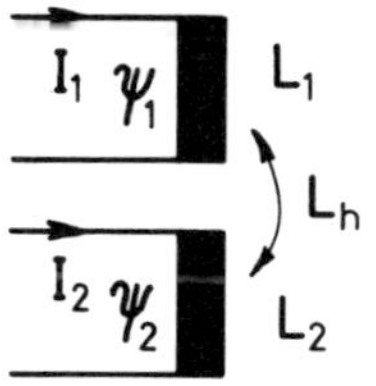

Abbildung 2.3
Flussverkettung bei einem Zweiwicklungssystem.

2.233 *Umformung der Flussverkettung*

Die allgemeinen Zusammenhänge, die bei der Einführung bezogener Grössen bei der Flussverkettung zu beachten sind, sollen anhand des in Abbildung 2.3 dargestellten Zweiwicklungssystems abgeleitet werden. Dabei ist L_1 die Induktivität der Wicklung 1, die vom Strome I_1 durchflossen ist und L_2 ist die Induktivität der Wicklung 2. L_h ist die Hauptinduktivität, d. h. die gegenseitige Induktivität der beiden Wicklungen.

Die Flussverkettungen Ψ_1 und Ψ_2 in den beiden Wicklungen sind in nichtbezogenen Grössen durch

$$\Psi_1 = L_1 I_1 + L_h I_2 \tag{2.18a}$$

$$\Psi_2 = L_2 I_2 + L_h I_1 \tag{2.18b}$$

gegeben.

Vorerst wird vorausgesetzt, dass die Nennströme in beiden Wicklungen bekannt sind. Darüber hinaus sollen die Daten der Wicklung 2 in bekannter Weise auf die Wicklung 1 umgerechnet sein, wie dies zum Beispiel bei Asynchronmaschinen üblich ist, wo die Daten der Rotorwicklung auf den Stator umgerechnet werden. In diesem Fall sind die Nennwerte für Flussverkettung und Ströme in beiden Wicklungen die gleichen. Durch Einführung bezogener Grössen folgt dann

$$\psi_1 \hat{\Psi}_n = L_1 i_1 \hat{I}_n + L_h i_2 \hat{I}_n \tag{2.19a}$$

$$\psi_2 \hat{\Psi}_n = L_2 i_2 \hat{I}_n + L_h i_1 \hat{I}_n . \tag{2.19b}$$

Werden die Gleichungen beidseitig durch $\hat{\Psi}_n$ dividiert, so ergibt sich die Flussverkettung, in bezogenen Grössen ausgedrückt, zu

$$\psi_1 = l_1 i_1 + l_h i_2 \tag{2.19c}$$

$$\psi_2 = l_2 i_2 + l_h i_1 . \tag{2.19d}$$

Dabei folgen die bezogenen Induktivitäten aus

$$l_1 = L_1 \frac{\hat{I}_n}{\hat{\Psi}_n} = \omega_n L_1 \frac{\hat{I}_n}{\hat{U}_n} = x_1 \tag{2.20a}$$

$$l_2 = L_2 \frac{\hat{I}_n}{\hat{\Psi}_n} = \omega_n L_2 \frac{\hat{I}_n}{\hat{U}_n} = x_2 \tag{2.20b}$$

$$l_h = L_h \frac{\hat{I}_n}{\hat{\Psi}_n} = \omega_n L_h \frac{\hat{I}_n}{\hat{U}_n} = x_h. \tag{2.20c}$$

Bei der Ableitung dieser Beziehungen wurde berücksichtigt, dass $\hat{\Psi}_n = \hat{U}_n/\omega_n$ ist. Die bezogenen Induktivitäten l_1, l_2, l_h sind somit gleich den bezogenen Reaktanzen x_1, x_2, x_h. Bei Drehstrommaschinen werden normalerweise die bezogenen Reaktanzen angegeben. Es soll darauf hingewiesen werden, dass die bezogenen Reaktanzen von der Frequenz unabhängig sind, da sie gemäss (2.20a) bis (2.20c) mit der Nennkreisfrequenz ω_n definiert sind. Damit kann man aber für die bezogenen Flussverkettungen auch schreiben

$$\psi_1 = x_1 i_1 + x_h i_2 \tag{2.21a}$$

$$\psi_2 = x_2 i_2 + x_h i_1. \tag{2.21b}$$

Sind dagegen die Nennwerte in der Wicklung 2 nicht bekannt, wie dies zum Beispiel bei der Synchronmaschine für die Erregerwicklung und die Dämpferwicklung der Fall ist, so dass in gewissen Grenzen über die Nennwerte $\hat{\Psi}_{2n}$ und $\hat{I}_{2n}$ frei verfügt werden kann, so folgt aus den Gleichungen (2.18), wenn die Nennwerte für Wicklung 1 nach wie vor $\hat{\Psi}_n$ und $\hat{I}_n$ sind:

$$\psi_1 \hat{\Psi}_n = L_1 i_1 \hat{I}_n + L_h i_2 \hat{I}_{2n} \tag{2.22a}$$

$$\psi_2 \hat{\Psi}_{2n} = L_2 i_2 \hat{I}_{2n} + L_h i_1 \hat{I}_n. \tag{2.22b}$$

Wird die erste Gleichung durch $\hat{\Psi}_n$ und die zweite durch $\hat{\Psi}_{2n}$ dividiert, so folgt unter Beachtung von (2.20a)

$$\psi_1 = x_1 i_1 + L_h \frac{\hat{I}_{2n}}{\hat{\Psi}_n} i_2 \tag{2.22c}$$

$$\psi_2 = L_2 \frac{\hat{I}_{2n}}{\hat{\Psi}_{2n}} i_2 + L_h \frac{\hat{I}_n}{\hat{\Psi}_{2n}} i_1. \tag{2.22d}$$

Die noch frei verfügbaren Bezugsgrössen $\hat{\Psi}_{2n}$ und $\hat{I}_{2n}$ werden so gewählt, dass in diesen beiden Gleichungen der Faktor von i_2 gleich 1 ist. Daraus folgt

$$\hat{I}_{2n} = \frac{\hat{\Psi}_n}{L_h} \tag{2.23a}$$

$$\hat{\Psi}_{2n} = L_2 \hat{I}_{2n} = \frac{L_2}{L_h} \hat{\Psi}_n. \tag{2.23b}$$

Damit ergibt sich für den Faktor von i_1 in Gleichung (2.22d)

$$L_h \frac{\hat{I}_n}{\hat{\Psi}_{2n}} = \frac{L_h^2}{L_2} \frac{\hat{I}_n}{\hat{\Psi}_n} = \frac{L_h^2}{L_1 L_2} L_1 \frac{\hat{I}_n}{\hat{\Psi}_n} = \frac{L_h^2}{L_1 L_2} x_1 = (1-\sigma) x_1 \tag{2.23c}$$

wobei neu der Streufaktor

$$\sigma = 1 - \frac{L_h^2}{L_1 L_2} \tag{2.23d}$$

eingeführt wurde.

Damit folgen die bezogenen Flussverkettungen aus

$$\psi_1 = x_1 i_1 + i_2 \tag{2.24a}$$

$$\psi_2 = i_2 + (1-\sigma) x_1 i_1. \tag{2.24b}$$

2.234 *Umformung des Drehmomentes*

Schliesslich soll noch das elektromagnetische Drehmoment in bezogenen Grössen ausgedrückt werden. Setzt man in Gleichung (2.12) bezogene Grössen ein, wobei gemäss Abschnitt 2.231 der Bezugswert des Drehmomentes durch

$$M_n = \frac{3}{2} \frac{\hat{U}_n \hat{I}_n}{\Omega_n} = \frac{3}{2} p \frac{\hat{U}_n \hat{I}_n}{\omega_n} = \tfrac{3}{2} p \hat{\Psi}_n \hat{I}_n \tag{2.25a}$$

gegeben ist, so folgt

$$m_e M_n = \tfrac{3}{2} p \operatorname{Im} \{ \underline{\psi}_s^{*s} \hat{\Psi}_n \underline{i}^s \hat{I}_n \}, \tag{2.25b}$$

womit sich diese Beziehung auf den Ausdruck

$$m_e = \operatorname{Im} \{ \underline{\psi}^{*s} \underline{i}^s \} \tag{2.25c}$$

vereinfacht. Das bezogene Drehmoment hängt somit nicht mehr von der Polpaarzahl p ab. Ebenso ist der Faktor 3/2 verschwunden.

2.3 Die Synchronmaschine

2.31 Die Zweiachsentheorie der Synchronmaschine

2.311 *Schematische Darstellung und Ersatzschaltbild*

In Abbildung 2.4a ist schematisch eine Synchronmaschine mit ausgeprägten Polen dargestellt. Zur bessern Uebersicht beschränkt sich die Darstellung auf eine zweipolige Maschine, was im allgemeinen Fall gleichbedeutend ist mit der Betrachtung der elektrischen Winkel. Die in die Polrichtung fallende

Achse des Rotors bildet dabei den Winkel ϑ gegenüber der Ersatzwicklung der Phase a im Stator. Der Rotor weist neben der Erregerwicklung e noch eine Dämpferwicklung auf. Diese über die Polteilung verteilte Wicklung wird durch zwei konzentrierte Wicklungen ersetzt, deren eine (Wicklung D) in der Achse der Polrichtung liegt, die auch Längsachse genannt wird, während die andere (Wicklung Q) in einer um 90° verschobenen Achse liegt, die als Querachse bezeichnet wird.

Das durch die dreiphasigen Statorwicklungen a, b und c erzeugte Drehfeld kann auch durch eine zweiphasige Wicklung erzeugt werden, deren Spulen räumlich um 90° versetzt sind (siehe Abbildung 2.4b). Diese beiden, im Stator feststehenden Ersatzwicklungen werden mit α und β gekennzeichnet. Die entsprechenden Spannungen und Ströme sind im Koordinatensystem s des Stators darzustellen, was durch den hochgestellten Index s zum Ausdruck gebracht wird.

Bei Drehung des Rotors, d. h. bei veränderlichem Winkel ϑ ändert sich die Kopplung zwischen den Wicklungen im Stator und im Rotor. Dies wird bei der Zweiachsentheorie der Synchronmaschine, (siehe Laible [25]) umgangen, indem die Vorgänge in den Wicklungen α, β des Stators durch fiktive, mit dem Rotor umlaufende zweiphasige Ersatzwicklungen d, q nachgebildet werden (siehe Abbildung 2.4c). Die Wicklungsachse der Ersatzwicklung d fällt dabei mit der Längsachse des Rotors überein, während die zweite Ersatzwicklung q in der Querachse liegt. Diese Ersatzwicklungen laufen somit mit der (elektrischen) Winkelgeschwindigkeit $\omega[s^{-1}]$ des Rotors gegenüber dem feststehenden Stator um. Wie noch gezeigt werden wird, sind die im stationären Betrieb in diesen Stator-Ersatzwicklungen auftretenden Spannungen, Ströme u.s.w. Gleichgrössen. Dadurch wird insbesondere die Untersuchung der nichtstationären Vorgänge wesentlich erleichtert, da die transienten Wechselgrössen durch transiente Gleichgrössen ausgedrückt werden können.

Da die Längs- und Querachse der Synchronmaschine senkrecht aufeinanderstehen, so sind diese Achsen magnetisch entkoppelt und man kann für Längs- und Querachse je ein getrenntes Ersatzschaltbild aufstellen, wie dies aus Abbildung 2.5 hervorgeht. Man erkennt daraus, dass in der Längsachse (Abbildung 2.5a) drei Wicklungen magnetisch gekoppelt sind, und zwar Statorersatzwicklung d, Dämpferwicklung D und Erregerwicklung e. Die Dämpferwicklung ist in sich kurzgeschlossen. In der Querachse sind zwei Wicklungen gekoppelt (Abbildung 2.5b) nämlich die Statorersatzwicklung q und die Dämpferwicklung Q.

Bei den in den Abbildungen 2.4 und 2.5 eingetragenen positiven Pfeilrichtungen für Spannungen und Ströme handelt es sich um das Bezugssystem bei Motorbetrieb der Synchronmaschine. Vielfach findet man eine umgekehrte Pfeilrichtung für die Statorströme, entsprechend dem Generatorbetrieb der Synchronmaschine (siehe z. B. Laible [25]). Demnach

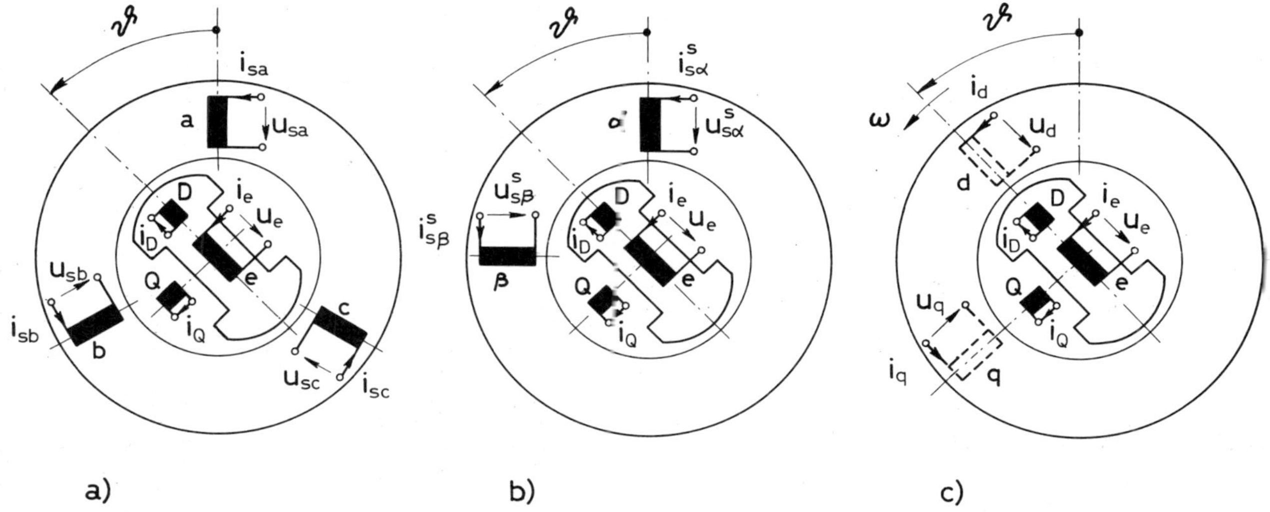

Abbildung 2.4
Schematische Darstellung einer Synchronmaschine
a) Dreiphasige Statorwicklung;
b) Zweiphasige Ersatzstatorwicklung;
c) Zweiphasige Ersatzstatorwicklung, mit dem Rotor umlaufend

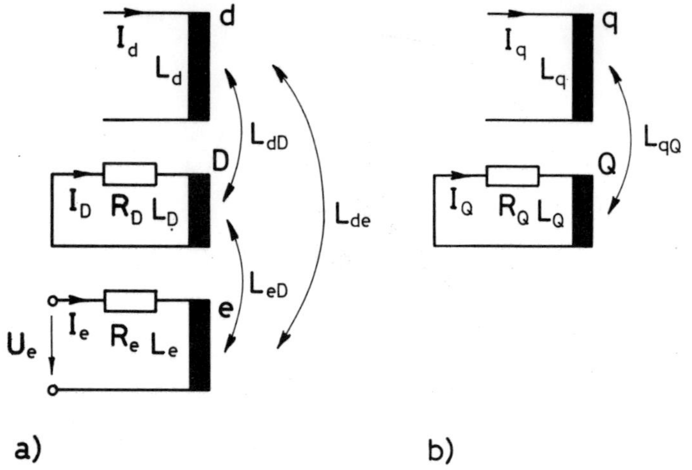

Abbildung 2.5
Zweiachsiges Ersatzschaltbild der Synchronmaschine
a) Längsachse; b) Querachse

unterscheidet sich das Gleichungssystem in einigen Gliedern durch das Vorzeichen. Die hier getroffene Festsetzung der positiven Stromrichtung im Stator ist dadurch begründet, dass bei Antrieben die Synchronmaschine normalerweise im Motorbetrieb arbeitet. Ueberdies erhält man so eine formelle Uebereinstimmung mit der Asynchronmaschine, die normalerweise im Bezugssystem bei Motorbetrieb untersucht wird.

2.312 *Umrechnung des Dreiphasensystems auf Längs- und Querachse*

Die drei Statorspannungen u_{sa}, u_{sb} und u_{sc} in Abbildung 2.4a können gemäss Gleichung (2.1) zu einem komplexen Raumzeiger $\underline{u}_s^s$ zusammengefasst werden, d. h.

$$\underline{u}_s^s = \tfrac{2}{3}[u_{sa} + \underline{a} u_{sb} + \underline{a}^2 u_{sc}]. \tag{2.26a}$$

Dieser Raumzeiger drückt dabei den Momentanwert der Statorspannungen in bezogenen Grössen aus und ist gemäss dem hochgestellten Index s auf das Koordinatensystem des Stators bezogen.

Für das Zweiphasensystem in Abbildung 2.4b gilt der gleiche komplexe Raumzeiger, der gemäss

$$\underline{u}_s^s = u_{s\alpha}^s + j u_{s\beta}^s \tag{2.26b}$$

definiert ist. $u_{s\alpha}^s$ bildet somit den Realteil und $u_{s\beta}^s$ den Imaginärteil von $\underline{u}_s^s$.

Setzt man die beiden Beziehungen für $\underline{u}_s^s$ einander gleich und teilt in Real- und Imaginärteil auf, so erhält man für die α- und β-Komponente der

Statorspannung

$$u_{s\alpha}^{s} = \tfrac{2}{3}[u_{sa} - \tfrac{1}{2}u_{sb} - \tfrac{1}{2}u_{sc}] = u_{sa} \qquad (2.27a)$$

$$u_{s\beta}^{s} = \tfrac{1}{\sqrt{3}}[u_{sb} - u_{sc}]. \qquad (2.27b)$$

Der zweite Ausdruck für $u_{s\alpha}^{s}$ ergibt sich aus der Bedingung verschwindender Nullkomponente, d. h. für $u_{sa} + u_{sb} + u_{sc} = 0$ [siehe Gleichung (2.3)].

Bei den Gleichungen (2.27a) und (2.27b) handelt es sich nicht um eine Koordinatentransformation, da für beide Systeme das gleiche Koordinatensystem mit der vertikalen Achse gilt (siehe Abbildung 2.4a und 2.4b). Es handelt sich hier vielmehr um den Uebergang vom Dreiphasensystem zu einem gleichwertigen Zweiphasensystem. Dagegen liegt beim Uebergang zu den rotierenden Ersatzwicklungen d und q in Abbildung 2.4c eine Koordinatentransformation vor, da hier die Bezugsachsen um den Winkel ϑ verdreht sind. In beiden Fällen liegt ein Zweiphasensystem vor.

Für den Raumvektor der Statorspannung im Rotorkoordinatensystem ausgedrückt gilt entsprechend Gleichung (2.7c)

$$\underline{u}_{s}^{r} = \underline{u}_{s}^{s} e^{-j\vartheta}. \qquad (2.28a)$$

Der hochgestellte Index r bei $\underline{u}_{s}^{r}$ weist auf das Koordinatensystem $k = r$ des Rotors hin. Der Winkel ϑ ist bei drehendem Rotor mit der Zeit veränderlich und folgt aus

$$\vartheta = \vartheta_0 + \int_0^t \omega \, dt = \vartheta_0 + \omega_n \int_0^t n \, dt \qquad (2.28b)$$

wobei n die relative Drehzahl des Rotors ist. Für den Raumvektor $\underline{u}_{s}^{r}$ kann man anderseits mit den Komponenten u_d und u_q auch

$$\underline{u}_{s}^{r} = u_d + ju_q \qquad (2.28c)$$

ansetzen, womit u_d den Realteil und u_q den Imaginärteil von $\underline{u}_{s}^{r}$ bildet. Durch Gleichsetzen von (2.28a) und (2.28c) und Aufspalten in Real- und Imaginärteil erhält man

$$u_d = u_{s\alpha}^{s} \cos\vartheta + u_{s\beta}^{s} \sin\vartheta \qquad (2.29a)$$

$$u_q = -u_{s\alpha}^{s} \sin\vartheta + u_{s\beta}^{s} \cos\vartheta. \qquad (2.29b)$$

Will man u_d und u_q direkt aus den Spannungen u_{sa}, u_{sb} und u_{sc} des Drehstromsystems berechnen, so macht man zweckmässigerweise folgende Umformung. Ersetzt man in (2.28a) $\underline{u}_{s}^{s}$ durch (2.26a) und beachtet, dass $\underline{a} = e^{j2\pi/3}$ ist, so folgt

$$u_d + ju_q = \underline{u}_{s}^{r} = \underline{u}_{s}^{s} e^{-j\vartheta} = \tfrac{2}{3}[u_{sa} + u_{sb}e^{j2\pi/3} + u_{sc}e^{j4\pi/3}]e^{-j\vartheta}. \qquad (2.30a)$$

Nach Aufteilung in Real- und Imaginärteil ergibt sich

$$u_d = \frac{2}{3}\left[u_{sa}\cos\vartheta + u_{sb}\cos\left(\vartheta - \frac{2\pi}{3}\right) + u_{sc}\cos\left(\vartheta - \frac{4\pi}{3}\right)\right] \tag{2.30b}$$

$$u_q = -\frac{2}{3}\left[u_{sa}\sin\vartheta + u_{sb}\sin\left(\vartheta - \frac{2\pi}{3}\right) + u_{sc}\sin\left(\vartheta - \frac{4\pi}{3}\right)\right]. \tag{2.30c}$$

In der gleichen Art und Weise können auch die andern Grössen wie Statorströme und Statorflussverkettungen vom Drehstromsystem auf Längs- und Querachse umgerechnet werden.

Sind anderseits die Grössen in Längs- und Querachse gegeben, wie z. B. die Spannungen u_d und u_q, so kann man wie folgt auf die Drehstromgrössen schliessen. Zuerst ist aus $\underline{u}_s^r$ durch eine Koordinatentransformation $\underline{u}_s^s$ zu berechnen. Aus (2.26b), (2.28a) und (2.28c) folgt

$$u_{s\alpha}^s + ju_{s\beta}^s = \underline{u}_s^s = \underline{u}_s^r e^{j\vartheta} = (u_d + ju_q)e^{j\vartheta} \tag{2.31a}$$

Durch Aufspaltung in Real- und Imaginärteil erhält man

$$u_{s\alpha}^s = u_d\cos\vartheta - u_q\sin\vartheta \tag{2.31b}$$

$$u_{s\beta}^s = u_d\sin\vartheta + u_q\cos\vartheta. \tag{2.31c}$$

Zur Bestimmung von u_{sa}, u_{sb} und u_{sc} muss man auf die Beziehungen (2.4a) bis (2.4c) zurückgreifen, womit

$$u_{sa} = \mathrm{Re}\{\underline{u}_s^s\} = u_{s\alpha}^s \tag{2.32a}$$

$$u_{sb} = \mathrm{Re}\{\underline{u}_s^s\underline{a}^{-1}\} = -\tfrac{1}{2}u_{s\alpha}^s + \tfrac{\sqrt{3}}{2}u_{s\beta}^s \tag{2.32b}$$

$$u_{sc} = \mathrm{Re}\{\underline{u}_s^s\underline{a}^{-2}\} = -\tfrac{1}{2}u_{s\alpha}^s - \tfrac{\sqrt{3}}{2}u_{s\beta}^s \tag{2.32c}$$

resultiert.

Man kann diese drei Grössen auch direkt aus u_d und u_q berechnen. Dazu ersetzt man $\underline{u}_s^s$ durch $\underline{u}_s^r e^{j\vartheta}$ und beachtet wiederum, dass $\underline{a}^{-1} = e^{-j2\pi/3}$ ist. Es folgt dann

$$u_{sa} = \mathrm{Re}\{\underline{u}_s^r e^{j\vartheta}\} = u_d\cos\vartheta - u_q\sin\vartheta \tag{2.33a}$$

$$u_{sb} = \mathrm{Re}\{\underline{u}_s^r e^{j\vartheta}e^{-j2\pi/3}\} = u_d\cos\left(\vartheta - \frac{2\pi}{3}\right) - u_q\sin\left(\vartheta - \frac{2\pi}{3}\right) \tag{2.33b}$$

$$u_{sc} = \mathrm{Re}\{\underline{u}_s^r e^{j\vartheta}e^{-j4\pi/3}\} = u_d\cos\left(\vartheta - \frac{4\pi}{3}\right) - u_q\sin\left(\vartheta - \frac{4\pi}{3}\right). \tag{2.33c}$$

Im stationären Betrieb ist $u_{sa} = u_s\cos\omega t$, $u_{sb} = u_s\cos(\omega t - 2\pi/3)$ und $u_{sc} = u_s\cos(\omega t - 4\pi/3)$. Setzt man diese Beziehungen in (2.27a) und (2.27b) ein, so folgt nach einer kleinen trigonometrischen Umformung der

Gleichung (2.27b)

$$u_{s\alpha}^{s} = u_s \cos \omega t \tag{2.34a}$$

$$u_{s\beta}^{s} = u_s \sin \omega t \tag{2.34b}$$

$u_{s\alpha}^{s}$ und $u_{s\beta}^{s}$ sind somit zwei Wechselspannungen, die gegeneinander um 90° verschoben sind. ω ist gleich der elektrischen Winkelgeschwindigkeit des Rotors, die im stationären Betrieb konstant ist. Aus (2.28b) folgt damit $\vartheta = \vartheta_0 + \omega t$. Setzt man diesen Winkel in (2.30b) und (2.30c) ein, so erhält man nach einer trigonometrischen Umformung das Resultat

$$u_d = u_s \cos \vartheta_0 \tag{2.35a}$$

$$u_q = -u_s \sin \vartheta_0. \tag{2.35b}$$

Da ϑ_0 konstant ist, erkennt man, dass im stationären Betrieb die Spannungen u_d und u_q in Längs- und Querachse konstant sind. Dank der Koordinatentransformation der Statorwicklungen auf ein mit dem Rotor umlaufendes Koordinatensystem erhält man im stationären Betrieb konstante Gleichgrössen in den Ersatzwicklungen. Diese Feststellung gilt selbstverständlich nicht nur für die Spannungen, sondern auch für die Ströme i_d und i_q wie auch für die Flussverkettungen ψ_d und ψ_q in Längs- und Querachse. Der Winkel ϑ_0 hängt, wie in Abschnitt 2.34 gezeigt werden wird, vom Belastungszustand der Synchronmaschine ab. Er kann durch den Polradwinkel δ gemäss $\vartheta_0 = \delta + \pi/2$ ausgedrückt werden.

2.313 *Die Spannungsgleichungen*

Bei der Aufstellung der Spannungsgleichungen hat man die verschiedenen Stromkreise der Statorwicklungen, der Dämpferwicklungen und der Erregerwicklung zu unterscheiden. Wie in Abschnitt 2.222 gezeigt wurde, kann man die Spannungsgleichungen der drei Statorphasen durch Einführung komplexer Raumvektoren zu einer einzigen Gleichung zusammenziehen. Damit erhält man nach dem Uebergang zu bezogenen Grössen entsprechend Gleichung (2.16b) die Spannungsgleichung für den Stator

$$\underline{u}_s^s = \underline{i}_s^s r_s + \frac{1}{\omega_n} \frac{d\underline{\psi}_s^s}{dt}. \tag{2.36a}$$

Diese Gleichung gilt für das im Stator feststehende Koordinatensystem. Beim Uebergang in das mit dem Rotor umlaufende Koordinatensystem hat man die Transformation der Spannungsgleichungen infolge der Koordinatentransformation zu beachten (siehe Abschnitt 2.224). Mit bezogenen Grössen ergibt sich entsprechend Abschnitt 2.232 die Beziehung (2.17c). Im vorliegenden Fall ist zu berücksichtigen, dass das neue Koordinatensystem k mit dem Koordinatensystem r des Rotors übereinstimmt und dass dieses

Koordinatensystem mit der relativen Frequenz f_k entsprechend der relativen, momentanen Drehzahl n der Synchronmaschine umläuft. Damit folgt aus (2.17c)

$$\underline{u}_s^r = \underline{i}_s^r r_s + \frac{1}{\omega_n}\frac{d\underline{\psi}_s^r}{dt} + jn\underline{\psi}_s^r. \tag{2.36b}$$

Drückt man die komplexen Raumvektoren durch die entsprechenden Komponenten in Längs- und Querachse aus, d. h. durch

$$\underline{u}_s^r = u_d + ju_q;\quad \underline{i}_s^r = i_d + ji_q;\quad \underline{\psi}_s^r = \psi_d + j\psi_q \tag{2.36c}$$

so erhält man nach Aufspaltung in Real- und Imaginärteil

$$u_d = i_d r_s + \frac{1}{\omega_n}\frac{d\psi_d}{dt} - n\psi_q \tag{2.37a}$$

$$u_q = i_q r_s + \frac{1}{\omega_n}\frac{d\psi_q}{dt} + n\psi_d. \tag{2.37b}$$

Die Spannung u_d der Längsachse hängt somit auch von der Flussverkettung ψ_q der Querachse ab, welche mit der rotatorisch induzierten Spannung $n\psi_q$ in Erscheinung tritt. Ebenso hängt die Spannung u_q der Querachse wegen der rotatorisch induzierten Spannung $n\psi_d$ von der Flussverkettung ψ_d in der Längsachse ab. Es handelt sich dabei nicht etwa um eine magnetische Kopplung der beiden Achsen. Diese Kopplung der Spannungsgleichungen ist durch den Uebergang vom feststehenden Koordinatensystem s zum umlaufenden Koordinatensystem r bedingt.

Für die in sich kurzgeschlossenen Stromkreise der Dämpferwicklung kann man die Spannungsgleichungen entsprechend dem Ersatzschaltbild in Abbildung 2.5 getrennt für Längs- und Querachse aufstellen. Man erhält vorerst für nichtbezogene Grössen

$$0 = I_D R_D + \frac{d\Psi_D}{dt} \tag{2.38a}$$

$$0 = I_Q R_Q + \frac{d\Psi_Q}{dt}. \tag{2.38b}$$

Bei der Einführung bezogener Grössen ist zu beachten, dass die Bezugswerte für die Ströme und Flussverkettungen nicht festgelegt sind, da im stationären Betrieb der Strom in den Dämpferwicklungen Null ist. Man kann somit über die Bezugswerte $\hat{I}_{Dn}$, $\hat{I}_{Qn}$, $\hat{\Psi}_{Dn}$ und $\hat{\Psi}_{Qn}$ noch frei verfügen. Mit $I_D = i_D \hat{I}_{Dn}$ und $\Psi_D = \psi_D \hat{\Psi}_{Dn}$ folgt für die Längsachse aus (2.38a)

$$0 = i_D + \frac{\hat{\Psi}_{Dn}}{\hat{I}_{Dn} R_D}\frac{d\psi_D}{dt}. \tag{2.39a}$$

Wählt man nun die Bezugswerte so, dass

$$\frac{\hat{\Psi}_{\mathrm{Dn}}}{\hat{I}_{\mathrm{Dn}}}=L_{\mathrm{D}} \tag{2.39b}$$

ist, wobei L_{D} die Induktivität der Dämpferwicklung in der Längsachse ist (siehe Abbildung 2.5a), so folgt

$$0=i_{\mathrm{D}}+T_{\mathrm{D}}\frac{\mathrm{d}\psi_{\mathrm{D}}}{\mathrm{d}t}, \tag{2.39c}$$

wobei mit

$$T_{\mathrm{D}}=\frac{L_{\mathrm{D}}}{R_{\mathrm{D}}} \tag{2.39d}$$

die Zeitkonstante der Dämpferwicklung der Längsachse eingeführt wurde.

Analog kann man auch die Spannungsgleichung der Dämpferwicklung in der Querachse umformen. Wählt man deren Bezugswerte so, dass

$$\frac{\hat{\Psi}_{\mathrm{Qn}}}{\hat{I}_{\mathrm{Qn}}}=L_{\mathrm{Q}} \tag{2.40a}$$

ist, so gilt

$$0=i_{\mathrm{Q}}+T_{\mathrm{Q}}\frac{\mathrm{d}\psi_{\mathrm{Q}}}{\mathrm{d}t}, \tag{2.40b}$$

wobei

$$T_{\mathrm{Q}}=\frac{L_{\mathrm{Q}}}{R_{\mathrm{Q}}} \tag{2.40c}$$

die Zeitkonstante der Dämpferwicklung in der Querachse ist.

Schliesslich ist noch die Spannungsgleichung für den Erregerkreis zu bestimmen. Aus Abbildung 2.5a folgt in nichtbezogenen Grössen

$$U_{\mathrm{e}}=I_{\mathrm{e}}R_{\mathrm{e}}+\frac{\mathrm{d}\Psi_{\mathrm{e}}}{\mathrm{d}t}. \tag{2.41a}$$

Für den Erregerkreis werden die Bezugsgrössen nicht auf den Betriebspunkt entsprechend Nennlast bezogen, da sich hier unübersichtliche Grössen ergeben würden, die das Gleichungssystem in bezogenen Grössen unnötig komplizieren würden. Aehnlich wie bei der Dämpferwicklung kann man auch hier über die Bezugsgrössen $\hat{U}_{\mathrm{en}}$, $\hat{I}_{\mathrm{en}}$ und $\hat{\Psi}_{\mathrm{en}}$ frei verfügen, und zwar so, dass die Gleichungen möglichst einfach werden. Setzt man $U_{\mathrm{e}}=u_{\mathrm{e}}\hat{U}_{\mathrm{en}}$, $I_{\mathrm{e}}=i_{\mathrm{e}}\hat{I}_{\mathrm{en}}$ und $\Psi_{\mathrm{e}}=\psi_{\mathrm{e}}\hat{\Psi}_{\mathrm{en}}$ in (2.41a) ein, so erhält man nach Division mit $\hat{U}_{\mathrm{en}}$

$$u_{\mathrm{e}}=\frac{\hat{I}_{\mathrm{en}}R_{\mathrm{e}}}{\hat{U}_{\mathrm{en}}}i_{\mathrm{e}}+\frac{\hat{\Psi}_{\mathrm{en}}}{\hat{U}_{\mathrm{en}}}\frac{\mathrm{d}\psi_{\mathrm{e}}}{\mathrm{d}t}. \tag{2.41b}$$

Man wählt vorerst $\hat{U}_{en}$ so, dass

$$\hat{U}_{en} = \hat{I}_{en} R_e \tag{2.41c}$$

ist. Damit kann der Faktor im zweiten Glied von (2.41b) wie folgt umgeformt werden

$$\frac{\hat{\Psi}_{en}}{\hat{U}_{en}} = \frac{\hat{\Psi}_{en}}{\hat{I}_{en} R_e} = \frac{L_e}{R_e} = T_e \tag{2.41d}$$

Dabei wurde die Zeitkonstante der Erregerwicklung T_e eingeführt. Die Bezugswerte für Strom und Flussverkettung müssen dabei der Bedingung

$$\frac{\hat{\Psi}_{en}}{\hat{I}_{en}} = L_e \tag{2.41e}$$

genügen. Damit erhält man für die Spannungsgleichung des Erregerkreises den einfachen Ausdruck

$$u_e = i_e + T_e \frac{d\psi_e}{dt} \tag{2.41f}$$

In den vorstehenden Umformungen wurden für die Bezugsgrössen der Flussverkettungen und Ströme in den Dämpfer- und Erregerwicklungen lediglich das Verhältnis festgelegt, das gleich den Induktivitäten der entsprechenden Wicklungen gewählt wurde. Ueber je eine dieser Bezugsgrössen kann somit noch frei verfügt werden. Dies wird im folgenden Abschnitt über die Flussverkettungen geschehen, womit dann alle Bezugsgrössen definiert sein werden.

2.314 *Die Flussverkettungen*

Zur vollständigen Beschreibung der elektromagnetischen Ausgleichsvorgänge in der Synchronmaschine müssen schliesslich noch die Beziehungen für die Flussverkettungen in den verschiedenen Wicklungen aufgestellt werden. Dazu wird wiederum auf das Ersatzschaltbild in Abbildung 2.5 zurückgegriffen.

Vorerst soll die Querachse untersucht werden (Abbildung 2.5b), da hier ein gekoppeltes Zweispulensystem vorliegt, das bereits in allgemeiner Form in Abschnitt 2.233 behandelt wurde (vergleiche auch mit Abbildung 2.3). Da nur die Bezugswerte in der Statorersatzwicklung festgelegt sind, nicht aber in der Dämpferwicklung (abgesehen von dem im vorstehenden Abschnitt eingeführten Verhältnis zwischen den Bezugsgrössen für Flussverkettung und Strom), so liegt der zweite Fall vor, der in Abschnitt 2.233 untersucht wurde. Die bezogenen Flussverkettungen können direkt aus den Gleichungen (2.24a) und (2.24b) angegeben werden. Ersetzt man darin den

Index 1 durch q und den Index 2 durch Q, so folgt

$$\psi_q = x_q i_q + i_Q \tag{2.42a}$$

$$\psi_Q = i_Q + (1 - \sigma_Q) x_q i_q \tag{2.42b}$$

Hier ist x_q die Synchronreaktanz der Synchronmaschine in der Querachse und

$$\sigma_Q = 1 - \frac{L_{qQ}^2}{L_q L_Q} \tag{2.42c}$$

der Streufaktor zwischen Statorwicklung und Dämpferwicklung in der Querachse.

Aus Gleichung (2.23a) erhält man die Definition der Bezugsgrösse für den Strom in der Dämpferwicklung zu

$$\hat{I}_{Qn} = \frac{\hat{\Psi}_n}{L_{qQ}} \tag{2.43a}$$

und aus (2.23b) die Bezugsgrösse für die Flussverkettung

$$\hat{\Psi}_{Qn} = L_Q \hat{I}_{Qn}. \tag{2.43b}$$

Diese Beziehung stimmt mit Gleichung (2.40a) überein, die bei der Ableitung der Spannungsgleichung der Dämpferwicklung der Querachse aufgestellt wurde.

In der Längsachse sind drei Wicklungen magnetisch gekoppelt (siehe Abbildung 2.5a). Für die Flussverkettungen in diesen Wicklungen gilt der Ansatz, in nichtbezogenen Grössen angeschrieben

$$\Psi_d = L_d I_d + L_{dD} I_D + L_{de} I_e \tag{2.44a}$$

$$\Psi_D = L_D I_D + L_{dD} I_d + L_{eD} I_e \tag{2.44b}$$

$$\Psi_e = L_e I_e + L_{de} I_d + L_{eD} I_D. \tag{2.44c}$$

Drückt man alle Grössen durch ihre bezogenen Grössen und die Bezugsgrössen aus, wobei zu beachten ist, dass $\Psi_d = \psi_d \hat{\Psi}_n$ und $I_d = i_d \hat{I}_n$ ist, so folgt für die bezogene Grösse der Flussverkettung in der Statorersatzwicklung

$$\psi_d = \frac{L_d \hat{I}_n}{\hat{\Psi}_n} i_d + \frac{L_{dD} \hat{I}_{Dn}}{\hat{\Psi}_n} i_D + \frac{L_{de} \hat{I}_{en}}{\hat{\Psi}_n} i_e. \tag{2.45a}$$

Der Faktor des ersten Gliedes ist gemäss Gleichung (2.20a) gleich der bezogenen Induktivität, die auch gleich der bezogenen Reaktanz ist, d. h. es gilt

$$l_d = \frac{L_d \hat{I}_n}{\hat{\Psi}_n} = \frac{\omega_n L_d \hat{I}_n}{\hat{U}_n} = x_d \tag{2.45b}$$

wobei x_d die Synchronreaktanz der Längsachse ist. In den beiden übrigen Gliedern von (2.45a) kann über die Bezugswerte $\hat{I}_{Dn}$ und $\hat{I}_{en}$ noch frei verfügt werden. Diese Grössen sollen so gewählt werden, dass die Faktoren gleich 1 sind. Damit erhält man die Definition dieser Bezugsgrössen zu

$$\hat{I}_{Dn} = \frac{\hat{\Psi}_n}{L_{dD}} \tag{2.45c}$$

und

$$\hat{I}_{en} = \frac{\hat{\Psi}_n}{L_{de}}. \tag{2.45d}$$

Für die Flussverkettung in der Statorersatzwicklung gilt dann in bezogenen Grössen ausgedrückt

$$\psi_d = x_d i_d + i_D + i_e \tag{2.45e}$$

Aus Gleichung (2.44b) erhält man nach Einführung bezogener Grössen vorerst

$$\psi_D = \frac{L_D \hat{I}_{Dn}}{\hat{\Psi}_{Dn}} i_D + \frac{L_{dD} \hat{I}_n}{\hat{\Psi}_{Dn}} i_d + \frac{L_{eD} \hat{I}_{en}}{\hat{\Psi}_{Dn}} i_e \tag{2.46a}$$

Gemäss Gleichung (2.39b) ist $\hat{\Psi}_{Dn}/\hat{I}_{Dn} = L_D$, so dass der Faktor des ersten Gliedes gleich 1 ist. Ersetzt man $\hat{I}_{Dn}$ durch (2.45c), so ergibt sich die Definition der Bezugsgrösse $\hat{\Psi}_{Dn}$ zu

$$\hat{\Psi}_{Dn} = L_D \hat{I}_{Dn} = \frac{L_D}{L_{dD}} \hat{\Psi}_n \tag{2.46b}$$

Damit lässt sich der zweite Faktor in (2.46a) wie folgt umformen

$$\frac{L_{dD} \hat{I}_n}{\hat{\Psi}_{Dn}} = \frac{L_{dD}^2}{L_D} \frac{\hat{I}_n}{\hat{\Psi}_n} = \frac{L_{dD}^2}{L_d L_D} L_d \frac{\hat{I}_n}{\hat{\Psi}_n} = (1 - \sigma_D) x_d \tag{2.46c}$$

Dabei wurde der Streufaktor der Dämpferwicklung gegenüber der Statorwicklung in der Längsachse

$$\sigma_D = 1 - \frac{L_{dD}^2}{L_d L_D} \tag{2.46d}$$

eingeführt. Ersetzt man schliesslich im dritten Glied von (2.46a) $\hat{I}_{en}$ durch (2.45d) und $\hat{\Psi}_{Dn}$ durch (2.46b), so folgt

$$\frac{L_{eD} \hat{I}_{en}}{\hat{\Psi}_{Dn}} = \frac{L_{eD} L_{dD}}{L_{de} L_D} = \mu_D, \tag{2.46e}$$

wobei zur Abkürzung μ_D eingeführt wurde. Diese Grösse kann als Uebersetzungsfaktor betrachtet werden. Damit erhält man schliesslich für die bezogene Flussverkettung in der Dämpferwicklung

$$\psi_D = i_D + (1 - \sigma_D) x_d i_d + \mu_D i_e \tag{2.46f}$$

Genau in gleicher Art und Weise kann auch Gleichung (2.44c) umgeformt werden. In einem ersten Schritt erhält man

$$\psi_e = \frac{L_e \hat{I}_{en}}{\hat{\Psi}_{en}} i_e + \frac{L_{de} \hat{I}_n}{\hat{\Psi}_{en}} i_d + \frac{L_{eD} \hat{I}_{Dn}}{\hat{\Psi}_{en}} i_D \tag{2.47a}$$

Da nach (2.41e) $\hat{\Psi}_{en}/\hat{I}_{en} = L_e$ ist, so wird der Faktor des ersten Gliedes gleich 1. Mit $\hat{I}_{en}$ nach (2.45d) folgt die Definition von $\hat{\Psi}_{en}$ zu

$$\hat{\Psi}_{en} = L_e \hat{I}_{en} = \frac{L_e}{L_{de}} \hat{\Psi}_n \tag{2.47b}$$

Der zweite Faktor in (2.47a) kann dann wie folgt umgeformt werden

$$\frac{L_{de} \hat{I}_n}{\hat{\Psi}_{en}} = \frac{L_{de}^2}{L_e} \frac{\hat{I}_n}{\hat{\Psi}_n} = \frac{L_{de}^2}{L_d L_e} L_d \frac{\hat{I}_n}{\hat{\Psi}_n} = (1 - \sigma_e) x_d \tag{2.47c}$$

Wobei hier der Streufaktor der Erregerwicklung gegenüber der Statorwicklung in der Längsachse

$$\sigma_e = 1 - \frac{L_{de}^2}{L_d L_e} \tag{2.47d}$$

in Erscheinung tritt. Drückt man im letzten Glied von (2.47a) $\hat{I}_{Dn}$ durch (2.45c) und $\hat{\Psi}_{en}$ durch (2.47b) aus, so ergibt sich

$$\frac{L_{eD} \hat{I}_{Dn}}{\hat{\Psi}_{en}} = \frac{L_{eD} L_{de}}{L_{dD} L_e} = \mu_e \tag{2.47e}$$

wo μ_e wiederum die Bedeutung eines Uebersetzungsfaktors besitzt. Die bezogene Flussverkettung in der Erregerwicklung wird dann

$$\psi_e = i_e + (1 - \sigma_e) x_d i_d + \mu_e i_D \tag{2.47f}$$

Es ist noch interessant auf die physikalische Bedeutung der Bezugsgrössen im Erregerkreis hinzuweisen. Im Leerlauf und stationärem Zustand, d. h. für $i_d = 0$ und $i_D = 0$ ist gemäss Gleichung (2.45e) $\psi_d = i_e$. Da unter den gleichen Voraussetzungen $i_q = 0$ und $i_Q = 0$ gilt und somit nach (2.42a) $\psi_q = 0$ ist, so ist die Statorflussverkettung $\psi_s = \psi_d = i_e$. Der Nennwert $\hat{\Psi}_n$ der Statorflussverkettung wird somit im Leerlauf durch den Nennwert des Erregerstromes $\hat{I}_{en}$ erzeugt. Der letztere entspricht damit der Leerlauferregung der Synchronmaschine. $\hat{\Psi}_{en}$ ist dann gleich der Flussverkettung in der Erregerwicklung bei Leerlauf.

2.315 *Das Drehmoment und die Bewegungsgleichung*

Das elektromagnetische Drehmoment der Synchronmaschine folgt aus der allgemeinen Beziehung in Gleichung (2.25c). Wird für Flussverkettung und

Strom mit den entsprechenden Raumvektoren des Stators gerechnet, so gilt, da das Drehmoment unabhängig vom Koordinatensystem ist

$$m_e = \mathrm{Im}\,\{\underline{\psi}_s^{*r}\underline{i}_s^r\}. \tag{2.48a}$$

Ersetzt man darin $\underline{\psi}_s^r = \psi_d + j\psi_q$ und $\underline{i}_s^r = i_d + ji_q$ so folgt

$$m_e = \psi_d i_q - \psi_q i_d. \tag{2.48b}$$

Die Bewegungsgleichung gestattet die Beschleunigung oder Verzögerung des Rotors zu bestimmen, wenn das elektromagnetische Drehmoment und das äussere Belastungsmoment nicht im Gleichgewicht sind. In nichtbezogenen Grössen ausgedrückt lautet die Bewegungsgleichung

$$J\frac{\mathrm{d}\Omega}{\mathrm{d}t} = M_e - M. \tag{2.49a}$$

Dabei ist J das Massenträgheitsmoment aller rotierenden Massen, d. h. des Motors und der angetriebenen Maschine (auf die Motorwelle umgerechnet). Ω ist die mechanische Winkelgeschwindigkeit des Rotors. M stellt das Belastungsmoment an der Motorwelle dar. Dividiert man beide Seiten durch das Nennmoment M_n und ersetzt $\Omega = n\Omega_n$, wobei n die bezogene Drehzahl ist, so folgt

$$\frac{J\Omega_n}{M_n}\frac{\mathrm{d}n}{\mathrm{d}t} = m_e - m. \tag{2.49b}$$

Der Faktor von $\mathrm{d}n/\mathrm{d}t$ ist gleich der mechanischen Zeitkonstanten T_m. Damit kann die Bewegungsgleichung in der Form

$$T_m\frac{\mathrm{d}n}{\mathrm{d}t} = m_e - m \tag{2.49c}$$

geschrieben werden. Die mechanische Zeitkonstante ist durch

$$T_m = \frac{J\Omega_n}{M_n} \tag{2.50a}$$

gegeben. Diese kann wie folgt umgeformt werden

$$T_m = \frac{J\Omega_n^2}{\Omega_n M_n} = \frac{J\Omega_n^2}{S_n} = \frac{2W}{S_n}. \tag{2.50b}$$

Die mechanische Zeitkonstante ist somit gleich der doppelten kinetischen Energie W der rotierenden Massen bei Nenndrehzahl des Motors, bezogen auf dessen Scheinleistung S_n. Eine weitere anschauliche Deutung der mechanischen Zeitkonstante kann durch die Anlaufzeit gegeben werden, die sich einstellt, wenn der Motor aus dem Stillstand bis Nenndrehzahl mit einem Beschleunigungsmoment gleich dem Nennmoment beschleunigt wird (Bühler [1]).

Wie bereits in Abschnitt 2.231 erwähnt wurde, ist zu beachten, dass das Drehoment auf das Scheindrehmoment S_n/Ω_n bezogen wird. Je nach dem Leistungsfaktor $\cos\varphi$ ist dann im Nennbetriebspunkt das elektromagnetische Drehmoment, wie auch das Belastungsdrehmoment $m \leq 1$.

2.316 *Zusammenstellung des Gleichungssystems*

Der bessern Uebersicht wegen sollen nachstehend die massgebenden Gleichungen kurz zusammengestellt werden, und zwar die Spannungsgleichungen und die Beziehungen für die Flussverkettungen

$$u_d = i_d r_s + \frac{1}{\omega_n}\frac{d\psi_d}{dt} - n\psi_q \tag{2.37a}$$

$$u_q = i_q r_s + \frac{1}{\omega_n}\frac{d\psi_q}{dt} + n\psi_d \tag{2.37b}$$

$$0 = i_D + T_D\frac{d\psi_D}{dt} \tag{2.39c}$$

$$u_e = i_e + T_e\frac{d\psi_e}{dt} \tag{2.41f}$$

$$0 = i_Q + T_Q\frac{d\psi_Q}{dt} \tag{2.40b}$$

$$\psi_d = x_d i_d + i_D + i_e \tag{2.45e}$$

$$\psi_D = i_D + (1-\sigma_D)x_d i_d + \mu_D i_e \tag{2.46f}$$

$$\psi_e = i_e + (1-\sigma_e)x_d i_d + \mu_e i_D \tag{2.47f}$$

$$\psi_q = x_q i_q + i_Q \tag{2.42a}$$

$$\psi_Q = i_Q + (1-\sigma_Q)x_q i_q. \tag{2.42b}$$

2.32 Umformung des Gleichungssystems der Synchronmaschine

2.321 *Allgemeines*

Das im vorstehenden Abschnitt aufgestellte Gleichungssystem wird normalerweise zur Untersuchung der nichtstationären Vorgänge in Synchronmaschinen umgeformt (siehe Laible [25]). Die in den Dämpferwicklungen auftretenden Ströme interessieren meistens nicht und es ist dann zweckmässig, diese aus dem Gleichungssystem zu eliminieren. Dabei werden Reaktanzoperatoren für die Längs- und Querachse eingeführt, in denen die charakteristischen Konstanten einer Synchronmaschine erscheinen, und zwar die Synchronreaktanzen sowie die transienten und subtransienten

Reaktanzen und Zeitkonstanten. Auch bei der Behandlung geregelter Antriebe mit Synchronmaschinen ist es zweckmässig, diese normalerweise bekannten Ersatzkonstanten einzuführen und mit den entsprechenden Reaktanzoperatoren zu rechnen.

Zwischen den Flussverkettungen und Strömen in den Dämpferwicklungen und in der Erregerwicklung bestehen lineare Differentialgleichungen, die durch die Spannungsgleichungen in den entsprechenden Zweigen gegeben sind. Es ist daher zulässig, dieses Gleichungssystem mit Hilfe der Laplacetransformation zu lösen. Werden, wie in der Regelungstechnik allgemein üblich, die Anfangsbedingungen Null gesetzt, so folgt für die Längsachse aus (2.39c) und (2.41f)

$$0 = i_D + sT_D\psi_D \tag{2.51a}$$

$$u_e = i_e + sT_e\psi_e \tag{2.51b}$$

und für die Querachse aus (2.40b)

$$0 = i_Q + sT_Q\psi_Q. \tag{2.51c}$$

Daneben sind noch die Beziehungen für die Flussverkettungen in der Längsachse gemäss den Gleichungen (2.45e), (2.46f) und (2.47f) sowie in der Querachse gemäss (2.42a) und (2.42b) zu beachten.

Entsprechend diesen linearen Beziehungen kann das Gleichungssystem relativ einfach umgeformt werden. Zuerst soll mit der Behandlung der Querachse begonnen werden, da hier die Beziehungen leichter zu überblicken sind und der Reaktanzoperator relativ einfach bestimmt werden kann. In der Längsachse ist die Kopplung mit der Erregerwicklung zu beachten. Ausser dem Reaktanzoperator ist dann noch eine Uebertragungsfunktion zur Beschreibung der Vorgänge im Erregerkreis notwendig.

2.322 *Die Flussverkettung der Querachse*

Eliminiert man die Flussverkettung ψ_Q in (2.51c) durch (2.42b), so folgt für den Strom i_Q in der Dämpferwicklung der Querachse

$$i_Q = -\frac{sx_q(1-\sigma_Q)T_Q}{1+sT_Q}\, i_q. \tag{2.52a}$$

Damit kann man i_Q in (2.42a) eliminieren und erhält für die Flussverkettung in der Ersatzwicklung des Stators

$$\psi_q = \frac{1+s\sigma_Q T_Q}{1+sT_Q}\, x_q i_q. \tag{2.52b}$$

Die Flussverkettung ψ_q hängt somit nur noch von Strom i_q ab. Man kann nun den Reaktanzoperator der Querachse

$$x_q(s) = \frac{1 + s\sigma_Q T_Q}{1 + sT_Q}\, x_q \tag{2.53a}$$

einführen, womit für die Flussverkettung

$$\psi_q = x_q(s)\, i_q \tag{2.53b}$$

folgt.

In der Theorie des nichtstationären Verhaltens der Synchronmaschine findet man oft den Reziprokwert des Reaktanzoperators, der dann in der Form

$$\frac{1}{x_q(s)} = \frac{1}{x_q} + \left(\frac{1}{x''_q} - \frac{1}{x_q}\right)\frac{sT''_q}{1 + sT''_q} \tag{2.53c}$$

geschrieben wird (siehe LAIBLE [25]). Dabei ist

x''_q: subtransiente Querreaktanz,

T''_q: subtransiente Zeitkonstante des Querfeldes.

Ein Vergleich mit (2.53a) zeigt, dass

$$x''_q = \sigma_Q x_q \tag{2.54a}$$

und

$$T''_q = \sigma_Q T_Q \tag{2.54b}$$

ist.

2.323 *Die Flussverkettung der Längsachse*

Setzt man die Ausdrücke (2.46f) und (2.47f) für die Flussverkettungen ψ_D und ψ_e in die Gleichungen (2.51a) und (2.51b) ein, so erhält man ein Gleichungssystem für die Ströme i_D und i_e von der Form

$$(1 + sT_D)i_D + \mu_D sT_D i_e = -(1 - \sigma_D)x_d sT_D i_d \tag{2.55a}$$

$$\mu_e sT_e i_D + (1 + sT_e)i_e = u_e - (1 - \sigma_e)x_d sT_e i_d \tag{2.55b}$$

Daraus kann man die gesuchten Grössen i_D und i_e berechnen und man erhält

$$i_D = \frac{-[1 - \sigma_D + (1 - \sigma_D - \mu_D + \mu_D\sigma_e)sT_e]sT_D x_d i_d - \mu_D sT_D u_e}{(1 + sT_D)(1 + sT_e) - \mu_D\mu_e s^2 T_D T_e} \tag{2.55c}$$

$$i_e = \frac{-[1 - \sigma_e + (1 - \sigma_e - \mu_e + \mu_e\sigma_D)sT_D]sT_e x_d i_d + (1 + sT_D)u_e}{(1 + sT_D)(1 + sT_e) - \mu_D\mu_e s^2 T_D T_e} \tag{2.55d}$$

Diese Beziehungen lassen sich noch umformen, und zwar wie folgt. Mit Hilfe der in Abschnitt 2.314 eingeführten Definitionen der Streufaktoren und Uebersetzungsfaktoren lässt sich zeigen, dass die nachfolgenden Beziehungen gültig sind

$$1-\sigma_D-\mu_D+\mu_D\sigma_e=(1-\sigma_D)(1-\mu_e) \tag{2.56a}$$

$$1-\sigma_e-\mu_e+\mu_e\sigma_D=(1-\sigma_e)(1-\mu_D) \tag{2.56b}$$

Ueberdies lässt sich auch der Nenner der beiden Gleichungen (2.55c) und (2.55d) umformen, wenn mit

$$1-\mu_D\mu_e=1-\frac{L_{eD}^2}{L_D L_e}=\sigma_{eD} \tag{2.56c}$$

der Streufaktor zwischen Erregerwicklung und Dämpferwicklung eingeführt wird. Damit folgt

$$i_D=\frac{-[1+(1-\mu_e)sT_e](1-\sigma_D)sT_D x_d i_d-\mu_D sT_D u_e}{1+s(T_e+T_D)+s^2\sigma_{eD}T_e T_D} \tag{2.57a}$$

$$i_e=\frac{-[1+(1-\mu_D)sT_D](1-\sigma_e)sT_e x_d i_d+(1+sT_D)u_e}{1+s(T_e+T_D)+s^2\sigma_{eD}T_e T_D} \tag{2.57b}$$

Setzt man diese beiden Ausdrücke in Gleichung (2.45e) ein, so kann man für die Flussverkettung ψ_d in der Statorersatzwicklung

$$\psi_d=x_d(s)i_d+G_e(s)u_e \tag{2.58a}$$

schreiben. Dabei ist mit

$$x_d(s)=\frac{1+s(T_e+T_D)+s^2\sigma_{eD}T_eT_D-[1+(1-\mu_e)sT_e](1-\sigma_D)sT_D-[1+(1-\mu_D)sT_D](1-\sigma_e)sT_e}{1+s(T_e+T_D)+s^2\sigma_{eD}T_eT_D}\,x_d \tag{2.58b}$$

der Reaktanzoperator der Längsachse eingeführt worden und mit

$$G_e(s)=\frac{(1+sT_D)-\mu_D sT_D}{1+s(T_e+T_D)+s^2\sigma_{eD}T_eT_D} \tag{2.58c}$$

die Uebertragungsfunktion des Erregerkreises.

Wir wenden uns zuerst der Umformung und Vereinfachung des Reaktanzoperators $x_d(s)$ zu. Dabei wird zur Vereinfachung der Schreibweise der Streufaktor σ_d'' eingeführt, gemäss

$$\sigma_d''=1-\frac{(1-\mu_e)(1-\sigma_D)+(1-\mu_D)(1-\sigma_e)}{\sigma_{eD}} \tag{2.59a}$$

Damit lässt sich der Reaktanzoperator in der einfacheren Form

$$x_d(s) = \frac{1 + s(\sigma_e T_e + \sigma_D T_D) + s^2 \sigma''_d \sigma_{eD} T_e T_D}{1 + s(T_e + T_D) + s^2 \sigma_{eD} T_e T_D} x_d \qquad (2.59b)$$

darstellen.

Auch für die Längsachse wird oft der Reziprokwert des Reaktanzoperators angegeben (siehe LAIBLE [25]), und zwar in der Formulierung

$$\frac{1}{x_d(s)} = \frac{1}{x_d} + \left(\frac{1}{x'_d} - \frac{1}{x_d}\right) \frac{sT'_d}{1 + sT'_d} + \left(\frac{1}{x''_d} - \frac{1}{x'_d}\right) \frac{sT''_d}{1 + sT''_d} \qquad (2.60a)$$

wobei hier die insbesondere bei Kurzschlussvorgängen massgebenden Reaktanzen und Zeitkonstanten eingeführt werden, und zwar

x'_d: transiente Längsreaktanz,

x''_d: subtransiente Längsreaktanz,

T'_d: transiente Zeitkonstante des Längsfeldes,

T''_d: subtransiente Zeitkonstante des Längsfeldes.

Der Ausdruck (2.60a) kann auf gleichen Nenner gebracht werden. Nach einer Zwischenrechnung erhält man dann nach Invertierung den entsprechenden Ausdruck für den Reaktanzoperator, und zwar

$$x_d(s) = \frac{1 + s(T'_d + T''_d) + s^2 T'_d T''_d}{1 + s\left[\frac{x_d}{x'_d} T'_d + \left(1 + \frac{x_d}{x''_d} - \frac{x_d}{x'_d}\right) T''_d\right] + s^2 \frac{x_d}{x''_d} T'_d T''_d} x_d \qquad (2.60b)$$

Die neu eingeführten Reaktanzen und Zeitkonstanten können durch Vergleich mit (2.59b) aus den bekannten Streureaktanzen und Zeitkonstanten der Erregerwicklung und der Dämpferwicklung berechnet werden. Durch Gleichsetzen der entsprechenden Faktoren von s und s^2 in Zähler und Nenner erhält man die vier Gleichungen zur Bestimmung der gesuchten Grössen x'_d, x''_d, T'_d und T''_d, und zwar

$$T'_d + T''_d = \sigma_e T_e + \sigma_D T_D \qquad (2.61a)$$

$$T'_d T''_d = \sigma''_d \sigma_{eD} T_e T_D \qquad (2.61b)$$

$$\frac{x_d}{x'_d} T'_d + \left(1 + \frac{x_d}{x''_d} - \frac{x_d}{x'_d}\right) T''_d = T_e + T_D \qquad (2.61c)$$

$$\frac{x_d}{x''_d} T'_d T''_d = \sigma_{eD} T_e T_D \qquad (2.61d)$$

Durch Vergleich von (2.61b) mit (2.61d) erhält man

$$x''_d = \sigma''_d x_d \qquad (2.62a)$$

Demnach stellt σ''_d den Streufaktor für subtransiente Vorgänge dar. Für die Bestimmung der übrigen Grössen sollen einige Näherungen eingeführt werden, um zu einfachen und übersichtlichen Beziehungen zu gelangen. Normalerweise ist $T'_d \gg T''_d$ und $\sigma_e T_e \gg \sigma_D T_D$. Damit erhält man aus (2.61a)

$$T'_d \simeq \sigma_e T_e \tag{2.62b}$$

Es folgt dann aus (2.61b)

$$T''_d \simeq \sigma''_d \frac{\sigma_{eD}}{\sigma_e} T_D \tag{2.62c}$$

Auf der linken Seite von (2.61c) kann das zweite Glied gegenüber dem ersten vernachlässigt werden. Ersetzt man darin T'_d durch (2.62b), so ergibt sich schliesslich

$$x'_d \simeq \sigma_e x_d \tag{2.62d}$$

σ_e ist somit gleich dem für transiente Vorgänge massgebenden Streufaktor.

Der Nenner von (2.59b) lässt sich in zwei Faktoren aufspalten, wobei man näherungsweise ansetzen kann, da $T_e \gg T_D$

$$1+s(T_e+T_D)+s^2\sigma_{eD}T_eT_D \simeq (1+sT_e)(1+s\sigma_{eD}T_D) \tag{2.63a}$$

Gemäss den vorstehend abgeleiteten Näherungsausdrücken ist

$$\sigma_{eD}T_D \simeq \frac{\sigma_e}{\sigma''_d} T''_d \simeq \frac{x'_d}{x''_d} T''_d \simeq T''_{d0} \tag{2.63b}$$

Damit kann der Reaktanzoperator der Längsachse auch in der Form

$$x_d(s) \simeq \frac{(1+sT'_d)(1+sT''_d)}{(1+sT_e)(1+sT''_{d0})} x_d \tag{2.63c}$$

geschrieben werden.

Schliesslich soll auch noch die in (2.58c) eingeführte Uebertragungsfunktion des Erregerkeises umgeformt und vereinfacht werden. Mit (2.63a) und (2.63b) folgt

$$G_e(s) = \frac{1+s(1-\mu_D)T_D}{1+s(T_e+T_D)+s^2\sigma_{eD}T_eT_D} \simeq \frac{1+s(1-\mu_D)T_D}{(1+sT_e)(1+sT''_{d0})} \tag{2.64a}$$

In diesem Ausdruck ist T_e die dominierende Zeitkonstante. Die kleine Zeitkonstante $(1-\mu_D)T_D$ im Zähler und die kleine Zeitkonstante T''_{d0} im Nenner heben sich näherungsweise weg und haben auf den Ausgleichsvorgang einen untergeordneten Einfluss. Man kann somit mit guter Näherung die Uebertragungsfunktion auf

$$G_e(s) \simeq \frac{1}{1+sT_e} \tag{2.64b}$$

reduzieren. Im folgenden wird immer mit diesem Ausdruck gerechnet werden.

2.324 *Der Erregerstrom*

Bei geregelten Antrieben mit Synchronmaschinen wird normalerweise auch der Erregerstrom in die Regelkreise einbezogen. Daher ist ebenfalls eine Beziehung für die Ausgleichsvorgänge des Erregerstromes notwendig. Dazu kann man auf Gleichung (2.57b) zurückgreifen. Führt man für den Nenner den Näherungsausdruck (2.63a) mit (2.63b) ein, so folgt

$$i_e \simeq \frac{1+sT_D}{(1+sT_e)(1+sT''_{d0})} u_e - \frac{[1+(1-\mu_D)sT_D](1-\sigma_e)sT_e}{(1+sT_e)(1+sT''_{d0})} x_d i_d \qquad (2.65a)$$

Auch hier kann man wiederum gut brauchbare Näherungsausdrücke einführen, da sich die kleine Zeitkonstante im Zähler T_D, bzw. $(1-\mu_D)T_D$ gegen die kleine Zeitkonstante im Nenner T''_{d0} praktisch heraushebt. Beachtet man noch, dass nach (2.62d) $\sigma_e x_d = x'_d$ ist, so folgt

$$i_e \simeq \frac{1}{1+sT_e} u_e - \frac{sT_e}{1+sT_e}(x_d - x'_d) i_d \qquad (2.65b)$$

2.325 *Zusammenstellung des Gleichungssystems*

Die hier umgeformten Gleichungen sollen zwecks einer bessern Uebersicht erneut zusammengestellt werden. Dabei sind auch die Spannungsgleichungen für die Statorstromkreise angeführt, die in allgemeiner Form nichtlinear sind, und somit nicht durch die Laplacetransformation ausgedrückt werden können.

$$u_d = i_d r_s + \frac{1}{\omega_n}\frac{d\psi_d}{dt} - n\psi_q \qquad (2.37a)$$

$$u_q = i_q r_s + \frac{1}{\omega_n}\frac{d\psi_q}{dt} + n\psi_d \qquad (2.37b)$$

$$\psi_d \simeq x_d(s) i_d + \frac{1}{1+sT_e} u_e \qquad (2.58a')$$

$$\psi_q = x_q(s) i_q \qquad (2.53b)$$

$$x_d(s) \simeq \frac{(1+sT'_d)(1+sT''_d)}{(1+sT_e)(1+sT''_{d0})} x_d \qquad (2.63c)$$

$$T_e \simeq \frac{T'_d}{\sigma_e} \simeq \frac{x_d}{x'_d} T'_d \qquad (2.62b')$$

$$T''_{d0} \simeq \frac{x'_d}{x''_d} T''_d \qquad (2.63b)$$

$$x_q(s) = \frac{1+sT''_q}{1+sT''_{q0}} x_q \qquad (2.53a')$$

$$T''_{q0} = \frac{T''_q}{\sigma_Q} = \frac{x_q}{x''_q} T''_q = T_Q \tag{2.54b'}$$

$$i_e \simeq \frac{1}{1+sT_e} u_e - \frac{sT_e}{1+sT_e} (x_d - x'_d) i_d. \tag{2.65b}$$

2.33 Das Strukturdiagramm der Synchronmaschine

2.331 *Allgemeines*

Das vorstehend abgeleitete Gleichungssystem der Synchronmaschine kann in anschaulicher Form durch ein Strukturdiagramm dargestellt werden. Neben dem Gleichungssystem in Längs- und Querachse ist auch die Umwandlung der Drehstromgrössen in die Zweiachsengrössen und umgekehrt zu berücksichtigen. Je nach der Art des Frequenzumrichters kann entweder die Statorspannung (bei Speisung aus einem Direktumrichter) oder der Statorstrom (bei Speisung aus einem Zwischenkreisumrichter) vorgegeben sein. Dementsprechend ist auch das Strukturdiagramm verschieden.

Das Strukturdiagramm bildet auch die Grundlage für die Simulation der Synchronmaschine auf einem Analog- oder Digitalrechner. Allerdings ist zu beachten, dass das Strukturdiagramm, so wie es unmittelbar aus dem Gleichungssystem folgt, nicht immer in dieser Form verwendet werden kann, und zwar mit Rücksicht auf die Realisierung oder im Hinblick auf die Rechengenauigkeit. In diesem Zusammenhang soll aber nicht auf die Probleme eingegangen werden, die sich bei der Simulation ergeben.

2.332 *Das Strukturdiagramm bei Vorgabe der Statorspannung*

Zur Aufstellung des Strukturdiagramms der Synchronmaschine im Zweiachsensystem sind die in Abschnitt 2.325 zusammengestellten Gleichungen etwas umzuformen, derart, dass die Spannungen u_d und u_q als Eingangsgrössen auftreten und daraus die Ströme i_d und i_q bestimmt werden können. Die Spannungsgleichungen werden nach den zeitlichen Ableitungen der Flussverkettungen aufgelöst, wonach

$$\frac{1}{\omega_n} \frac{d\psi_d}{dt} = u_d - i_d r_s + n\psi_q \tag{2.66a}$$

$$\frac{1}{\omega_n} \frac{d\psi_q}{dt} = u_q - i_q r_s - n\psi_d \tag{2.66b}$$

folgt. Durch Integration erhält man ψ_d und ψ_q. Aus den Gleichungen (2.58a′) und (2.53b) kann man die gesuchten Ströme i_d und i_q bestimmen,

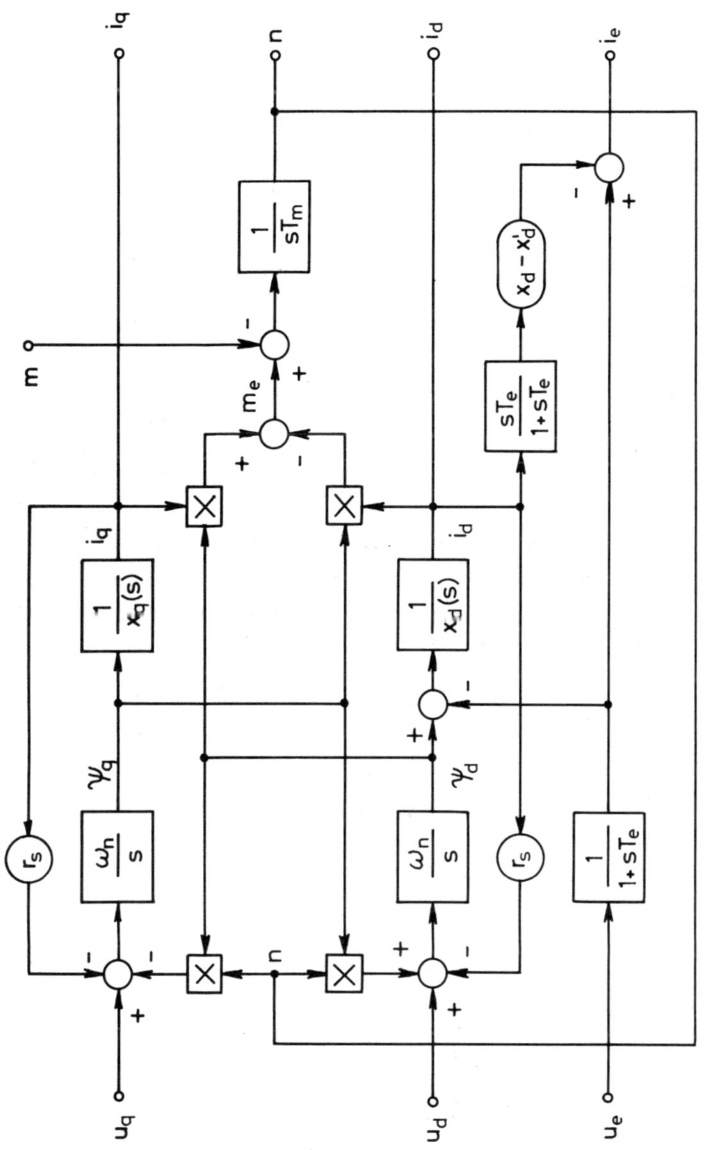

Abbildung 2.6
Strukturdiagramm der Synchronmaschine im Zweiachsensystem bei Vorgabe der Statorspannung

und zwar ist

$$i_d = \left(\psi_d - \frac{1}{1+sT_e}\,u_e\right)\frac{1}{x_d(s)} \tag{2.66c}$$

$$i_q = \psi_q\,\frac{1}{x_q(s)}. \tag{2.66d}$$

Diese Gleichungen sind in Abbildung 2.6 als Strukturdiagramm dargestellt, wobei die Integration symbolisch durch den Laplace-Operator $1/s$ wiedergegeben wurde. In diesem Strukturdiagramm ist auch Gleichung (2.65b) zur Bestimmung des Erregerstromes dargestellt, sowie das elektromagnetische Drehmoment m_e gemäss Gleichung (2.48b) und die Bewegungsgleichung (2.49c). Da vier Multiplikationsstellen vorhanden sind, so weist das durch das Strukturdiagramm wiedergegebene Gleichungssystem ein nichtlineares Verhalten auf.

Als Eingangsgrössen treten die Spannungen u_d und u_q der Längs- und Querachse sowie die Erregerspannung u_e auf. Als Ausgangsgrössen ergeben sich die Ströme i_d und i_q in Längs- und Querachse, der Erregerstrom i_e sowie die Drehzahl n der Synchronmaschine. Das Belastungsmoment m tritt als Störgrösse auf.

Bei Vorgabe der Statorspannung sind die drei Phasenspannungen u_{sa}, u_{sb} und u_{sc} in die Spannungen u_d und u_q der Längsachse und der Querachse umzuformen, entsprechend den Angaben in Abschnitt 2.312. Abbildung 2.7a zeigt das entsprechende Strukturdiagramm. Dabei wird die Umfor-

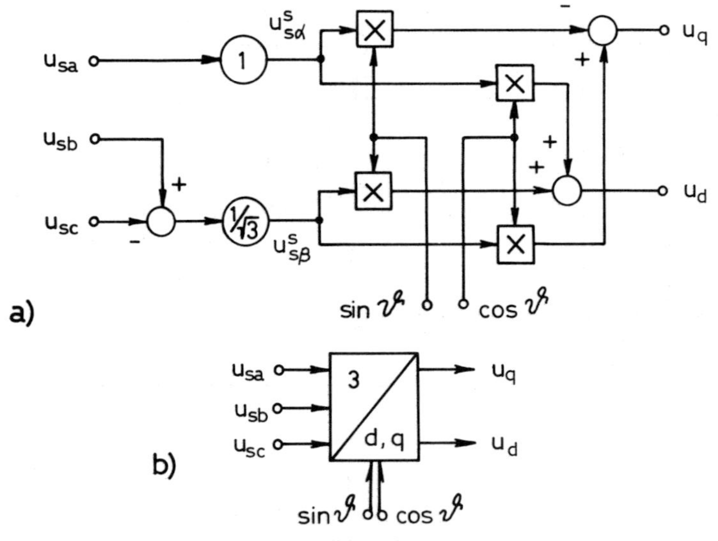

Abbildung 2.7

Umwandlung der drei Phasenspannungen u_{sa}, u_{sb} und u_{sc} in die Spannungen u_d und u_q der Längs- und Querachse der Synchronmaschine

a) Strukturdiagramm; b) Blockdarstellung

mung in zwei Schritten vorgenommen, d. h. Umwandlung des Dreiphasensystems in ein Zweiphasensystem mit anschliessender Koordinatentransformation auf Längs- und Querachse. Die letztere ist eine nichtlineare Operation, was im Strukturdiagramm durch vier Multiplikatoren zum Ausdruck gebracht wird. Die beiden zusätzlichen Eingangsgrössen cos ϑ und sin ϑ werden später noch genauer definiert werden. Schematisch kann dieses Strukturdiagramm durch einen Block gemäss Abbildung 2.7b dargestellt werden.

Die Ströme i_d und i_q in Abbildung 2.6 sind schliesslich noch in die drei Phasenströme i_{sa}, i_{sb} und i_{sc} umzuformen. Dazu sind die in Abschnitt 2.312 angegebenen Beziehungen zu verwenden. Diese sind in Abbildung 2.8a in Form eines Strukturdiagramms dargestellt, wobei die Umformung wiederum in zwei Schritten erfolgt, und zwar Koordinatentransformation der Zweiachsengrössen in ein Zweiphasensystem mit anschliessender Umformung in ein Dreiphasensystem. Die Koordinatentransformation ist wiederum nichtlinearer Art, unter Verwendung der zusätzlichen Eingangsgrössen cos ϑ und sin ϑ. Der entsprechende Block ist in Abbildung 2.8b dargestellt.

Die drei Strukturdiagramme in Abbildung 2.6 bis 2.8 können zu einem Blockschaltbild zusammengefasst werden, entsprechend Abbildung 2.9. Hier sind die drei Strukturdiagramme als Blöcke dargestellt.

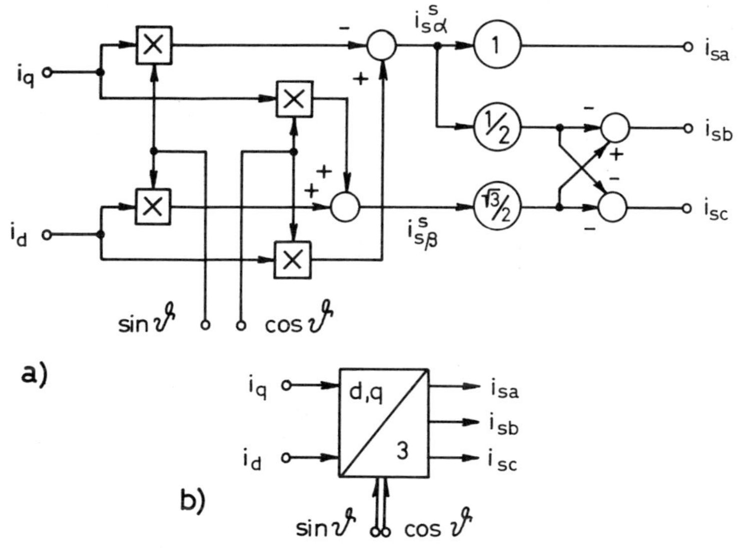

Abbildung 2.8
Umwandlung der Ströme i_d und i_q der Längs- und Querachse in die drei Phasenströme i_{sa}, i_{sb} und i_{sc}
a) Strukturdiagramm; b) Blockdarstellung

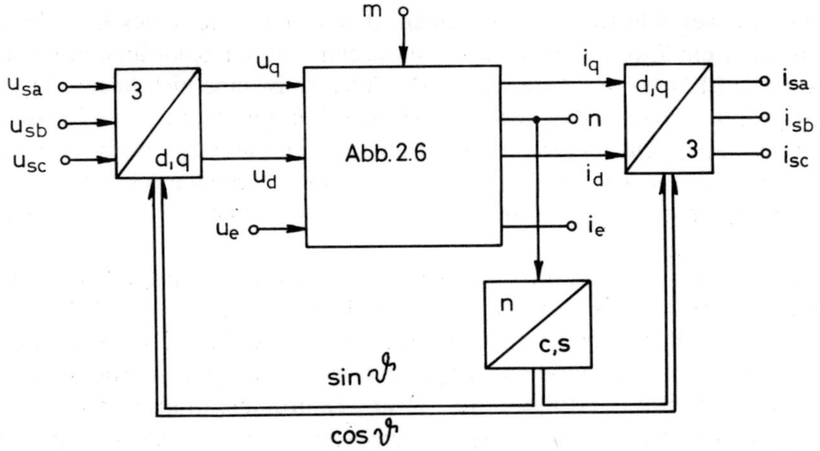

Abbildung 2.9
Blockschaltbild der Synchronmaschine bei Vorgabe der Statorspannung

In diesem Blockschaltbild ist auch angegeben, wie die für die Umwandler der Dreiphasengrössen in Zweiachsengrössen und umgekehrt erforderlichen Grössen $\cos\vartheta$ und $\sin\vartheta$ zu bilden sind. Gemäss Gleichung (2.28b) folgt der Winkel ϑ aus einer Integration der Drehzahl n. In Abbildung 2.9 ist daher ein Funktionsgeber $n/c,s$ in Form eines Blockes dargestellt, der aus der Drehzahl n die beiden Grössen $\cos\vartheta = \cos(\vartheta_0 + n\omega_n t)$ und $\sin\vartheta = \sin(\vartheta_0 + n\omega_n t)$ bildet. (Der zweite Ausdruck für ϑ gilt für konstante

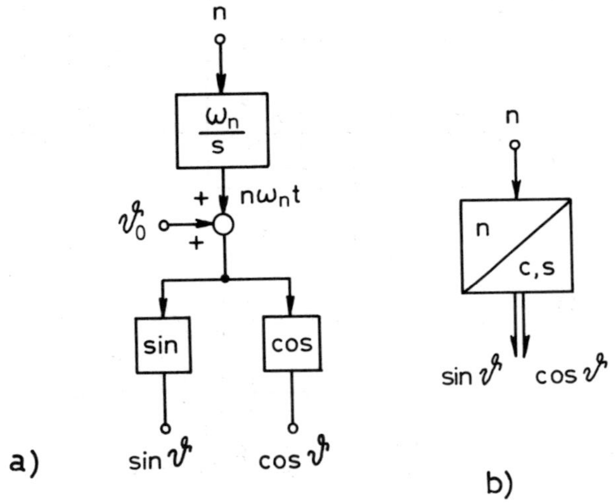

Abbildung 2.10
Umwandlung der Drehzahl n in $\cos\vartheta$ und $\sin\vartheta$
a) Strukturdiagramm; b) Blockdarstellung

Drehzahl n). Das Strukturdiagramm dieses Blockes geht aus Abbildung 2.10a hervor.

Mit dem Blockschaltbild in Abbildung 2.9 und den zugehörigen Strukturdiagrammen wird das statische und dynamische Verhalten der Synchronmaschine bei Vorgabe der Statorspannung vollständig beschrieben.

2.333 *Das Strukturdiagramm bei Vorgabe des Statorstromes*

Das Strukturdiagramm der Synchronmaschine im Zweiachsensystem kann unmittelbar aus dem in Abschnitt 2.325 zusammengestellten Gleichungssystem abgeleitet werden. Dieses ist in Abbildung 2.11 dargestellt. Hier ist die Differentiation symbolisch durch den Laplace-Operator s angedeutet. Auch in diesem Strukturdiagramm ist Gleichung (2.65b) zur Bestimmung des Erregerstromes i_e berücksichtigt sowie (2.48b) für das elektromagnetische Drehmoment m_e und die Bewegungsgleichung (2.49c).

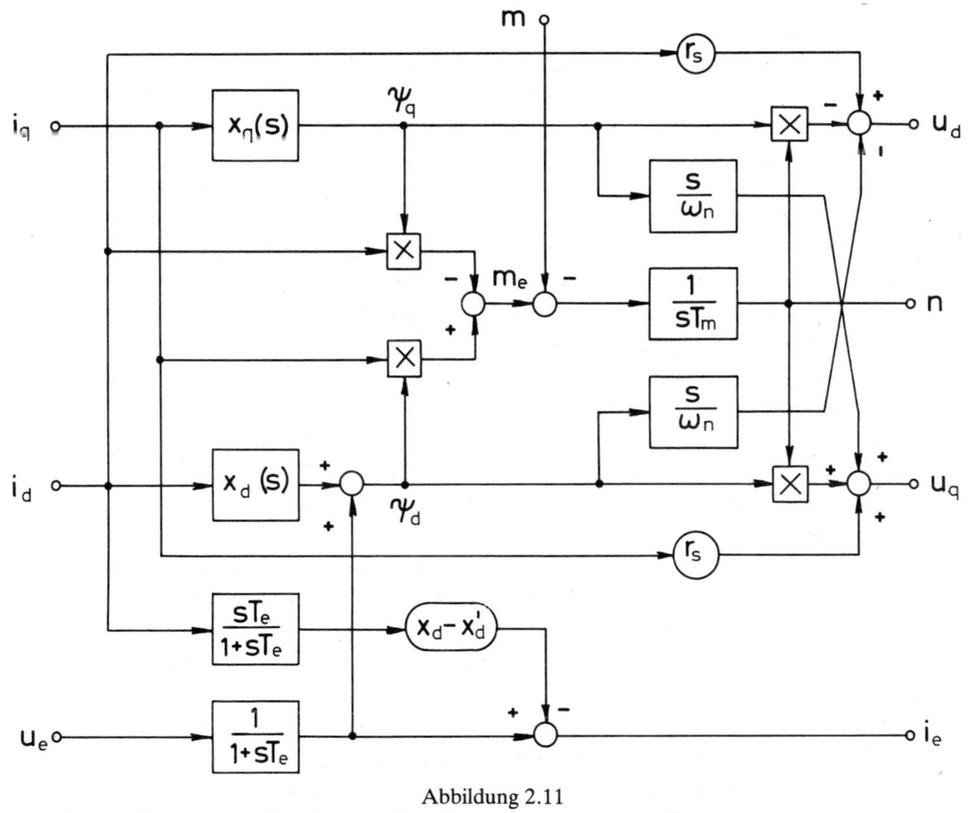

Abbildung 2.11
Strukturdiagramm der Synchronmaschine im Zweiachsensystem bei Vorgabe des Statorstromes

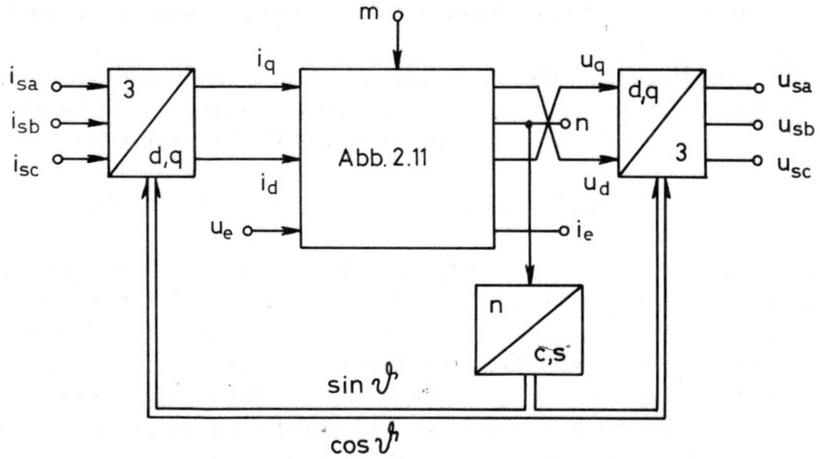

Abbildung 2.12
Blockschaltbild der Synchronmaschine bei Vorgabe des Statorstromes

Hier sind nun die Ströme i_d und i_q der Längs- und Querachse sowie die Erregerspannung u_e die Eingangsgrössen. Als Ausgangsgrössen erscheinen die Spannungen u_d und u_q in Längs- und Querachse, der Erregerstrom i_e sowie die Drehzahl n. Das Belastungsmoment m tritt nach wie vor als Störgrösse auf.

In Wirklichkeit sind die drei Phasenströme i_{sa}, i_{sb} und i_{sc} der Synchronmaschine vorgegeben. Diese sind somit in die Zweiachsenströme i_d und i_q umzuformen. Dazu gilt das Strukturdiagramm in Abbildung 2.7a, wobei lediglich die Spannungen u durch die entsprechenden Ströme i zu ersetzen sind. Daher wird das zugehörige Strukturdiagramm nicht besonders dargestellt. Selbstverständlich kann zur abgekürzten Darstellung der Block gemäss Abbildung 2.7b verwendet werden.

Ausgehend von den Spannungen u_d und u_q im Zweiachsensystem der Abbildung 2.11 sind noch die drei Phasenspannungen u_{sa}, u_{sb} und u_{sc} zu bilden. Dazu gilt das in Abbildung 2.8a dargestellte Strukturdiagramm, wobei lediglich u_d an Stelle von i_d und u_q an Stelle von i_q zu setzen ist. Man erhält dann $\overset{s}{u}_{s\alpha}$ und $\overset{s}{u}_{s\beta}$ an Stelle von $\overset{s}{i}_{s\alpha}$ und $\overset{s}{i}_{s\beta}$ sowie am Ausgang die Phasenspannungen u_{sa}, u_{sb} und u_{sc}. Auch die Blockdarstellung nach Abbildung 2.8b behält unter Verwendung der neuen Eingangs- und Ausgangsgrössen seine Gültigkeit.

Schliesslich lässt sich das in Abbildung 2.12 dargestellte Blockschaltbild aufstellen, das die Umwandler der Dreiphasengrössen in Zweiachsengrössen und umgekehrt enthält sowie das Strukturdiagramm der Synchronmaschine im Zweiachsensystem nach Abbildung 2.11 und wiederum den Funktionsgeber, der die Grössen $\cos\vartheta = \cos(\vartheta_0 + n\omega_n t)$ und $\sin\vartheta = \sin(\vartheta_0 + n\omega_n t)$ aus der Drehzahl n bildet (siehe Abbildung 2.10).

2.34 Das Verhalten der Synchronmaschine im stationären Betrieb

2.341 *Das Gleichungssystem für den stationären Betrieb*

Zur Untersuchung des Verhaltens der Synchronmaschine im stationären Betrieb bei Speisung mit veränderlicher Frequenz werden die Harmonischen in Statorspannung und Statorstrom vernachlässigt, die sich bei Speisung aus einem Frequenzumrichter ergeben. Nachfolgend beschränkt man sich somit auf die Untersuchung der entsprechenden Grundwellen.

Unter Voraussetzung sinusförmiger Spannungen und Ströme im Dreiphasensystem ergeben sich dann im Zweiachsensystem der Synchronmaschine konstante Gleichgrössen (siehe Abschnitt 2.312). In diesem Fall bleiben auch die Flussverkettungen konstant und die zeitlichen Ableitungen $d\psi_d/dt$ und $d\psi_q/dt$ sind Null. Wie aus den Gleichungen (2.39c) und (2.40b) hervorgeht, sind dann auch die Ströme i_D und i_Q in den Dämpferwicklungen Null.

Für den stationären Betrieb reduziert sich das in Abschnitt 2.316 zusammengestellte Gleichungssystem auf

$$u_d = i_d r_s - n\psi_q \tag{2.67a}$$

$$u_q = i_q r_s + n\psi_d \tag{2.67b}$$

$$\psi_d = x_d i_d + i_e \tag{2.67c}$$

$$\psi_q = x_q i_q \tag{2.67d}$$

$$u_e = i_e. \tag{2.67e}$$

Zum gleichen Ergebnis gelangt man, wenn man von den in Abschnitt 2.325 zusammengestellten Gleichungen ausgeht und beachtet, dass im stationären Zustand $s=0$ zu setzen ist und dann die Beziehungen

$$x_d(s)|_{s=0} = x_d \tag{2.68a}$$

$$x_q(s)|_{s=0} = x_q \tag{2.68b}$$

erfüllt sind.

Schliesslich wird zur Bestimmung der Kennlinien noch das elektromagnetische Drehmoment nach Gleichung (2.48b) benötigt, d. h. $m_e = \psi_d i_q - \psi_q i_d$.

2.342 *Das Zeigerdiagramm der Synchronmaschine*

Eliminiert man die Flussverkettungen ψ_d und ψ_q in den Gleichungen (2.67a) und (2.67b), so erhält man

$$u_d = i_d r_s - n x_q i_q \tag{2.69a}$$

$$u_q = i_q r_s + n x_d i_d + n i_e. \tag{2.69b}$$

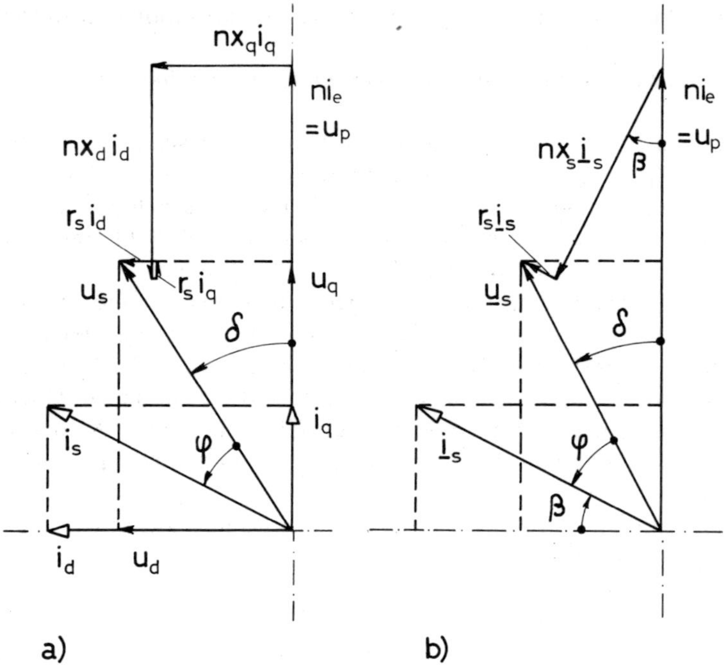

Abbildung 2.13
Zeigerdiagramm der Synchronmaschine
a) Maschine mit ausgeprägten Polen; b) Vollpolmaschine

Damit lässt sich das in Abbildung 2.13a dargestellte Zeigerdiagramm der Synchronmaschine aufstellen. Dabei ist zu beachten, dass bei dem in dieser Abbildung dargestellten Belastungszustand der Strom i_d und die Spannung u_d in der Längsachse negativ zu bewerten sind.

Aus u_d und u_q lässt sich die Statorspannung u_s bilden. Dieser Zeiger ist um den Winkel δ gegenüber $ni_e = u_p$ verdreht, wobei mit u_p die vom Polrad induzierte Spannung bezeichnet wird. Der Winkel δ ist der Polradwinkel der Synchronmaschine. Aus i_d und i_q ergibt sich der Statorstrom i_s. Dieser ist gegenüber der Statorspannung u_s um den Winkel φ verdreht.

Aus diesem Zeigerdiagramm folgt

$$u_d = -u_s \sin\delta \qquad u_q = u_s \cos\delta \tag{2.70a}$$

$$i_d = -i_s \sin(\delta + \varphi) \qquad i_q = i_s \cos(\delta + \varphi) \tag{2.70b}$$

Ersetzt man in der Beziehung für das Drehmoment m_e die Flussverkettungen ψ_d und ψ_q durch (2.67c) und (2.67d), so folgt

$$m_e = x_d i_d i_q + i_e i_q - x_q i_d i_q = i_e i_s \cos(\delta + \varphi) - \frac{x_d - x_q}{2}\, i_s^2 \sin 2(\delta + \varphi) \tag{2.71}$$

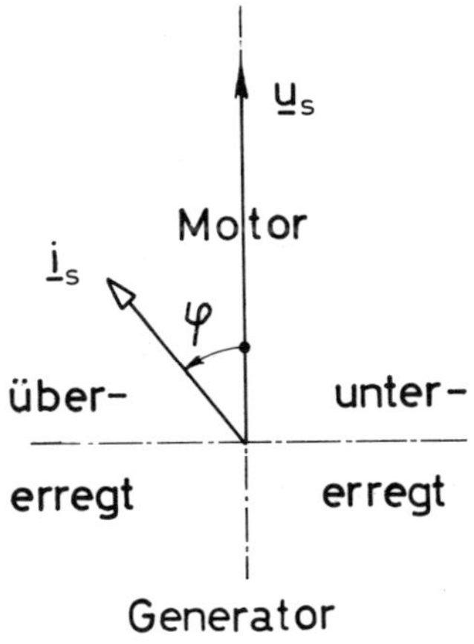

Abbildung 2.14
Verschiedene Betriebsbereiche einer Synchronmaschine

Das erste Glied entspricht dem synchronisierenden Drehmoment und das zweite Glied dem Reaktionsmoment der Synchronmaschine mit ausgeprägten Polen.

Für die weiteren Untersuchungen soll zur Vereinfachung eine Vollpolmaschine zugrunde gelegt werden. In diesem Fall ist $x_d = x_q = x_s$. Es können dann die Spannungsgleichungen (2.69a) und (2.69b) unter Einführung von komplexen Raumvektoren zu einer einzigen Gleichung zusammengefasst werden. Mit $\underline{u}_s = u_d + ju_q$ und $\underline{i}_s = i_d + ji_q$ folgt

$$\underline{u}_s = \underline{i}_s r_s + jnx_s \underline{i}_s + jni_e. \tag{2.72}$$

Das entsprechende Zeigerdiagramm ist in Abbildung 2.13b dargestellt. Dabei wurde der hochgestellte Index r zur Kennzeichnung des Koordinatensystems weggelassen, da hier kaum eine Verwechslung möglich ist.

Für das Drehmoment der Vollpolmaschine folgt unter Einführung des Winkels $\beta = \pi/2 - (\delta + \varphi)$ aus Gleichung (2.71)

$$m_e = i_e i_s \sin \beta \tag{2.73}$$

Die verschiedenen Betriebsbereiche einer Synchronmaschine in Abhängigkeit des Winkel φ zwischen Statorspannung und Statorstrom sind in Abbildung 2.14 dargestellt. Für den eingetragenen Stromvektor $\underline{i}_s$ arbeitet die Synchronmaschine als Motor mit Uebererregung, d. h. $i_e > 1$. Ist $\varphi < 0$ so befindet sich die Maschine im untererregten Bereich mit $i_e < 1$. Ist schliesslich $|\varphi| > 90°$, so arbeitet die Synchronmaschine als Generator.

2.343 *Die Kennlinien der Synchronmaschine*

Aus Gleichung (2.73) geht hervor, dass das elektromagnetische Drehmoment der Synchronmaschine proportional dem Statorstrom i_s ist, aber auch vom Erregerstrom i_e und vom Winkel β abhängt. Mit diesen beiden Grössen i_e und β kann somit die Kennlinie der Synchronmaschine, d. h. der Zusammenhang zwischen Drehmoment m_e und Statorstrom i_s beeinflusst werden. Nachstehend sollen verschiedene Möglichkeiten untersucht werden.

Bei einer ersten Betriebsart wird die Synchronmaschine mit dem Leistungsfaktor $\cos\varphi = 1$ betrieben, d. h. so, dass Statorstrom und Statorspannung in Phase sind ($\varphi = 0°$). Diese Verhältnisse sind im Zeigerdiagramm der Abbildung 2.15a dargestellt, wobei zur Vereinfachung der ohmsche Statorwiderstand r_s vernachlässigt wurde, was bei Synchronmaschinen grösserer Leistung ohne weiteres zulässig ist. Aus diesem Zeigerdiagramm können die folgenden Beziehungen abgelesen werden

$$\sin\beta = \frac{u_s}{u_p} \tag{2.74a}$$

$$u_p = n i_e = \sqrt{u_s^2 + (n x_s i_s)^2} \tag{2.74b}$$

Führt man die Statorflussverkettung ψ_s ein, so gilt, da im stationären Betrieb die bezogene Speisefrequenz f_s gleich der bezogenen Drehzahl n ist

$$\psi_s = \frac{u_s}{f_s} = \frac{u_s}{n} \tag{2.74c}$$

und somit

$$i_e = \sqrt{\psi_s^2 + (x_s i_s)^2} \tag{2.74d}$$

damit folgt für das Drehmoment

$$m_e = i_e i_s \sin\beta = \frac{u_s}{n} i_s = \psi_s i_s \tag{2.74e}$$

Man kann entweder den Statorfluss konstant auf seinem Nennwert $\psi_s = 1$ halten, wozu der Erregerstrom entsprechend Gleichung (2.74d) in Abhängigkeit des Statorstromes i_s zu verändern ist, oder man kann mit konstantem Erregerstrom $i_e = 1$ arbeiten, wobei der Statorfluss in Abhängigkeit des Statorstromes veränderlich ist, und zwar folgt aus (2.74d)

$$\psi_s = \sqrt{i_e^2 - (x_s i_s)^2}. \tag{2.74f}$$

Die Kennlinien des Drehmomentes m_e in Abhängigkeit des Statorstromes i_s sind für die beiden angegebenen Fälle, $\psi_s = 1$, bzw. $i_e = 1$ in Abbildung 2.16 dargestellt (Kurven für $\varphi = 0°$). Der Erregerstrom i_e in Abhängigkeit des Statorstromes i_s für $\psi_s = 1$ kann Abbildung 2.17 entnommen werden, während die Statorflussverkettung ψ_s in Abhängigkeit von i_s

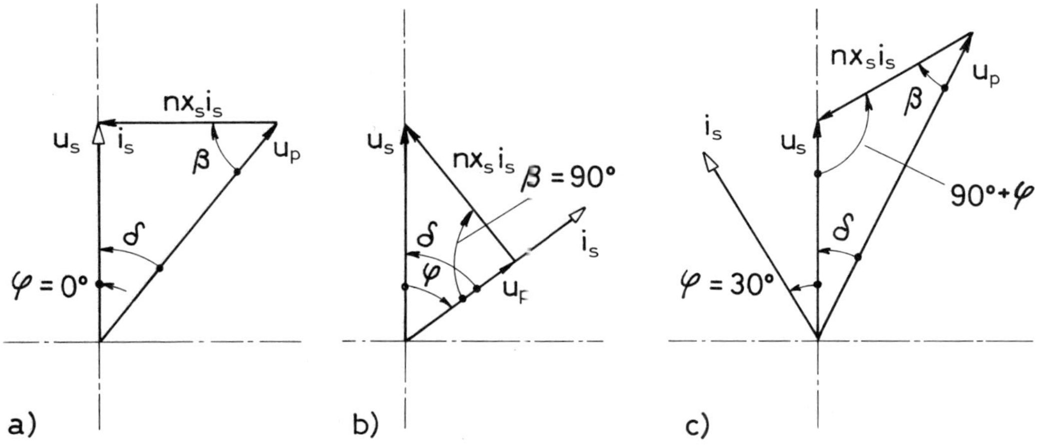

Abbildung 2.15
Zeigerdiagramm der Synchronmaschine für verschiedene Betriebsarten, Vollpolmaschine mit $x_s = 0{,}8$ und $r_s = 0$

a) $\varphi = 0°$ ($\cos\varphi = 1$), $i_s = 1$ (Nennlast);
b) $\beta = 90°$, $i_s = 1$ (Nennlast);
c) $\varphi = 30°$ (übererregt), $i_s = 1$ (Nennlast);

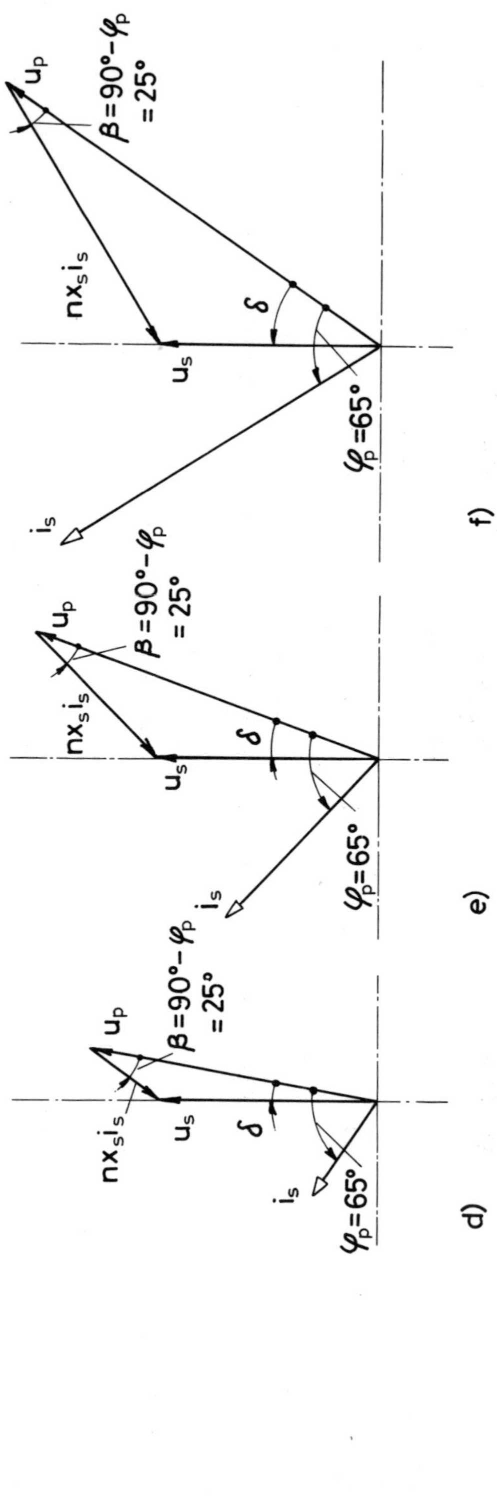

Abbildung 2.15

Zeigerdiagramm der Synchronmaschine für verschiedene Betriebsarten, Vollpolmaschine mit $x_s = 0{,}8$ und $r_s = 0$

d) $\varphi_P = 65°$, $i_s = 0{,}5$ (Halblast);
e) $\varphi_P = 65°$, $i_s = 1$ (Nennlast);
f) $\varphi_P = 65°$, $i_s = 1{,}7$ (Ueberlast)

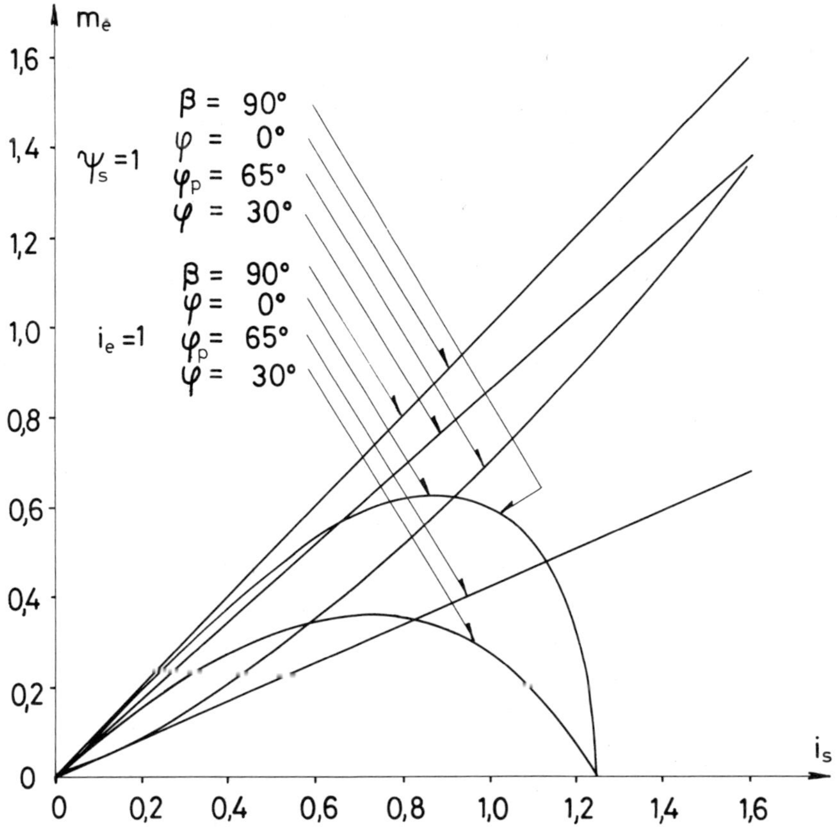

Abbildung 2.16
Kennlinien eines Synchronmotors, elektromagnetisches Drehmoment m_e in Funktion des Statorstromes i_s für verschiedene Betriebsarten, Vollpolmaschine mit $x_s = 0{,}8$ und $r_s = 0$.

für $i_e = 1$ in Abbildung 2.18 aufgetragen ist. Diese Kennlinien werden am Schlusse dieses Abschnittes kurz diskutiert werden.

Ein Betrieb mit $\beta = 90°$ scheint sehr interessant zu sein, da hier wegen $\sin\beta = 1$ das Drehmoment maximal wird und neben dem Statorstrom i_s nur noch vom Erregerstrom i_e abhängt. Das zugehörige Zeigerdiagramm geht aus Abbildung 2.15b hervor. Daraus kann mit $u_p = n i_e$ und $u_s = n\psi_s$

$$i_e = \sqrt{\psi_s^2 - (x_s i_s)^2} \tag{2.75a}$$

entnommen werden, oder

$$\psi_s = \sqrt{i_e^2 + (x_s i_s)^2}. \tag{2.75b}$$

Das Drehmoment ist

$$m_e = i_e i_s. \tag{2.75c}$$

Die zugehörigen Kennlinien sind ebenfalls in den Abbildungen 2.16 bis 2.18 eingetragen. Es muss darauf hingewiesen werden, dass bei konstant bleibendem Erregerstrom $i_e = 1$ die Statorflussverkettung sehr stark mit dem Statorstrom ansteigt (Abbildung 2.18). Ein solcher Betrieb ist nicht zulässig, da die Synchronmaschine unweigerlich übermässig gesättigt wird.

Ein Betrieb mit Uebererregung ist durch das Zeigerdiagramm in Abbildung 2.15c dargestellt. Dabei wurde vorausgesetzt, dass der Statorstrom i_s der Statorspannung u_s um den Winkel $\varphi = 30°$ voreilt. Wird in diesem Fall der Phasenverschiebungswinkel φ konstant gehalten, so kann das Drehmoment m_e zweckmässigerweise aus der Beziehung

$$m_e = \frac{p}{n} = \frac{u_s i_s \cos\varphi}{n} = \psi_s i_s \cos\varphi \tag{2.76a}$$

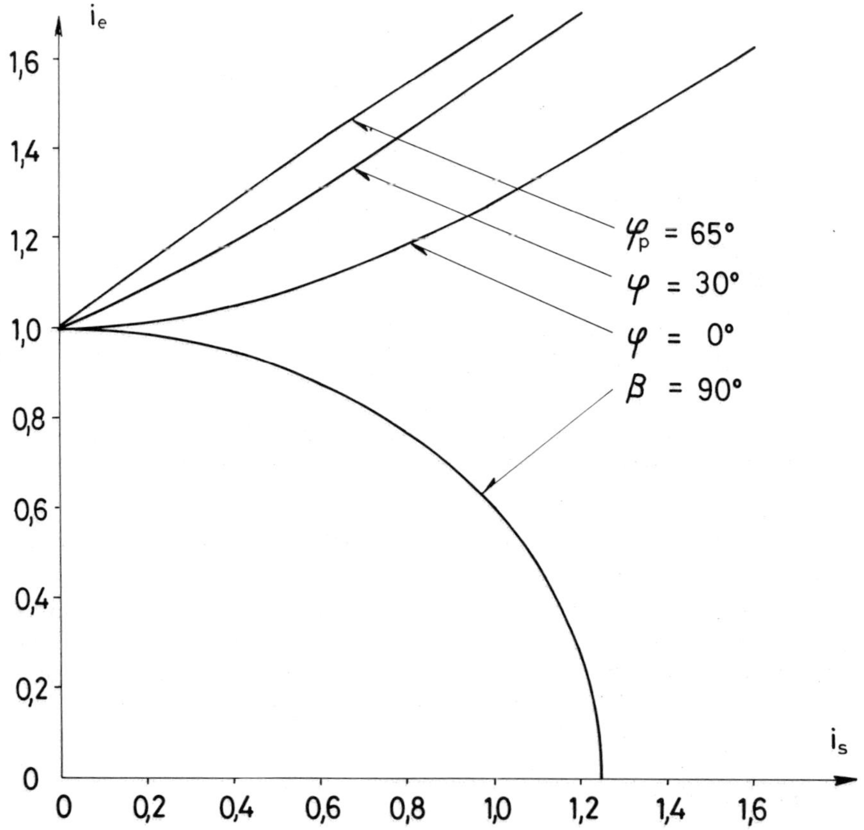

Abbildung 2.17

Kennlinien eines Synchronmotors, Erregerstrom i_e in Funktion des Statorstromes i_s für verschiedene Betriebsarten mit $\psi_s = 1$, Vollpolmaschine mit $x_s = 0{,}8$ und $r_s = 0$

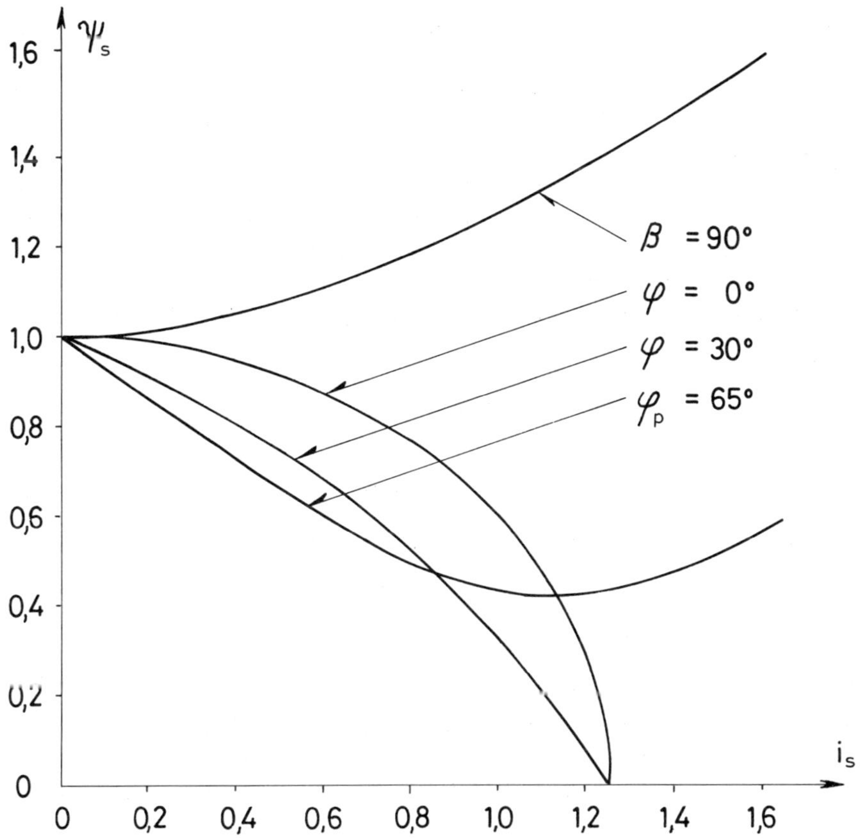

Abbildung 2.18
Kennlinien eines Synchronmotors, Statorflussverkettung ψ_s in Abhängigkeit des Statorstromes i_s für verschiedene Betriebsarten mit $i_e = 1$, Vollpolmaschine mit $x_s = 0{,}8$ und $r_s = 0$

bestimmt werden. Für u_p folgt aus Abbildung 2.15c

$$u_p^2 = u_s^2 + (nx_s i_s)^2 - 2u_s n x_s i_s \cos\left(\frac{\pi}{2} + \varphi\right) \tag{2.76b}$$

oder mit $u_p = ni_e$ und $u_s = n\psi_s$ ergibt sich

$$i_e^2 = \psi_s^2 + (x_s i_s)^2 + 2\psi_s x_s i_s \sin\varphi. \tag{2.76c}$$

Für $\psi_s =$ konst. kann daraus direkt der notwendige Erregerstrom i_e berechnet werden. Wird anderseits die Synchronmaschine mit konstantem Erregerstrom $i_e =$ konst betrieben, so ist die Statorflussverkettung aus (2.76c) durch Auflösung einer quadratischen Gleichung zu bestimmen. Es folgt

$$\psi_s = -x_s i_s \sin\varphi + \sqrt{i_e^2 - (x_s i_s \cos\varphi)^2}. \tag{2.76d}$$

Die Kennlinien können wiederum den Abbildungen 2.16 bis 2.18 entnommen werden.

Für den Stromrichtermotor (Synchronmaschine aus Zwischenkreisumrichter gespeist) besitzt der Betrieb mit einer konstanten Phasenverschiebung φ_p zwischen Statorstrom i_s und der vom Polrad induzierten Spannung u_p eine grosse Bedeutung, wie dies in Abschnitt 5.21 noch näher beschrieben werden wird. Die Abbildungen 2.15d, e und f zeigen das Zeigerdiagramm für drei verschiedene Werte des Statorstromes i_s, wobei dieser um den konstant bleibenden Winkel $\varphi_p = 65°$ in bezug auf die Spannung u_p voreilt. Man stellt fest, dass der Winkel β unabhängig vom Statorstrom konstant bleibt, und zwar ist

$$\beta = \beta_p = \frac{\pi}{2} - \varphi_p. \tag{2.77a}$$

Damit folgt

$$m_e = i_e i_s \sin \beta_p. \tag{2.77b}$$

Aus dem Zeigerdiagramm der Abbildung 2.15d ergibt sich die Beziehung

$$u_s^2 = u_p^2 + (n x_s i_s)^2 - 2 u_p n x_s i_s \cos \beta_p \tag{2.77c}$$

die sich auf die Form

$$\psi_s^2 = i_e^2 + (x_s i_s)^2 - 2 i_e x_s i_s \cos \beta_p \tag{2.77d}$$

bringen lässt. Für Betrieb mit konstantem Erregerstrom i_e kann daraus unmittelbar die Statorflussverkettung ψ_s berechnet werden. Wird dagegen ψ_s konstant gehalten, so folgt aus (2.77d) durch Auflösung einer quadratischen Gleichung

$$i_e = x_s i_s \cos \beta_p + \sqrt{\psi_s^2 - (x_s i_s \sin \beta_p)^2}. \tag{2.77e}$$

Auch für diese Betriebsart sind die Kennlinien in den Abbildungen 2.16 bis 2.18 eingetragen.

Untersucht man die verschiedenen Kennlinien für die unterschiedlichen Betriebsarten, insbesondere aber diejenigen für das Drehmoment (Abbildung 2.16), so erkennt man, dass nur ein Betrieb mit konstanter Flussverkettung im Stator $\psi_s = 1$ zweckmässig ist, ausser für $\beta = 90°$, wo das Drehmoment für $i_e = 1$ grösser ist. Jedoch ist, wie bereits erwähnt, diese Betriebsart unbrauchbar, da hier eine unzulässige Sättigung der Synchronmaschine auftritt (siehe Abbildung 2.18). Unzweckmässig ist ein Betrieb mit $\psi_s = 1$ und $\beta = 90°$ sowie mit $i_e = 1$ und $\varphi = 0°$ oder $\varphi = 30°$, da hier das Drehmoment einen Maximalwert aufweist und von da an, trotz steigendem Statorstrom wieder abnimmt. Bei den andern Betriebsarten steigt das Drehmoment stetig mit dem Statorstrom an und ist nur durch die zulässige thermische Belastung des Stators begrenzt. Für die definitive Wahl der Betriebsart der Synchronmaschine sind auch noch die Bedingungen zu berücksichtigen, die durch den Frequenzumrichter gestellt werden. Diese Fragen werden in den Abschnitten 4.21 und 5.21 behandelt werden.

Vorstehend wurden nur die Kennlinien für Motorbetrieb dargestellt. Die Synchronmaschine kann aber auch im Generatorbetrieb betrieben werden, wobei sich ganz ähnliche Kennlinien ergeben. Dabei ist zu beachten, dass der Zeiger des Statorstromes i_s entgegengesetzt der Richtung für Motorbetrieb gerichtet ist, d. h. um 180° gedreht ist. An Stelle von $\varphi = 0°$ ist dann mit $\varphi = 180°$ zu rechnen und an Stelle von $\varphi = 30°$ mit $\varphi = 210° = -150°$, usw. Das Drehmoment wird dann im Generatorbetrieb negativ.

2.344 *Die Statorspannung bei veränderlicher Speisefrequenz*

Schliesslich soll noch die Abhängigkeit der Statorspannung u_s von der Speisefrequenz f_s angegeben werden. Aus (2.67a) und (2.67b) folgt nach Einführung komplexer Raumvektoren

$$\underline{u}_s = u_d + ju_q = (i_d + ji_q) r_s + n(j\psi_d - \psi_q). \tag{2.78a}$$

Daraus ergibt sich für den Betrag der Statorspannung u_s, wenn man beachtet, dass im stationären Betrieb $n = f_s$ ist

$$u_s = \sqrt{(i_d r_s - f_s \psi_q)^2 + (i_q r_s + f_s \psi_d)^2}. \tag{2.78b}$$

Dieser Ausdruck kann noch umgeformt werden, da nach (2.48b) $\psi_d i_q$ $\psi_q i_d = m_e$ ist. Man erhält dann

$$u_s = \sqrt{(i_s r_s)^2 + 2 m_e r_s f_s + (f_s \psi_s)^2}. \tag{2.78c}$$

Wird der Statorwiderstand r_s vernachlässigt, was bei grossen Synchronmotoren zulässig ist, so folgt

$$u_s = f_s \psi_s. \tag{2.78d}$$

Betreibt man die Synchronmaschine mit konstanter Flussverkettung $\psi_s = 1$, so ist die Statorspannung u_s gleich der bezogenen Speisefrequenz f_s. Bei Betrieb mit variabler Frequenz muss also auch die Statorspannung proportional zur Frequenz verändert werden.

Um den Einfluss des Statorwiderstandes überblicken zu können, wird ein Spezialfall behandelt, nämlich Betrieb mit $\cos \varphi = 1$. Bei Motorbetrieb ist dann $\varphi = 0°$ und gemäss Gleichung (2.74e) $m_e = \psi_s i_s$. Bei Generatorbetrieb ist $\varphi = 180°$ und für das Drehmoment gilt dann $m_e = -\psi_s i_s$. Für den praktisch wichtigen Fall der Betriebsweise mit $\psi_s = 1$ ist somit $i_s^2 = m_e^2$ und aus Gleichung (2.78c) folgt

$$u_s = \sqrt{(m_e r_s)^2 + 2 m_e r_s f_s + f_s^2} = |m_e r_s + f_s|. \tag{2.78e}$$

Diese Beziehung ist schematisch in Abbildung 2.19 dargestellt. Negative

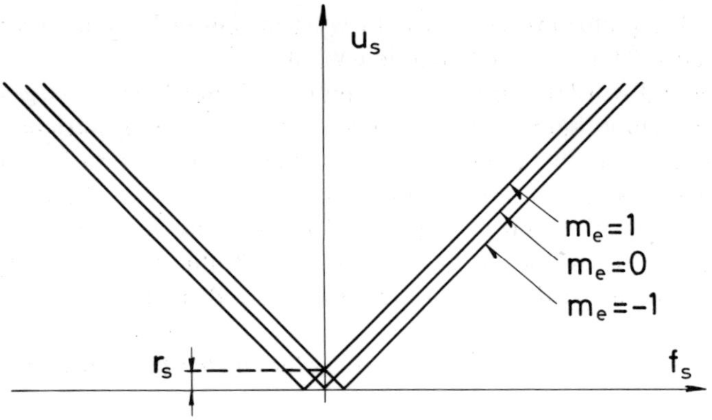

Abbildung 2.19
Statorspannung u_s in Abhängigkeit der Speisefrequenz f_s für Betrieb mit $\cos\varphi = 1$, schematische Darstellung des Einflusses des Statorwiderstandes r_s, elektromagnetisches Drehmoment m_e als Parameter

Werte für f_s entsprechen einer Umkehr des Drehfeldes, d.h. einer Drehrichtungsumkehr des Motors. Da wie bereits erwähnt, der Statorwiderstand r_s normalerweise klein ist, so ergibt sich nur eine geringe Korrektur gegenüber dem einfachen Zusammenhang $u_s = f_s$, oder genauer ausgedrückt $u_s = |f_s|$.

2.4 Die Asynchronmaschine

2.41 Die komplexe Einachsentheorie der Asynchronmaschine

2.411 *Schematische Darstellung und Ersatzschaltbild*

In Abbildung 2.20a ist schematisch eine Asynchronmaschine dargestellt. Die Rotorwicklung ist normalerweise eine Käfigwicklung. Diese verteilte Wicklung ist im vorliegenden Fall durch eine äquivalente, dreiphasige Wicklung ersetzt, die an ihren Klemmen kurzgeschlossen ist. Bei einem Schleifringläufer ist die dreiphasige Rotorwicklung nicht kurzgeschlossen und an ihren Klemmen liegen die Spannungen u_{ra}, u_{rb} und u_{rc}. Zwischen den entsprechenden Phasen des Stators und des Rotors besteht der Winkel ϑ, der bei umlaufendem Rotor veränderlich ist. Abbildung 2.20a gilt für eine zweipolige Maschine, bzw. für eine Darstellung in elektrischen Winkeln.

Das gleiche Drehfeld wie mit den dreiphasigen Stator- und Rotorwicklungen kann auch mit einem Zweiphasensystem in Stator und Rotor erzeugt werden, deren Wicklungen räumlich um 90° versetzt sind (siehe Abbildung 2.20b).

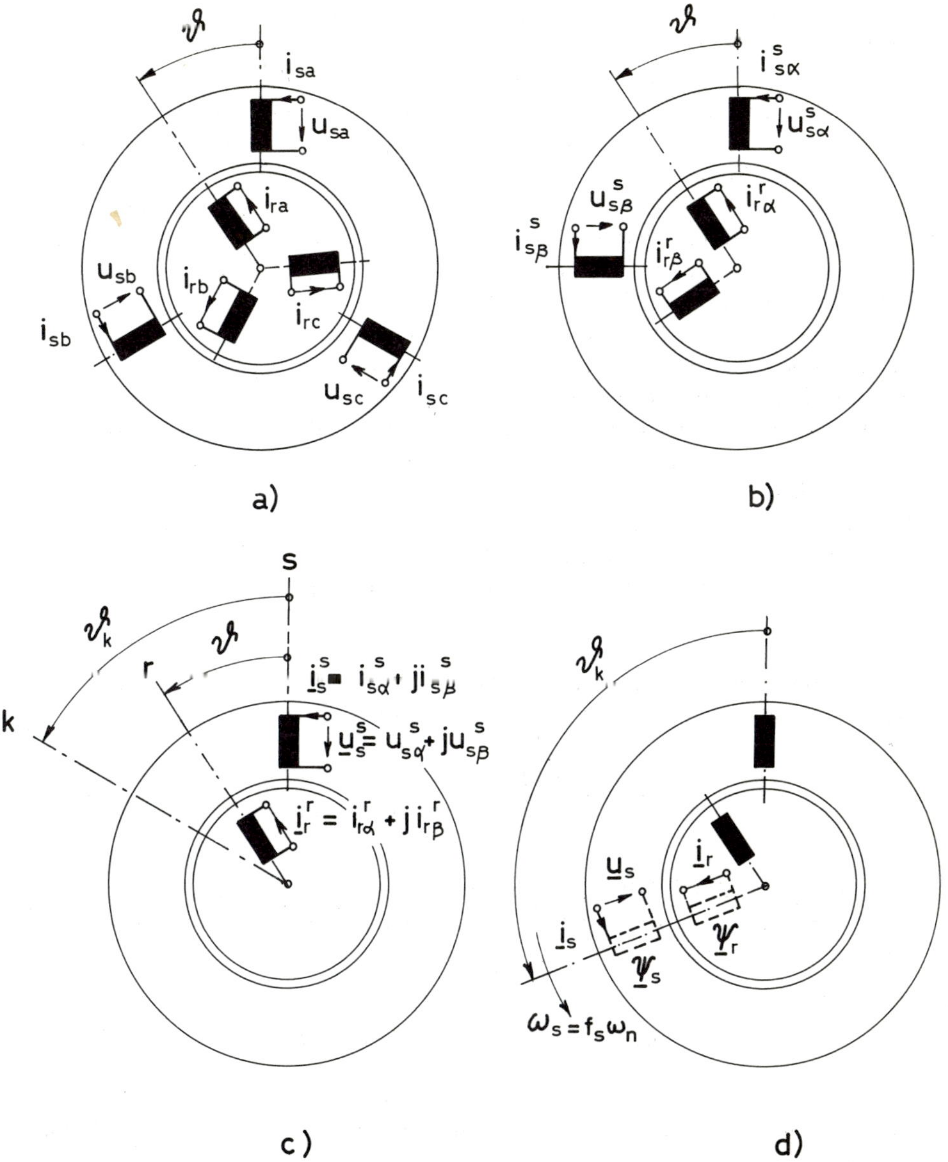

Abbildung 2.20
Schematische Darstellung einer Asynchronmaschine
a) Dreiphasige Stator- und Rotorwicklungen;
b) Zweiphasige Ersatzwicklungen für Stator und Rotor;
c) Einachsige, komplexe Ersatzwicklungen für Stator und Rotor;
d) Einachsige, komplexe Ersatzwicklungen für Stator und Rotor in dem mit synchroner Winkelgeschwindigkeit ω_s umlaufenden Koordinatensystem

Bei der Behandlung nichtstationärer Vorgänge in Asynchronmaschinen ist es üblich, die beiden Phasen in Stator und Rotor je zu einer einzigen Wicklung zusammenzufassen, und zwar durch Einführung komplexer Raumvektoren (Kovacs und Racz [26]). Die Stator- und Rotorersatzwicklung ist dann von komplexen Strömen $\underline{i}_s^s$ und $\underline{i}_r^r$ durchflossen und an den Klemmen der Statorwicklung erscheint eine komplexe Spannung $\underline{u}_s^s$ und bei nicht kurzgeschlossenem Rotor an der Rotorwicklung die Spannung $\underline{u}_r^r$. Diese Ströme und Spannungen sind dabei zeitlich, meist sinusförmig veränderliche, komplexe Grössen. Die entsprechende schematische Darstellung geht aus Abbildung 2.20c hervor.

Für die rechnerische Untersuchung dieses komplexen Einachsensystems besteht noch die Schwierigkeit, dass die Kopplung zwischen Stator- und Rotorwicklung von der gegenseitigen Lage (Winkel ϑ) abhängig ist. Diese Schwierigkeit kann umgangen werden, indem die Vorgänge im Stator und im Rotor von einem gemeinsamen Koordinatensystem k aus betrachtet werden, dessen Bezugsachse gegenüber der Achse der Statorwicklung den Winkel ϑ_k aufweist. Für die Wahl dieses Koordinatensystems bestehen im wesentlichen drei Möglichkeiten, und zwar:

a) Koordinatensystem k fest in bezug auf den Stator s, mit

$$\vartheta_k = 0. \tag{2.79a}$$

b) Koordinatensystem k fest in bezug auf den Rotor r, mit der elektrischen Winkelgeschwindigkeit $\omega = n\omega_n$ umlaufend und somit

$$\vartheta_k = \vartheta_{k0} + \int_0^t n\omega_n \, dt = \vartheta_{k0} + n\omega_n t. \tag{2.79b}$$

Der zweite Ausdruck gilt für konstante, bezogene Drehzahl n.

c) Koordinatensystem k mit der synchronen Winkelgeschwindigkeit $\omega_s = f_s\omega_n$ umlaufend und somit

$$\vartheta_k = \vartheta_{k0} + \int_0^t f_s\omega_n \, dt = \vartheta_{k0} + f_s\omega_n t. \tag{2.79c}$$

Der zweite Ausdruck gilt für konstante, bezogene Speisefrequenz f_s im Stator.

Je nach Anwendungsfall wird man das eine oder das andere Koordinatensystem wählen, und zwar so, dass das Gleichungssystem der Asynchronmaschine je nach dem gesuchten Resultat eine möglichst einfache Form annimmt. Es soll darauf hingewiesen werden, dass das Schlussresultat unabhängig vom gewählten Koordinatensystem ist, lediglich die mathematische Behandlung kann mehr oder weniger kompliziert sein.

Zur Untersuchung der Regelvorgänge ist es zweckmässig, das mit synchroner Winkelgeschwindigkeit $f_s \omega_n$ umlaufende Koordinatensystem zu wählen. Im folgenden werden die in diesem Koordinatensystem betrachteten Grössen nicht weiter gekennzeichnet. Braucht man ein anderes Koordinatensystem, so wird dies durch einen hochgestellten Index *s* (für das Statorkoordinatensystem) oder durch einen hochgestellten Index *r* (für das Rotorkoordinatensystem) gekennzeichnet, z. B. $\underline{i}_s^s, \underline{i}_s^r$ usw.

Mit diesem gemeinsamen Koordinatensystem kann man sich zwei Wicklungen fest verbunden vorstellen, eine für den Stator und eine für den Rotor. Zwischen den beiden Wicklungen besteht eine konstante Kopplung. Auf diese Ersatzwicklungen können die in den einachsigen Wicklungen des Stators und Rotors auftretenden Grössen projiziert werden. Dies ist für den Normalfall des synchron umlaufenden Koordinatensystems in Abbildung 2.20d dargestellt. Im stationären Betrieb treten in diesen Ersatzwicklungen komplexe Gleichströme und Gleichspannungen auf.

Für die Behandlung der Asynchronmaschine ergibt sich somit das einfache, in Abbildung 2.21 dargestellte Einachsensystem, das zwei gekoppelte Wicklungen aufweist. L_s ist die Induktivität der Statorwicklung, L_r diejenige der Rotorwicklung und L_h ist die Hauptinduktivität (gegenseitige Induktivität). Wie in Abschnitt 2.414 gezeigt werden wird, sind diese Induktivitäten unabhängig vom gewählten Koordinatensystem und gleich den Induktivitäten der Wicklungen in Stator und Rotor, wobei L_h gleich der gegenseitigen Induktivität ist, wenn Stator- und Rotorwicklung in der gleichen Achse liegen, d. h. für $\vartheta = 0$ in Abbildung 2.20b.

Die Reduktion der dreiphasigen Asynchronmaschine auf ein Einachsensystem mit komplexen Spannungen und Strömen ist nur möglich dank der Symmetrie, welche diese Maschine aufweist. Dadurch wird die analytische Untersuchung wesentlich vereinfacht.

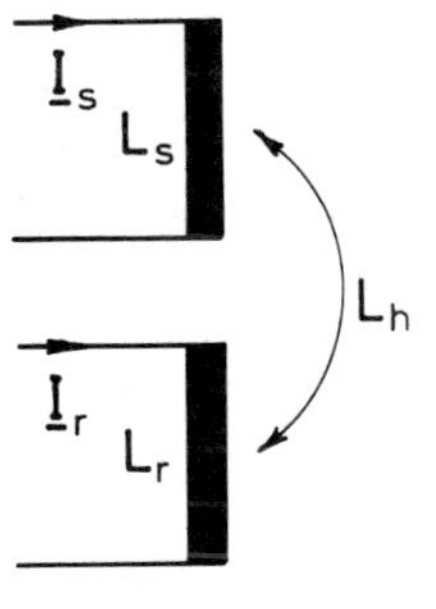

Abbildung 2.21
Einachsiges Ersatzschaltbild der Asynchronmaschine

2.412 *Umrechnung des Dreiphasensystems auf das komplexe Einachsensystem*

Die drei Statorspannungen u_{sa}, u_{sb} und u_{sc} in Abbildung 2.20a lassen sich entsprechend Gleichung (2.1) zu einem komplexen Raumvektor zusammenfassen, und zwar ist

$$\underline{u}_s^s = \tfrac{2}{3}[u_{sa} + \underline{a}u_{sb} + \underline{a}^2 u_{sc}]. \tag{2.80a}$$

Der hochgestellte Index s gibt an, dass dieser Raumvektor im Statorkoordinatensystem ausgedrückt wird.

Der gleiche Raumvektor gilt auch für die Statorspannung im Zweiphasensystem mit

$$\underline{u}_s^s = u_{s\alpha}^s + ju_{s\beta}^s \tag{2.80b}$$

wobei wiederum die α- und β-Komponenten Real- und Imaginärteil bilden. Auch hier wird das Statorkoordinatensystem durch den hochgestellten Index s zum Ausdruck gebracht. Durch Vergleich von (2.80a) und (2.80b) folgt

$$u_{s\alpha}^s = \tfrac{2}{3}[u_{sa} - \tfrac{1}{2}u_{sb} - \tfrac{1}{2}u_{sc}] = u_{sa} \tag{2.81a}$$

$$u_{s\beta}^s = \tfrac{1}{\sqrt{3}}[u_{sb} - u_{sc}]. \tag{2.81b}$$

Der zweite Ausdruck für $u_{s\alpha}^s$ gilt für verschwindende Nullkomponente, d. h. für $u_{sa} + u_{sb} + u_{sc} = 0$.

Wird der Raumvektor der Statorspannung in ein vorerst beliebiges Koordinatensystem transformiert, so gilt nach Gleichung (2.7c)

$$\underline{u}_s^k = \underline{u}_s^s e^{-j\vartheta_k}. \tag{2.82a}$$

Dabei ist ϑ_k der Winkel zwischen dem Koordinatensystem k und der Achse der Statorwicklung s (siehe Abbildung 2.20c). Die Beziehungen für ϑ_k wurden in (2.79a) bis (2.79c) gegeben. Man kann $\underline{u}_s^k$ auch durch die Komponenten $u_{s\alpha}^k$ und $u_{s\beta}^k$ ausdrücken, und zwar

$$\underline{u}_s^k = u_{s\alpha}^k + ju_{s\beta}^k. \tag{2.82b}$$

Durch Einsetzen von (2.80b) und (2.82b) in (2.82a) folgt nach Auftrennung in Real- und Imaginärteil

$$u_{s\alpha}^k = u_{s\alpha}^s \cos\vartheta_k + u_{s\beta}^s \sin\vartheta_k \tag{2.83a}$$

$$u_{s\beta}^k = -u_{s\alpha}^s \sin\vartheta_k + u_{s\beta}^s \cos\vartheta_k. \tag{2.83b}$$

In der gleichen Art und Weise können auch die andern Grössen im Stator, wie Statorströme und Statorflussverkettungen vom Drehstromsystem auf das komplexe Einachsensystem umgerechnet werden.

Bei einem Schleifringläufer lassen sich die drei Rotorspannungen u_{ra}, u_{rb}

und u_{rc} ebenfalls zu einem komplexen Raumvektor zusammenfassen, gemäss

$$\underline{u}_r^r = \tfrac{2}{3}[u_{ra} + \underline{a}u_{rb} + \underline{a}^2 u_{rc}] \tag{2.84a}$$

oder im Zweiphasensystem

$$\underline{u}_r^r = u_{r\alpha}^r + ju_{r\beta}^r. \tag{2.84b}$$

Der hochgestellte Index r gibt an, dass dieser Raumvektor vorerst im Rotorkoordinatensystem Gültigkeit besitzt. Zur Bestimmung der α-, β-Komponenten können die Gleichungen (2.81a) und (2.81b) verwendet werden, indem der Index s durch r ersetzt wird.

Wird nun der Raumvektor $\underline{u}_r^r$ der Rotorspannung in ein vorerst beliebiges Koordinatensystem k transformiert, so ist zu beachten, dass zwischen dem Koordinatensystem k und dem Rotorkoordinatensystem r der Winkel $\vartheta_k - \vartheta$ besteht (siehe Abbildung 2.20c). Aus der allgemeinen Transformationsgleichung (2.7c) folgt dann

$$\underline{u}_r^k = \underline{u}_r^r e^{-j(\vartheta_k - \vartheta)}. \tag{2.85a}$$

Für die Real- und Imaginärkomponenten von

$$\underline{u}_r^k = u_{r\alpha}^k + ju_{r\beta}^k \tag{2.85b}$$

ergibt sich

$$u_{r\alpha}^k = u_{r\alpha}^r \cos(\vartheta_k - \vartheta) + u_{r\beta}^r \sin(\vartheta_k - \vartheta) \tag{2.86a}$$

$$u_{r\beta}^k = -u_{r\alpha}^r \sin(\vartheta_k - \vartheta) + u_{r\beta}^r \cos(\vartheta_k - \vartheta). \tag{2.86b}$$

Entsprechend können auch die andern Rotorgrössen, wie Rotorströme und Rotorflussverkettungen umgerechnet werden.

Sind anderseits die Real- und Imaginärkomponeten im Koordinatensystem k gegeben, so lässt sich daraus auf die zugehörigen Dreiphasengrössen schliessen. Zuerst ist aus $\underline{u}_s^k$ mit Hilfe einer Koordinatentransformation $\underline{u}_s^s$ zu bestimmen. Aus (2.80b), (2.82a) und (2.82b) folgt

$$u_{s\alpha}^s + ju_{s\beta}^s = \underline{u}_s^s = \underline{u}_s^k e^{j\vartheta_k} = (u_{s\alpha}^k + ju_{s\beta}^k)e^{j\vartheta_k}. \tag{2.87a}$$

Nach Auftrennung in Real- und Imaginärteil erhält man

$$u_{s\alpha}^s = u_{s\alpha}^k \cos\vartheta_k - u_{s\beta}^k \sin\vartheta_k \tag{2.87b}$$

$$u_{s\beta}^s = u_{s\alpha}^k \sin\vartheta_k + u_{s\beta}^k \cos\vartheta_k. \tag{2.87c}$$

Die Dreiphasenspannungen folgen dann aus den Beziehungen (2.4a) bis (2.4c) zu

$$u_{sa} = u_{s\alpha}^s \tag{2.88a}$$

$$u_{sb} = -\tfrac{1}{2}u_{s\alpha}^s + \tfrac{\sqrt{3}}{2}u_{s\beta}^s \tag{2.88b}$$

$$u_{sc} = -\tfrac{1}{2}u_{s\alpha}^s - \tfrac{\sqrt{3}}{2}u_{s\beta}^s. \tag{2.88c}$$

Für die Bestimmung der Dreiphasengrössen im Rotor ist die Transformationsgleichung (2.85a) zu beachten und man erhält dann vorerst

$$u^{\mathrm{r}}_{\mathrm{r}\alpha}+ju^{\mathrm{r}}_{\mathrm{r}\beta}=\underline{u}^{\mathrm{r}}_{\mathrm{r}}=\underline{u}^{\mathrm{k}}_{\mathrm{r}}e^{\mathrm{j}(\vartheta_{\mathrm{k}}-\vartheta)}=(u^{\mathrm{k}}_{\mathrm{r}\alpha}+ju^{\mathrm{k}}_{\mathrm{r}\beta})e^{\mathrm{j}(\vartheta_{\mathrm{k}}-\vartheta)} \tag{2.89a}$$

oder nach Auftrennung in Real- und Imaginärteil

$$u^{\mathrm{r}}_{\mathrm{r}\alpha}=u^{\mathrm{k}}_{\mathrm{r}\alpha}\cos(\vartheta_{\mathrm{k}}-\vartheta)-u^{\mathrm{k}}_{\mathrm{r}\beta}\sin(\vartheta_{\mathrm{k}}-\vartheta) \tag{2.89b}$$

$$u^{\mathrm{r}}_{\mathrm{r}\beta}=u^{\mathrm{k}}_{\mathrm{r}\alpha}\sin(\vartheta_{\mathrm{k}}-\vartheta)+u^{\mathrm{k}}_{\mathrm{r}\beta}\cos(\vartheta_{\mathrm{k}}-\vartheta). \tag{2.89c}$$

Woraus die Dreiphasengrössen

$$u_{\mathrm{ra}}=u^{\mathrm{r}}_{\mathrm{r}\alpha} \tag{2.90a}$$

$$u_{\mathrm{rb}}=-\tfrac{1}{2}u^{\mathrm{r}}_{\mathrm{r}\alpha}+\tfrac{\sqrt{3}}{2}u^{\mathrm{r}}_{\mathrm{r}\beta} \tag{2.90b}$$

$$u_{\mathrm{rc}}=-\tfrac{1}{2}u^{\mathrm{r}}_{\mathrm{r}\alpha}-\tfrac{\sqrt{3}}{2}u^{\mathrm{r}}_{\mathrm{r}\beta} \tag{2.90c}$$

folgen.

Im stationären Betrieb und sinusförmigen Speisespannungen ist $u_{\mathrm{sa}}=u_{\mathrm{s}}\cos\omega_{\mathrm{s}}t$, $u_{\mathrm{sb}}=u_{\mathrm{s}}\cos(\omega_{\mathrm{s}}t-2\pi/3)$ und $u_{\mathrm{sc}}=u_{\mathrm{s}}\cos(\omega_{\mathrm{s}}t-4\pi/3)$. Für den Raumvektor erhält man damit aus (2.80a)

$$\underline{u}^{\mathrm{s}}_{\mathrm{s}}=u_{\mathrm{s}}e^{\mathrm{j}\omega_{\mathrm{s}}t}=u_{\mathrm{s}}e^{\mathrm{j}f_{\mathrm{s}}\omega_{\mathrm{n}}t} \tag{2.91a}$$

wobei f_{s} wiederum die bezogene Speisefrequenz im Stator ist. Im Koordinatensystem k folgt dann, wenn dieses mit einer konstanten Winkelgeschwindigkeit $\omega_{\mathrm{k}}=f_{\mathrm{k}}\omega_{\mathrm{n}}$ umläuft, aus Gleichung (2.82a)

$$\underline{u}^{\mathrm{k}}_{\mathrm{s}}=u_{\mathrm{s}}e^{\mathrm{j}f_{\mathrm{s}}\omega_{\mathrm{n}}t}e^{-\mathrm{j}f_{\mathrm{k}}\omega_{\mathrm{n}}t}=u_{\mathrm{s}}e^{\mathrm{j}(f_{\mathrm{s}}-f_{\mathrm{k}})\omega_{\mathrm{n}}t}. \tag{2.91b}$$

Läuft das Koordinatensystem mit der synchronen Winkelgeschwindigkeit $\omega_{\mathrm{s}}=f_{\mathrm{s}}\omega_{\mathrm{n}}$ um, so ist $f_{\mathrm{k}}=f_{\mathrm{s}}$ und

$$\underline{u}^{\mathrm{k}}_{\mathrm{s}}=\underline{u}_{\mathrm{s}}=u_{\mathrm{s}}. \tag{2.91c}$$

Der Raumvektor $\underline{u}_{\mathrm{s}}$ im synchron umlaufenden Koordinatensystem wird vereinbahrungsgemäss nicht mit einem besonderen, hochgestellten Index gekennzeichnet. Er ist von der Zeit unabhängig und somit eine Gleichgrösse, die im vorliegenden Fall reell ist. Dies ist dadurch bedingt, dass in (2.91b) der Anfangswinkel $\vartheta_{\mathrm{k0}}=0$ gesetzt wurde. Für $\vartheta_{\mathrm{k0}}\neq 0$ folgt

$$\underline{u}_{\mathrm{s}}=u_{\mathrm{s}}e^{\mathrm{j}\vartheta_{\mathrm{k0}}}. \tag{2.91d}$$

$\underline{u}_{\mathrm{s}}$ ist jetzt im stationären Betrieb eine komplexe Gleichspannung. Der Anfangswinkel ϑ_{k0} hängt von der Orientierung des Koordinatensystems ab, über die normalerweise noch frei verfügt werden kann.

2.413 *Die Spannungsgleichungen*

Für die Statorwicklungen gilt entsprechend den allgemeinen Angaben in Abschnitt 2.232 die durch komplexe Raumvektoren und bezogene Grössen ausgedrückte Spannungsgleichung

$$\underline{u}_s^s = \underline{i}_s^s r_s + \frac{1}{\omega_n} \frac{d\underline{\psi}_s^s}{dt}. \tag{2.92a}$$

Der hochgestellte Index s deutet darauf hin, dass diese Gleichung auf das Statorkoordinatensystem bezogen ist. Beim Uebergang auf das Koordinatensystem k ist die Koordinatentransformation gemäss Abschnitt 2.224 zu beachten. Damit folgt

$$\underline{u}_s^k = \underline{i}_s^k r_s + \frac{1}{\omega_n} \frac{d\underline{\psi}_s^k}{dt} + j f_k \underline{\psi}_s^k. \tag{2.92b}$$

Dabei ist f_k die bezogene Frequenz mit der das Koordinatensystem k umläuft.

Bei der rechnerischen Behandlung der Asynchronmaschine ist es nicht zweckmässig, die Spannungsgleichung in Real- und Imaginärteil aufzutrennen, wie dies bei der Synchronmaschine gemacht wurde. Im vorliegenden Fall ist es wesentlich einfacher und übersichtlicher mit den komplexen Grössen zu rechnen.

Für die Rotorwicklungen lautet die Spannungsgleichung

$$\underline{u}_r^r = \underline{i}_r^r r_r + \frac{1}{\omega_n} \frac{d\underline{\psi}_r^r}{dt} \tag{2.93a}$$

die, entsprechend dem hochgestellten Index r für das Rotorkoordinatensystem gilt. Bei der Transformation dieser Spannungsgleichung auf das gemeinsame Koordinatensystem k ist zu berücksichtigen, dass zwischen den beiden Koordinatensystemen der Winkel $\vartheta_k - \vartheta$ besteht, wie dies bereits in Abschnitt 2.412 erläutert wurde. Somit drehen sich die beiden Koordinatensysteme mit der bezogenen Frequenz $f_k - n$ zueinander und man erhält

$$\underline{u}_r^k = \underline{i}_r^k r_r + \frac{1}{\omega_n} \frac{d\underline{\psi}_r^k}{dt} + j(f_k - n)\underline{\psi}_r^k. \tag{2.93b}$$

Bei Kurzschlussläufermotoren ist

$$\underline{u}_r^r = \underline{u}_r^k = 0. \tag{2.93c}$$

2.414 *Die Flussverkettungen*

Bei der Asynchronmaschine werden normalerweise die Daten der Rotorwicklung auf den Stator umgerechnet, so dass für Stator- und Rotorströme der gleiche Bezugswert $\hat{I}_n$ gilt. Für die Flussverkettungen können dann in bezogenen Grössen ausgedrückt die Gleichungen (2.21a) und (2.21b) übernommen werden. Untersucht man zuerst den Fall der Abbildung 2.20c bei dem die Stator- und Rotorersatzwicklung um den Winkel ϑ verdreht sind, so ist zu beachten, dass dieser Winkel in die gegenseitige Induktivität zwischen Stator- und Rotorwicklung eingeht. Es ist dann

$$\underline{\psi}_s^s = x_s \underline{i}_s^s + x_h e^{j\vartheta} \underline{i}_r^r \tag{2.94a}$$

$$\underline{\psi}_r^r = x_r \underline{i}_r^r + x_h e^{-j\vartheta} \underline{i}_s^s. \tag{2.94b}$$

Dabei ist x_s die bezogene Reaktanz der Statorwicklung, x_r diejenige der Rotorwicklung und x_h die gegenseitige Reaktanz für $\vartheta = 0$. Beim Uebergang auf das gemeinsame Koordinatensystem k sind die Beziehungen (2.82a) und (2.85a) auf Ströme und Flussverkettungen anzuwenden. Setzt man

$$\underline{\psi}_s^s = \underline{\psi}_s^k e^{j\vartheta_k}; \qquad \underline{i}_s^s = \underline{i}_s^k e^{j\vartheta_k} \tag{2.94c}$$

$$\underline{\psi}_r^r = \underline{\psi}_r^k e^{j(\vartheta_k - \vartheta)}; \qquad \underline{i}_r^r = \underline{i}_r^k e^{j(\vartheta_k - \vartheta)} \tag{2.94d}$$

so folgt aus (2.94a)

$$\underline{\psi}_s^k e^{j\vartheta_k} = x_s \underline{i}_s^k e^{j\vartheta_k} + x_h e^{j\vartheta} \underline{i}_r^k e^{j(\vartheta_k - \vartheta)} \tag{2.94e}$$

oder nach Division mit $e^{j\vartheta_k}$

$$\underline{\psi}_s^k = x_s \underline{i}_s^k + x_h \underline{i}_r^k. \tag{2.95a}$$

Analog ergibt sich aus (2.94b)

$$\underline{\psi}_r^k = x_r \underline{i}_r^k + x_h \underline{i}_s^k. \tag{2.95b}$$

Im gemeinsamen Koordinatensystem k sind somit die Flussverkettungen unabhängig vom Winkel ϑ, d. h. von der gegenseitigen Lage der Stator- und Rotorwicklung. Es besteht eine konstante Kopplung. Das in Abbildung 2.20a bis d heuristisch abgeleitete Ersatzsystem, das in Abbildung 2.21 besonders herausgezeichnet ist, ist somit durchaus gerechtfertigt.

2.415 *Das Drehmoment und die Bewegungsgleichung*

Wie bereits in Abschnitt 2.226 abgeleitet wurde, ist das elektromagnetische Drehmoment m_e unabhängig vom gewählten Koordinatensystem. Nach der allgemeinen Beziehung (2.25c) gilt in bezogenen Grössen

$$m_e = \text{Im}\,\{\underline{\psi}_s^* \underline{i}_s\} = \text{Im}\,\{\underline{\psi}_s^{*s} \underline{i}_s^s\} = \text{Im}\,\{\underline{\psi}_s^{*r} \underline{i}_s^r\}. \tag{2.96a}$$

Das Drehmoment kann aber auch durch die Flussverkettung $\underline{\psi}_r$ und den Strom $\underline{i}_r$ im Rotor ausgedrückt werden, d. h. durch

$$m_e = -\text{Im}\,\{\underline{\psi}_r^* \underline{i}_r\} = -\text{Im}\,\{\underline{\psi}_r^{*s} \underline{i}_r^s\} = -\text{Im}\,\{\underline{\psi}_r^{*r} \underline{i}_r^r\}. \tag{2.96b}$$

Das negative Vorzeichen ist dadurch begründet, dass das vom Rotor ausgeübte Drehmoment als Reaktionsmoment demjenigen des Stators entgegengesetzt ist.

Hinsichtlich der Bewegungsgleichung können die Ableitungen von Abschnitt 2.315 übernommen werden. Demnach gilt

$$T_{\mathrm{m}} \frac{\mathrm{d}n}{\mathrm{d}t} = m_{\mathrm{e}} - m \tag{2.97a}$$

mit der mechanischen Zeitkonstanten

$$T_{\mathrm{m}} = \frac{J\Omega_{\mathrm{n}}}{M_{\mathrm{n}}} = \frac{J\Omega_{\mathrm{n}}^2}{S_{\mathrm{n}}} = \frac{2W}{S_{\mathrm{n}}} \tag{2.97b}$$

die somit gleich der auf die Nennscheinleistung S_{n} bezogenen doppelten kinetischen Energie W der rotierenden Massen ist.

2.416 *Zusammenstellung des Gleichungssystems*

Das vorstehend abgeleitete Gleichungssystem wird der besseren Uebersicht halber kurz zusammengestellt, und zwar die Spannungsgleichungen und die Beziehungen für die Flussverkettungen.

$$\underline{u}_{\mathrm{s}}^{\mathrm{k}} = \underline{i}_{\mathrm{s}}^{\mathrm{k}} r_{\mathrm{s}} + \frac{1}{\omega_{\mathrm{n}}} \frac{\mathrm{d}\underline{\psi}_{\mathrm{s}}^{\mathrm{k}}}{\mathrm{d}t} + j f_{\mathrm{k}} \underline{\psi}_{\mathrm{s}}^{\mathrm{k}} \tag{2.92b}$$

$$\underline{u}_{\mathrm{r}}^{\mathrm{k}} = \underline{i}_{\mathrm{r}}^{\mathrm{k}} r_{\mathrm{r}} + \frac{1}{\omega_{\mathrm{n}}} \frac{\mathrm{d}\underline{\psi}_{\mathrm{r}}^{\mathrm{k}}}{\mathrm{d}t} + j(f_{\mathrm{k}} - n) \underline{\psi}_{\mathrm{r}}^{\mathrm{k}} \tag{2.93b}$$

$$\underline{\psi}_{\mathrm{s}}^{\mathrm{k}} = x_{\mathrm{s}} \underline{i}_{\mathrm{s}}^{\mathrm{k}} + x_{\mathrm{h}} \underline{i}_{\mathrm{r}}^{\mathrm{k}} \tag{2.95a}$$

$$\underline{\psi}_{\mathrm{r}}^{\mathrm{k}} = x_{\mathrm{r}} \underline{i}_{\mathrm{r}}^{\mathrm{k}} + x_{\mathrm{h}} \underline{i}_{\mathrm{s}}^{\mathrm{k}}. \tag{2.95b}$$

Dank der komplexen Schreibweise durch Raumvektoren kann die Asynchronmaschine durch ein sehr kompaktes Gleichungssystem beschrieben werden. Die entsprechenden Ausdrücke der Synchronmaschine sind komplizierter (vergleiche mit Abschnitt 2.316) infolge deren Unsymmetrie in Längs- und Querachse.

2.42 Umformung des Gleichungssystems der Asynchronmaschine

2.421 *Allgemeines*

Das vorstehend aufgestellte Gleichungssystem der Asynchronmaschine soll nun weiter umgeformt werden. Insbesondere werden die weiteren Untersuchungen ausschliesslich im mit synchroner Winkelgeschwindigkeit umlaufenden Koordinatensystem durchgeführt, da sich hier zur Untersuchung der Regelvorgänge normalerweise besonders günstige Verhältnisse ergeben. Vereinbarungsgemäss werden dann die Raumvektoren nicht besonders gekennzeichnet, d. h. der hochgestellte Index in den Gleichungen von Abschnitt 2.416 fällt weg. Bei diesem Koordinatensystem ist $f_k = f_s$. Es ist dann zweckmässig in Gleichung (2.93b) für $f_k - n = f_s - n$ die Schlupffrequenz

$$f_r = f_s - n \tag{2.98}$$

einzuführen. f_r ist somit im stationären Betrieb gleich der bezogenen Frequenz der Wechselgrössen im Rotor (-Koordinatensystem). Damit folgt für die Spannungsgleichungen und die Flussverkettungen

$$\underline{u}_s = \underline{i}_s r_s + \frac{1}{\omega_n} \frac{d\underline{\psi}_s}{dt} + j f_s \underline{\psi}_s \tag{2.99a}$$

$$\underline{u}_r = \underline{i}_r r_r + \frac{1}{\omega_n} \frac{d\underline{\psi}_r}{dt} + j f_r \underline{\psi}_r \tag{2.99b}$$

$$\underline{\psi}_s = x_s \underline{i}_s + x_h \underline{i}_r \tag{2.99c}$$

$$\underline{\psi}_r = x_r \underline{i}_r + x_h \underline{i}_s. \tag{2.99d}$$

Je nach den äusseren Bedingungen, Stator- und Rotorspannung vorgegeben, Statorstrom vorgegeben oder Rotorstrom vorgegeben, die je nach der Frequenzumrichterart auftreten können, werden nachstehend die Gleichungen umgeformt.

2.422 *Stator- und Rotorspannungen vorgegeben*

Sind die Stator- und Rotorspannungen $\underline{u}_s$ und $\underline{u}_r$ vorgegeben, so ist es zweckmässig, zwei Differentialgleichungen abzuleiten, aus denen direkt die Flussverkettungen $\underline{\psi}_s$ und $\underline{\psi}_r$ bestimmt werden können. Dazu ist es notwendig, die Ströme $\underline{i}_s$ und $\underline{i}_r$ aus den Gleichungen (2.99a) und (2.99b) zu eliminieren. Dazu müssen diese selbst durch die Flussverkettungen ausgedrückt werden. In (2.99c) und (2.99d) stehen zwei Gleichungen zur Verfügung, aus denen die gesuchten Grössen $\underline{i}_s$ und $\underline{i}_r$ bestimmt werden können. Es folgt

$$\underline{i}_s = \frac{x_r \underline{\psi}_s - x_h \underline{\psi}_r}{x_s x_r - x_h^2} = \frac{1}{\sigma x_s} \underline{\psi}_s - \frac{1-\sigma}{\sigma x_h} \underline{\psi}_r \tag{2.100a}$$

$$\underline{i}_r = \frac{x_s \underline{\psi}_r - x_h \underline{\psi}_s}{x_s x_r - x_h^2} = \frac{1}{\sigma x_r} \underline{\psi}_r - \frac{1-\sigma}{\sigma x_h} \underline{\psi}_s. \tag{2.100b}$$

Dabei wurde der totale Streufaktor

$$\sigma = 1 - \frac{x_h^2}{x_s x_r} \tag{2.100c}$$

der Asynchronmaschine eingeführt.

Setzt man (2.100a) und (2.100b) in die Differentialgleichungen (2.99a) und (2.99b) ein, so erhält man vorerst

$$\frac{d\underline{\psi}_s}{dt} = \omega_n \underline{u}_s - \left(\frac{\omega_n r_s}{\sigma x_s} + j f_s \omega_n\right)\underline{\psi}_s + \frac{\omega_n r_s}{\sigma x_s}\frac{x_h}{x_r}\underline{\psi}_r \tag{2.101a}$$

und

$$\frac{d\underline{\psi}_r}{dt} = \omega_n \underline{u}_r - \left(\frac{\omega_n r_r}{\sigma x_r} + j f_r \omega_n\right)\underline{\psi}_r + \frac{\omega_n r_r}{\sigma x_r}\frac{x_h}{x_s}\underline{\psi}_s. \tag{2.101b}$$

Es ist nun zweckmässig, die Zeitkonstanten

$$T'_s = \frac{\sigma x_s}{\omega_n r_s} \tag{2.102a}$$

$$T'_r = \frac{\sigma x_r}{\omega_n r_r} \tag{2.102b}$$

einzuführen. Dabei ist T'_s die Zeitkonstante der Statorstromkreise bei kurzgeschlossener Rotorwicklung und T'_r die Zeitkonstante der Rotorstromkreise bei kurzgeschlossener Statorwicklung. Damit können die Differentialgleichungen für die Flussverkettungen in der Form

$$T'_s \frac{d\underline{\psi}_s}{dt} = \omega_n T'_s \underline{u}_s - (1 + j f_s \omega_n T'_s)\underline{\psi}_s + \frac{x_h}{x_r}\underline{\psi}_r \tag{2.103a}$$

$$T'_r \frac{d\underline{\psi}_r}{dt} = \omega_n T'_r \underline{u}_r - (1 + j f_r \omega_n T'_r)\underline{\psi}_r + \frac{x_h}{x_s}\underline{\psi}_s \tag{2.103b}$$

geschrieben werden. Damit lassen sich bei vorgegebenen Spannungen $\underline{u}_s$ und $\underline{u}_r$ die Flussverkettungen $\underline{\psi}_s$ und $\underline{\psi}_r$ bestimmen, woraus dann die Ströme $\underline{i}_s$ und $\underline{i}_r$ durch die linearen Beziehungen (2.100a) und (2.100b) folgen.

Im vorliegenden Fall ist es zweckmässig, das elektromagnetische Drehmoment m_e direkt durch die Flussverkettungen $\underline{\psi}_s$ und $\underline{\psi}_r$ auszudrücken. Wird in der allgemeinen Beziehung (2.96a) der Statorstrom $\underline{i}_s$ durch (2.100a) ersetzt, so folgt

$$m_e = \operatorname{Im}\{\underline{\psi}_s^* \underline{i}_s\} = \operatorname{Im}\left\{\underline{\psi}_s^*\left(\frac{1}{\sigma x_s}\underline{\psi}_s - \frac{1-\sigma}{\sigma x_h}\underline{\psi}_r\right)\right\} = -\frac{1-\sigma}{\sigma x_h}\operatorname{Im}\{\underline{\psi}_s^* \underline{\psi}_r\}. \tag{2.104a}$$

Bei dieser Umformung ist zu beachten, dass $\underline{\psi}_s^* \cdot \underline{\psi}_s$ eine relle Grösse ist. Geht man dagegen von (2.96b) aus und ersetzt darin $\underline{i}_r$ durch (2.100b), so erhält man

$$m_e = -\operatorname{Im}\{\underline{\psi}_r^* \underline{i}_r\} = -\operatorname{Im}\left\{\underline{\psi}_r^*\left(\frac{1}{\sigma x_r}\underline{\psi}_r - \frac{1-\sigma}{\sigma x_h}\underline{\psi}_s\right)\right\}$$

$$= \frac{1-\sigma}{\sigma x_h}\operatorname{Im}\{\underline{\psi}_r^* \underline{\psi}_s\} = -\frac{1-\sigma}{\sigma x_h}\operatorname{Im}\{\underline{\psi}_s^* \underline{\psi}_r\}, \tag{2.104b}$$

da Im $\underline{z} = -\mathrm{Im}\ \underline{z}^*$ ist. Die beiden Beziehungen in (2.96a) und (2.96b) für das elektromagnetische Drehmoment sind somit gleichwertig.

2.423 *Statorstrom vorgegeben*

Ist an Stelle der Statorspannung der Statorstrom $\underline{i}_s$ vorgegeben, so ist es zweckmässig das Gleichungssystem folgendermassen umzuformen. Zuerst bestimmt man den Rotorstrom $\underline{i}_r$ aus (2.99d)

$$\underline{i}_r = \frac{1}{x_r}(\underline{\psi}_r - x_h \underline{i}_s). \tag{2.105a}$$

Damit kann man $\underline{i}_r$ in (2.99b) eliminieren und erhält

$$\frac{d\underline{\psi}_r}{dt} = \omega_n \underline{u}_r - \left(\frac{\omega_n r_r}{x_r} + j f_r \omega_n\right)\underline{\psi}_r + \frac{\omega_n r_r}{x_r} x_h \underline{i}_s. \tag{2.105b}$$

Hier wird zweckmässigerweise die Zeitkonstante

$$T_r = \frac{x_r}{\omega_n r_r} \tag{2.105c}$$

eingeführt. Diese entspricht der Zeitkonstanten der Rotorstromkreise bei offener Statorwicklung. Ein eingeprägter Strom im Stator bedeutet, dass dieser aus einer Stromquelle gespeist wird. Deren unendlich hoher innerer Widerstand bewirkt, dass der Statorstromkreis nicht mehr kurzgeschlossen ist. Mit der Zeitkonstanten T_r kann Gleichung (2.105b) in der Form

$$T_r \frac{d\underline{\psi}_r}{dt} = \omega_n T_r \underline{u}_r - (1 + j f_r \omega_n T_r)\underline{\psi}_r + x_h \underline{i}_s \tag{2.106a}$$

geschrieben werden. Aus dieser Differentialgleichung lässt sich die Flussverkettung $\underline{\psi}_r$ im Rotor bestimmen. Ein Vergleich mit (2.103b) zeigt, dass jetzt für die Ausgleichsvorgänge die Zeitkonstante T_r massgebend ist. Da zwischen T_r' und T_r die Beziehung

$$T_r' = \sigma T_r \tag{2.106b}$$

besteht, so erkennt man, da $T_r \gg T_r'$ ist, dass bei eingeprägtem Statorstrom die Flussänderung langsamer abläuft, als bei eingeprägter Statorspannung. Die Flussverkettung im Stator folgt aus (2.99c), wenn darin $\underline{i}_r$ durch (2.105a) ersetzt wird zu

$$\underline{\psi}_s = \sigma x_s \underline{i}_s + \frac{x_h}{x_r}\underline{\psi}_r. \tag{2.106c}$$

Schliesslich ist noch die Statorspannung $\underline{u}_s$ zu bestimmen. Diese folgt aus

(2.99a), wenn darin $\underline{\psi}_s$ durch (2.106c) ausgedrückt wird

$$\underline{u}_s = \underline{i}_s r_s + \frac{\sigma x_s}{\omega_n}\frac{d\underline{i}_s}{dt} + \frac{x_h}{\omega_n x_r}\frac{d\underline{\psi}_r}{dt} + jf_s\left(\sigma x_s \underline{i}_s + \frac{x_h}{x_r}\underline{\psi}_r\right). \tag{2.107a}$$

Ersetzt man noch $d\underline{\psi}_r/dt$ durch (2.105b), so erhält man nach einer kleinen Umformung

$$\underline{u}_s = \frac{x_h}{x_r}\underline{u}_r + \frac{\sigma x_s}{\omega_n}\frac{d\underline{i}_s}{dt} + (r_s' + jf_s\sigma x_s)\underline{i}_s - \frac{x_h}{x_r}\left(\frac{1}{\omega_n T_r} - jn\right)\underline{\psi}_r. \tag{2.107b}$$

Hier ist

$$r_s' = r_s + \left(\frac{x_h}{x_r}\right)^2 r_r \tag{2.107c}$$

der gesamte, auf den Stator bezogene, ohmsche Widerstand der Asynchronmaschine. Ferner wurde noch mit $n = f_s - f_r$ die Drehzahl eingesetzt. In den vorstehenden Gleichungen kann man noch die transiente Reaktanz

$$x_\sigma = \sigma x_s \tag{2.107d}$$

der Asynchronmaschine einführen. (Oft auch totale Streureaktanz genannt).

Für das elektromagnetische Drehmoment ergibt sich jetzt, wenn $\underline{\psi}_s$ durch (2.106c) ausgedrückt wird

$$m_e = \frac{x_h}{x_r}\,\mathrm{Im}\,\{\underline{\psi}_r^* \underline{i}_s\}. \tag{2.108}$$

2.424 *Rotorstrom vorgegeben*

Ist dagegen der Rotorstrom $\underline{i}_r$ an Stelle der Spannung $\underline{u}_r$ vorgegeben, so kann das Gleichungssystem analog zu den Ausführungen in vorstehendem Abschnitt umgeformt werden. Nachfolgend werden daher nur die massgebenden Resultate angegeben, ohne die Zwischenschritte zu deren Ableitung anzuführen.

Der Statorstrom $\underline{i}_s$ folgt aus

$$\underline{i}_s = \frac{1}{x_s}(\underline{\psi}_s - x_h \underline{i}_r). \tag{2.109a}$$

Unter Einführung der Zeitkonstanten

$$T_s = \frac{x_s}{\omega_n r_s} \tag{2.109b}$$

kann die Differentialgleichung für die Flussverkettung $\underline{\psi}_s$ in der Form

$$T_s \frac{d\underline{\psi}_s}{dt} = \omega_n T_s \underline{u}_s - (1 + jf_s\omega_n T_s)\underline{\psi}_s + x_h \underline{i}_r \tag{2.110a}$$

geschrieben werden. Dabei ist T_s die Zeitkonstante der Statorstromkreise bei offener Rotorwicklung. Zwischen der früher eingeführten Zeitkonstanten T_s' und T_s besteht die Beziehung

$$T_s' = \sigma T_s. \tag{2.110b}$$

Da $T_s' \ll T_s$ ist, so verlaufen auch hier die Ausgleichsvorgänge langsamer als bei eingeprägter Rotorspannung. Für die Flussverkettung im Rotor gilt

$$\underline{\psi}_r = \sigma x_r \underline{i}_r + \frac{x_h}{x_s} \underline{\psi}_s. \tag{2.110c}$$

Für die Rotorspannung ergibt sich nach einigen Umformungen

$$\underline{u}_r = \frac{x_h}{x_s} \underline{u}_s + \frac{\sigma x_r}{\omega_n} \frac{d\underline{i}_r}{dt} + (r_r' + jf_r \sigma x_r) \underline{i}_r - \frac{x_h}{x_s} \left(\frac{1}{\omega_n T_s} + jn \right) \underline{\psi}_s \tag{2.111a}$$

mit

$$r_r' = r_r + \left(\frac{x_h}{x_s} \right)^2 r_s \tag{2.111b}$$

dem totalen, auf den Rotor bezogenen ohmschen Widerstand der Asynchronmaschine.

Das elektromagnetische Drehmoment kann jetzt aus

$$m_e = -\frac{x_h}{x_s} \operatorname{Im} \{ \underline{\psi}_s^* \underline{i}_r \} \tag{2.112}$$

bestimmt werden.

2.43 Das Strukturdiagramm der Asynchronmaschine

2.431 *Allgemeines*

Die im vorstehenden Abschnitt abgeleiteten Gleichungssysteme der Asynchronmaschine werden nachstehend in Form von Strukturdiagrammen dargestellt. Dabei ist ebenfalls die Umwandlung der Dreiphasengrössen in Raumvektoren und umgekehrt in Betracht zu ziehen. Die Strukturdiagramme werden nicht in ihrer allgemeinsten Form dargestellt, sondern auf den Käfigläufermotor (Rotorspannung $\underline{u}_r = 0$) mit vorgegebener Statorspannung, bzw. vorgegebenem Statorstrom sowie auf den Schleifringläufermotor mit vorgegebener Rotorspannung, bzw. vorgegebenem Rotorstrom spezialisiert.

Bei der Interpretation der Strukturdiagramme ist zu beachten, dass die Spannungen, Ströme und Flussverkettungen Raumvektoren darstellen, d. h. komplexe Grössen sind. Diese Strukturdiagramme eignen sich somit nicht für die Simulation der Asynchronmaschine auf einem Analogrechner. Hiezu ist es notwendig, eine Aufteilung in Real- und Imaginärteil vorzunehmen. Dadurch wird das Strukturdiagramm wesentlich komplizierter und es treten weitere, interne Kopplungen auf. Bei der Simulation auf einem Digitalrechner ist es dagegen zweckmässig, die Raumvektoren in ihrer komplexen Form beizubehalten, womit der Programmierungsaufwand beträchtlich reduziert werden kann (JUFER und PITTET [77]).

2.432 *Das Strukturdiagramm des Kurzschlussläufermotors bei Vorgabe der Statorspannung*

Das Strukturdiagramm der Asynchronmaschine basierend auf dem Gleichungssystem nach Abschnitt 2.422 ist in Abbildung 2.22 dargestellt. Die Differentialgleichungen für die Flussverkettungen wurden mit $\underline{u}_r = 0$ auf die Form

$$\frac{1}{\omega_n}\frac{d\underline{\psi}_s}{dt} = \underline{u}_s - jf_s\underline{\psi}_s - \frac{1}{\omega_n T_s'}\left(\underline{\psi}_s - \frac{x_h}{x_r}\underline{\psi}_r\right) \tag{2.113a}$$

$$\frac{1}{\omega_n}\frac{d\underline{\psi}_r}{dt} = -jf_r\underline{\psi}_r - \frac{1}{\omega_n T_r'}\left(\underline{\psi}_r - \frac{x_h}{x_s}\underline{\psi}_s\right) \tag{2.113b}$$

gebracht.

Da der Rotorstrom $\underline{i}_r$ der Asynchronmaschine als interne Grösse nicht weiter interessiert, so ist nur die Gleichung (2.100a) für die Bestimmung des Statorstromes $\underline{i}_s$ in Abbildung 2.22 dargestellt. Das Drehmoment m_e wurde durch die allgemeine Beziehung (2.96a) bestimmt, wobei der Block «Im» angibt, dass an seinem Ausgang der Imaginärteil des komplexen Eingangssignales erscheint. Ferner bedeutet der Block mit «x^*», dass sein Ausgangssignal dem konjugiert komplexen Eingangssignal entspricht.

In diesem Strukturdiagramm bilden der Raumvektor der Statorspannung $\underline{u}_s$ und die bezogene Speisefrequenz f_s die Eingangsgrössen. f_s tritt durch die besondere Wahl des Koordinatensystems ($f_k = f_s$) in Erscheinung. Die Ausgangsgrössen sind durch den Raumvektor des Statorstromes $\underline{i}_s$ und die Drehzahl n gegeben, während das Belastungsmoment m als Störgrösse auftritt.

Bei vorgegebener Statorspannung sind die drei Phasenspannungen u_{sa}, u_{sb} und u_{sc} in den Raumzeiger $\underline{u}_s$ umzuformen. Die Beziehungen in Abschnitt 2.412 sind für den allgemeinen Fall des Koordinatensystems k in Abbildung 2.23a als Strukturdiagramm dargestellt. Vorerst werden die drei Phasenspannungen in ein Zweiphasensystem mit $u_{s\alpha}^s$ und $u_{s\beta}^s$ umgeformt, aus dem der Raumvektor $\underline{u}_s^s$ gebildet wird. Daraus folgt $\underline{u}_s^k$ im Koordinatensystem k durch Multiplikation mit $e^{-j\vartheta_k}$. Diese komplexe Grösse wird aus $e^{j\vartheta_k}$ durch Bildung des konjugiert komplexen Wertes gewonnen (Block mit «x^*»). Wie der Einheitsraumvektor $e^{j\vartheta_k}$ bestimmt wird, soll später gezeigt

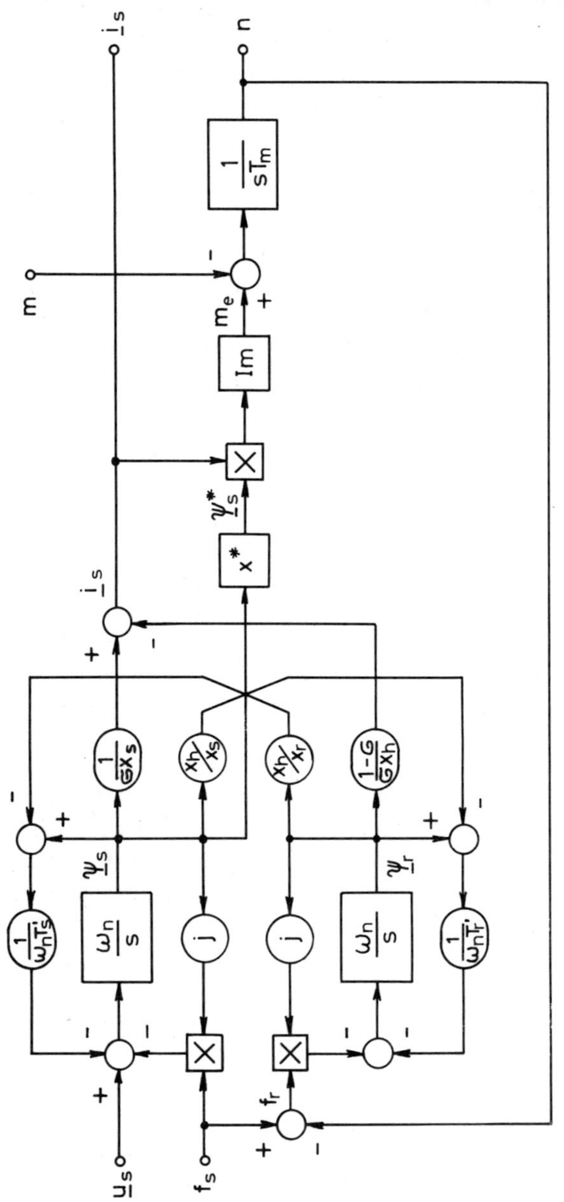

Abbildung 2.22
Strukturdiagramm der Asynchronmaschine (Kurzschlussläufermotor) im komplexen Einachsensystem bei Vorgabe der Statorspannung

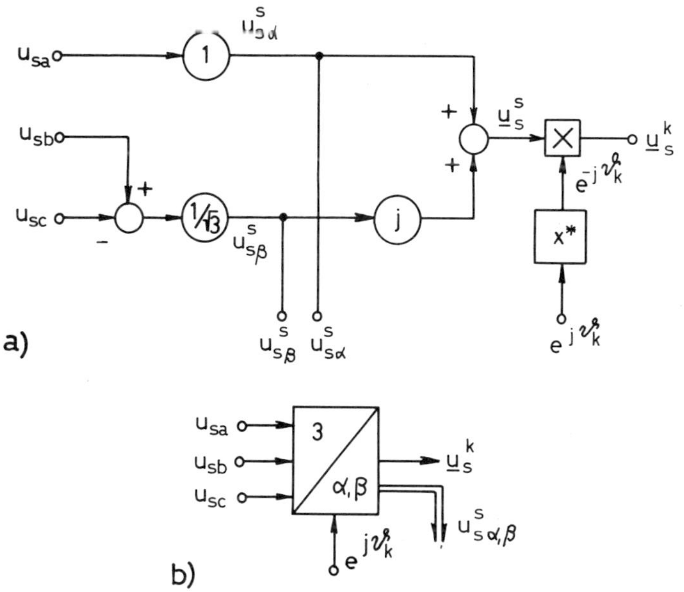

Abbildung 2.23
Umwandlung der drei Phasenspannungen u_{sa}, u_{sb} und u_{sc} in den Raumvektor $\underline{u}_s^k$ der Statorspannung
a) Strukturdiagramm; b) Blockdarstellung

werden. Zur Vereinfachung wird im folgenden die Blockdarstellung gemäss Abbildung 2.23b verwendet.

Der Raumvektor $\underline{i}_s$ des Statorstromes in Abbildung 2.22 ist schliesslich wieder in die drei Phasenströme i_{sa}, i_{sb} und i_{sc} aufzuteilen. Das entsprechende Strukturdiagramm geht aus Abbildung 2.24a hervor (siehe Beziehungen in Abschnitt 2.412). Vorerst wird durch Multiplikation mit $e^{j\vartheta_k}$ der Raumvektor $\underline{i}_s^s$ im feststehenden Koordinatemsystem s gebildet. Nach Aufteilung in Real- und Imaginärteil (Blöcke «Re» und «Im») erhält man schliesslich aus den Zweiphasenströmen $i_{s\alpha}^s$ und $i_{s\beta}^s$ die drei Phasenströme i_{sa}, i_{sb} und i_{sc}.

Die drei Strukturdiagramme, Umwandlung der drei Statorspannungen, Asynchronmaschine und Umwandlung der Statorströme sind in Form eines Blockschaltbildes in Abbildung 2.25 zusammengefasst. Ein vierter Block deutet an, dass der Einheitsraumvektor $e^{j\vartheta_k} = e^{j(\vartheta_{k0}+f_s\omega_n t)}$ sowie die Frequenz f_s aus $u_{s\alpha}^s$ und $u_{s\beta}^s$ abgeleitet wird. Das detaillierte Strukturdiagramm dieses Blockes ist in Abbildung 2.26a dargestellt.

Wird gemäss Gleichung (2.91a) $u_{s\alpha}^s$ und $u_{s\beta}^s$ als

$$u_{s\alpha}^s = u_s \cos f_s\omega_n t \qquad (2.114a)$$

$$u_{s\beta}^s = u_s \sin f_s\omega_n t \qquad (2.114b)$$

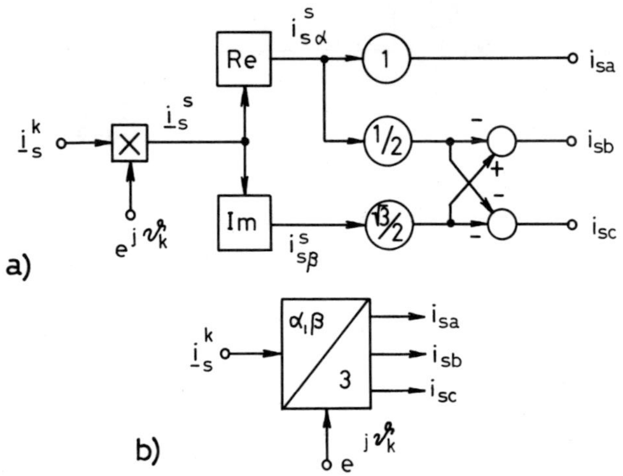

Abbildung 2.24
Umwandlung des Raumvektors $\underline{i}_s^k$ des Statorstromes in die drei Phasenströme i_{sa}, i_{sb} und i_{sc}
a) Strukturdiagramm; b) Blockdarstellung

angesetzt, so folgt mit

$$u_s = \sqrt{(u_{s\alpha}^s)^2 + (u_{s\beta}^s)^2} \tag{2.114c}$$

$$\cos f_s \omega_n t = \frac{u_{s\alpha}^s}{u_s} \tag{2.114d}$$

$$\sin f_s \omega_n t = \frac{u_{s\beta}^s}{u_s}. \tag{2.114e}$$

Diese Beziehungen sind in Abbildung 2.26a dargestellt. Damit kann anschliessend der Einheits-Raumvektor $e^{jf_s\omega_n t}$ gebildet werden. Diese

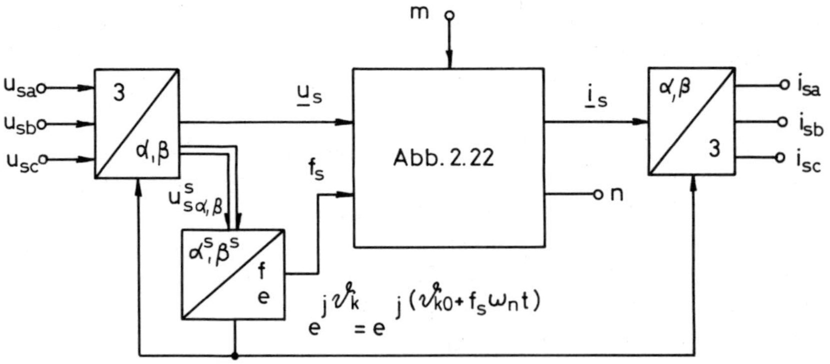

Abbildung 2.25
Blockschaltbild der Asynchronmaschine (Kurzschlussläufermotor) bei Vorgabe der Statorspannung

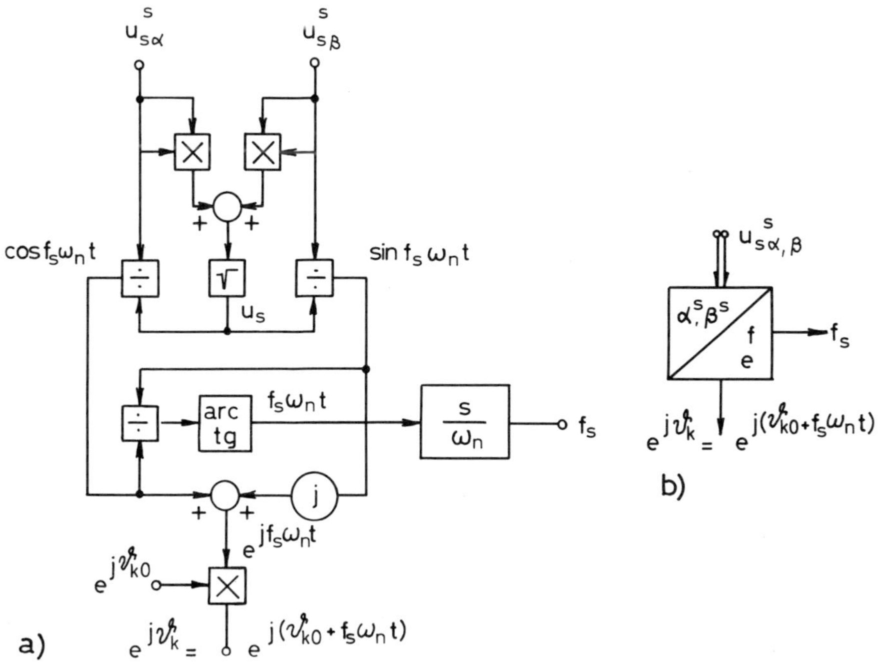

Abbildung 2.26
Bildung des Einheitsraumvektors $e^{j\vartheta_k} = e^{j(\vartheta_{k0}+f_s\omega_n t)}$ für die Koordinatentransformation sowie der Frequenz f_s
a) Strukturdiagramm; b) Blockdarstellung

Grösse wird noch mit $e^{j\vartheta_{k0}}$ multipliziert. Damit ist es möglich, eine zusätzliche, feste Drehung in die Koordinatentransformation einzuführen.

Schliesslich kann man aus diesen Grössen auch noch die Frequenz f_s bestimmen. Dazu wird, wie in Abbildung 2.26a angedeutet, vorerst tg $f_s\omega_n t$ gebildet, woraus über den Block «arc tg» das Argument $f_s\omega_n t$ folgt, womit sich schliesslich durch Differentiation (Block «s/ω_n») die Frequenz f_s ergibt.

Bei der Asynchronmaschine müssen demnach die für die Koordinatentransformation benötigten Hilfsgrössen aus der Speisespannung abgeleitet werden, welche auch die Frequenz f_s bestimmt.

2.433 *Das Strukturdiagramm des Kurzschlussläufermotors bei Vorgabe des Statorstromes*

Wird der Asynchronmaschine der Statorstrom aufgedrückt, so ist auf das in Abschnitt 2.423 abgeleitete Gleichungssystem zurückzugreifen. Das zugehörige Strukturdiagramm ist in Abbildung 2.27 dargestellt, wobei die Differentialgleichung für die Flussverkettung im Rotor $\underline{\psi}_r$ mit $\underline{u}_r = 0$ auf die

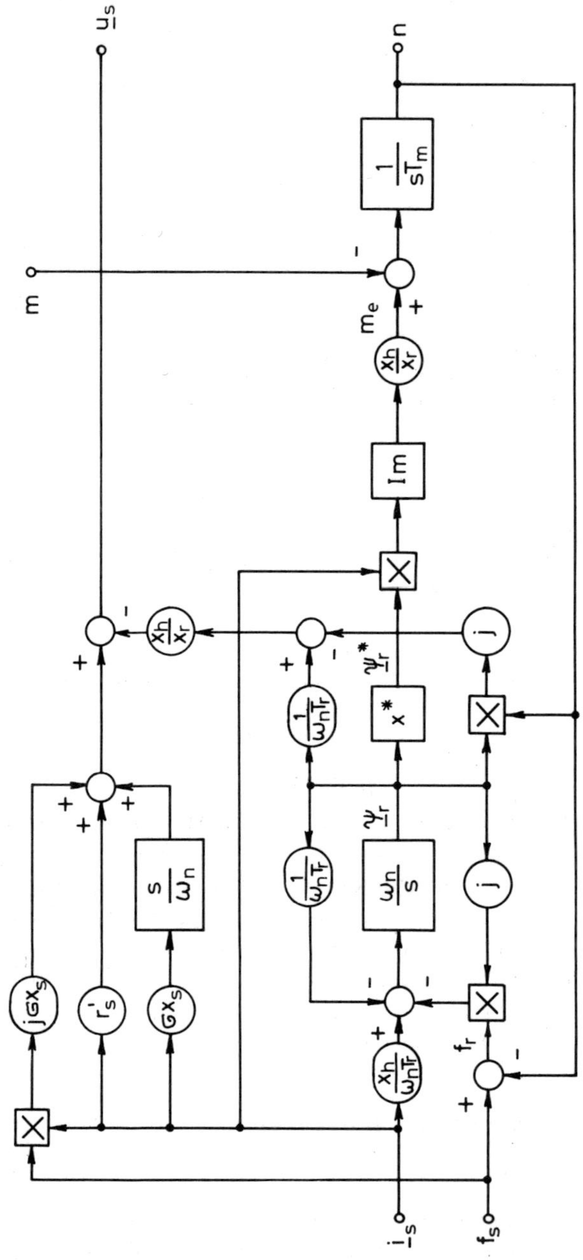

Abbildung 2.27
Strukturdiagramm der Asynchronmaschine (Kurzschlussläufermotor) im komplexen Einachsensystem bei Vorgabe des Statorstromes

Form

$$\frac{1}{\omega_n}\frac{d\underline{\psi}_r}{dt}=\frac{x_h}{\omega_n T_r}\underline{i}_s - jf_r\underline{\psi}_r - \frac{1}{\omega_n T_r}\underline{\psi}_r \tag{2.115}$$

gebracht wurde. In diesem Fall sind der Raumvektor des Statorstromes $\underline{i}_s$ und die Speisefrequenz f_s die Eingangsgrössen und der Raumvektor der Statorspannung $\underline{u}_s$ zusammen mit der Drehzahl n bilden die Ausgangsgrössen.

$\underline{i}_s$ wird aus den drei Phasenströmen i_{sa}, i_{sb} und i_{sc} gebildet, analog zum Strukturdiagramm in Abbildung 2.23a. Darin sind lediglich sämtliche Spannungen durch die entsprechenden Ströme zu ersetzen. Anderseits ist die Ausgangsgrösse $\underline{u}_s$ in Abbildung 2.27 in die drei Phasenspannungen u_{sa}, u_{sb} und u_{sc} aufzuteilen, wozu auf das Strukturdiagramm in Abbildung 2.24a zurückgegriffen werden kann, wenn darin die Ströme durch die entsprechenden Spannungen ersetzt werden.

Damit ergibt sich das in Abbildung 2.28 dargestellte Blockschaltbild. Der für die Koordinatentransformation notwendige Einheitsraumvektor $e^{j(\vartheta_{k0}+f_s\omega_n t)}$ sowie die Frequenz f_s sind aus $i^s_{s\alpha}$ und $i^s_{s\beta}$ abzuleiten, entsprechend dem Strukturdiagramm in Abbildung 2.26a, wobei jetzt die Ströme an Stelle der Spannungen zu setzen sind.

2.434 *Das Strukturdiagramm des Schleifringläufermotors bei Vorgabe der Stator- und Rotorspannung*

Wird bei einem Schleifringläufermotor die Stator- und Rotorspannung vorgegeben, so ergibt sich das in Abbildung 2.29 dargestellte Strukturdiagramm. Eingangsgrössen sind jetzt der Raumvektor der Statorspannung $\underline{u}_s$,

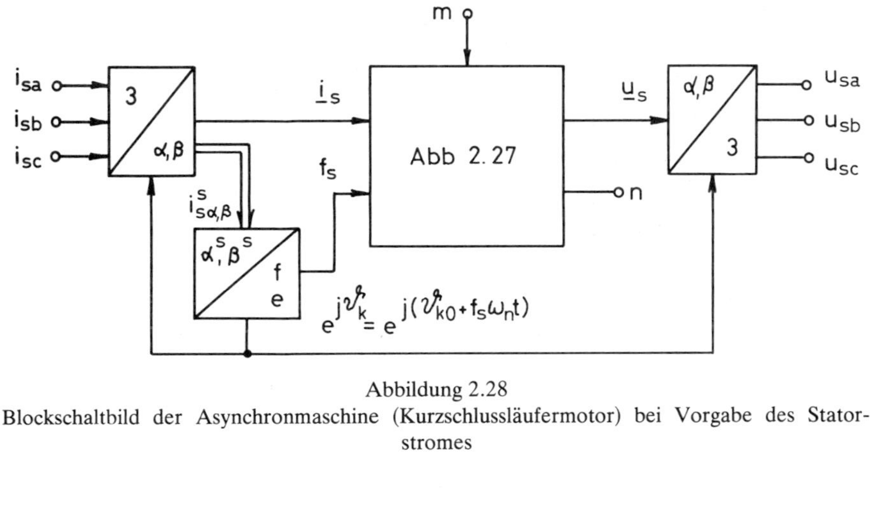

Abbildung 2.28
Blockschaltbild der Asynchronmaschine (Kurzschlussläufermotor) bei Vorgabe des Statorstromes

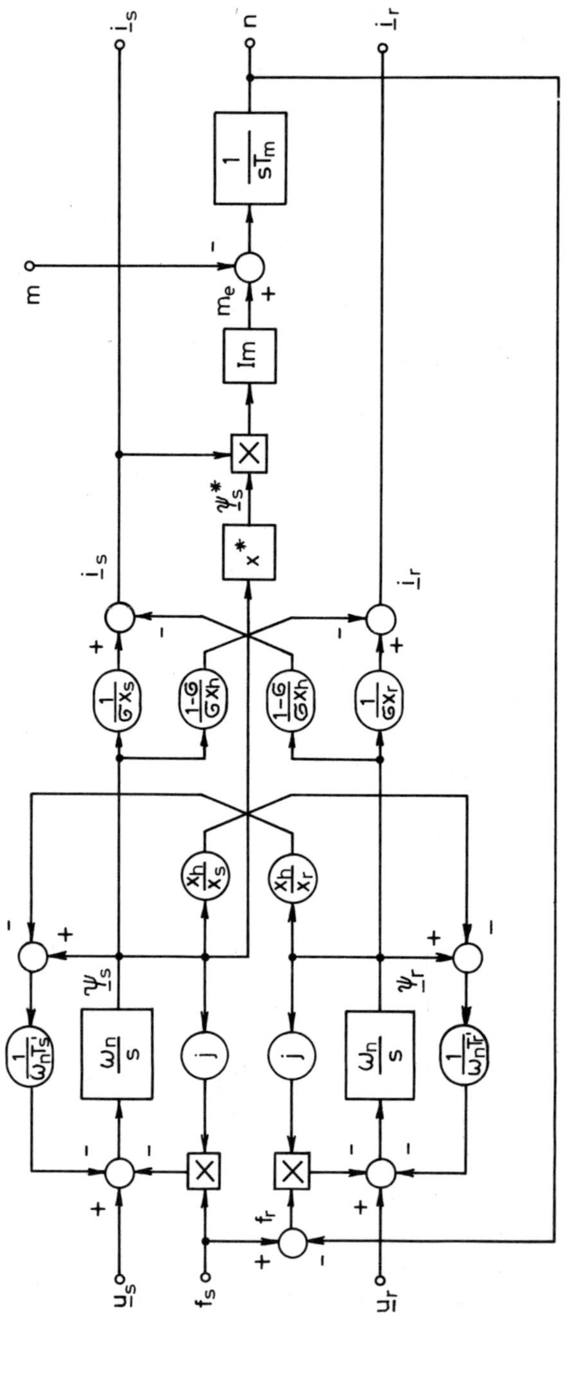

Abbildung 2.29
Strukturdiagramm der Asynchronmaschine (Schleifringläufermotor) im komplexen Einachsensystem bei Vorgabe der Stator- und Rotorspannung

die Speisefrequenz f_s im Stator sowie der Raumvektor der Rotorspannung $\underline{u}_r$ mit der die Rotorwicklung gespeist wird. Die Speisefrequenz im Rotor wird von aussen durch $\underline{u}_r$ vorgegeben. Wie beim Kurzschlussläufermotor ist die Schlupffrequenz f_r durch die Speisefrequenz im Stator f_s und die Drehzahl n überbestimmt (siehe Abbildung 2.22 und Abbildung 2.27). Die Raumvektoren für den Statorstrom $\underline{i}_s$ und den Rotorstrom $\underline{i}_r$ sowie die Drehzahl n bilden die Ausgangsgrössen. Das Belastungsmoment m ist wiederum Störgrösse.

Das Blockschaltbild, welches die Umwandlung der Dreiphasengrössen in die Raumvektoren usw. enthält, geht aus Abbildung 2.30 hervor. Die Statorspannungen u_{sa}, u_{sb} und u_{sc} sowie deren Frequenz f_s sind normalerweise konstant. Daraus wird der zur Koordinatentransformation notwendige Einheitsraumvektor $e^{j\vartheta_k} = e^{j(\vartheta_{k0} + f_s \omega_n t)}$ abgeleitet, entsprechend dem Strukturdiagramm in Abbildung 2.26a.

Bei der Koordinatentransformation der Rotorspannungen u_{ra}, u_{rb} und u_{rc} ist zu beachten, dass gemäss den Ausführungen in Abschnitt 2.412 der Einheitsraumvektor $e^{j(\vartheta_k - \vartheta)}$ benötigt wird. Hierzu ist vorerst aus der Drehzahl n der Einheitsraumvektor $e^{-j\vartheta}$ zu bilden, der alsdann mit $e^{j\vartheta_k}$ multipliziert den Einheitsraumvektor für die Koordinatentransformation der Rotorgrössen liefert.

Die Bildung von $e^{-j\vartheta}$ aus der Drehzahl n ist durch das Strukturdiagramm in Abbildung 2.31a dargestellt. Vorerst wird die Drehzahl n integriert (Block «ω_n/s») und daraus sowohl der Cosinus wie auch der Sinus abgeleitet (Blöcke «cos», «sin»). Damit erhält man den Einheitsraumvektor $e^{-jn\omega_n t}$. Dazu wird noch der Anfangsraumvektor $e^{-j\vartheta_0}$ multipliziert, womit sich $e^{-j\vartheta} = e^{-j(\vartheta_0 + n\omega_n t)}$ ergibt.

2.435 *Das Strukturdiagramm des Schleifringläufermotors bei Vorgabe der Statorspannung und des Rotorstromes*

Wird an Stelle der Rotorspannung der Rotorstrom $\underline{i}_r$ vorgegeben, so gilt das Strukturdiagramm des Schleifringläufermotors gemäss Abbildung 2.32. Als Eingangsgrössen treten nun neben dem Raumvektor der Statorspannung $\underline{u}_s$ und deren Frequenz f_s (die wiederum konstant sind) der Raumvektor des Rotorstromes $\underline{i}_r$ auf. Am Ausgang erhält man dann neben der Drehzahl n den Raumvektor der Rotorspannung $\underline{u}_r$. Der Statorstrom $\underline{i}_s$ interessiert in diesem Zusammenhang meistens nicht und ist daher im Strukturdiagramm der Abbildung 2.32 nicht besonders dargestellt.

Das komplette Blockschaltbild, in dem die Umwandlung der Dreiphasengrössen in die Raumvektoren zusammen mit den benötigten Einheitsraumvektoren enthalten sind, geht aus Abbildung 2.33 hervor. Es ist sehr ähnlich aufgebaut wie das Blockschaltbild in Abbildung 2.30 und hinsichtlich näherer Einzelheiten wird auf den vorstehenden Abschnitt verwiesen.

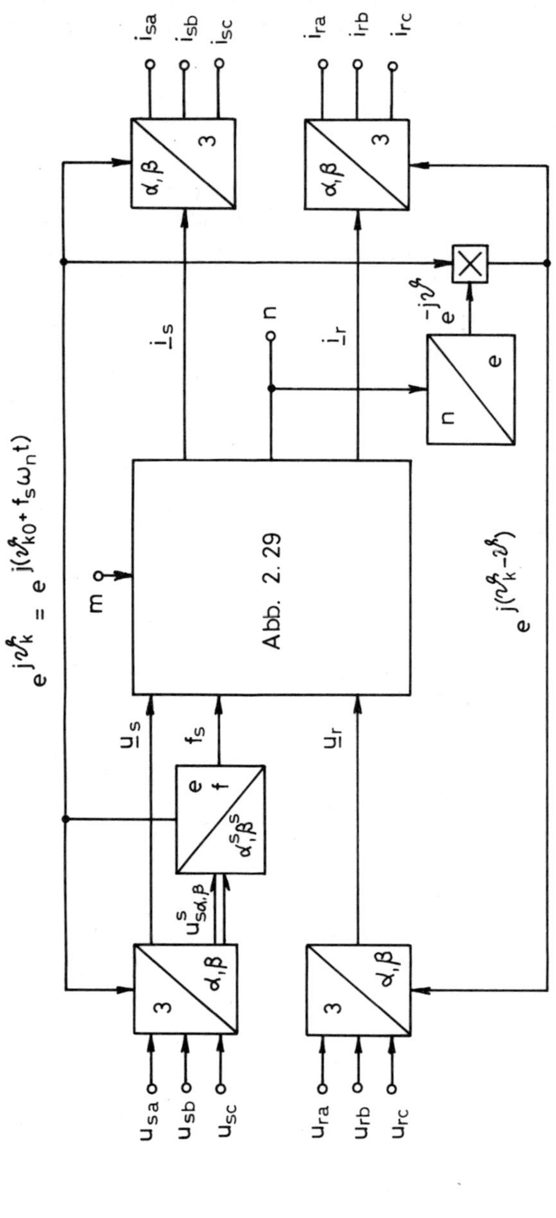

Abbildung 2.30
Blockschaltbild der Asynchronmaschine (Schleifringläufermotor) bei Vorgabe der Stator- und Rotorspannung

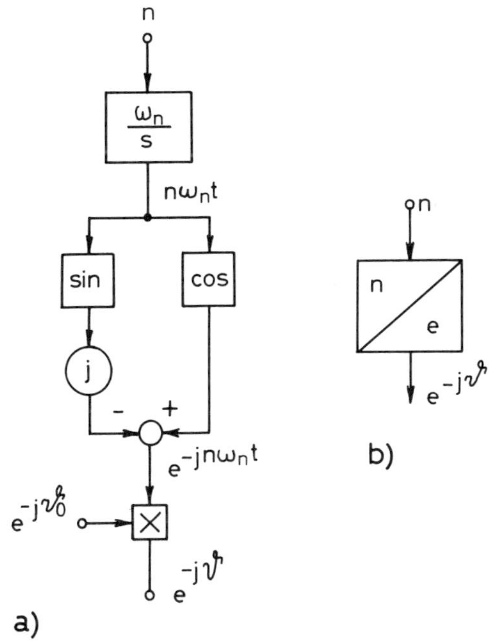

Abbildung 2.31
Bildung des Einheitsraumvektors $e^{-j\vartheta} = e^{-j(\vartheta_0 + n\omega_n t)}$ aus der Drehzahl n
a) Strukturdiagramm; b) Blockdarstellung

2.44 Das Verhalten der Asynchronmaschine im stationären Betrieb

2.441 *Das Gleichungssystem der Asynchronmaschine im stationären Betrieb*

Der stationäre Betrieb einer Asynchronmaschine ist dadurch gekennzeichnet, dass die Raumvektoren im synchron umlaufenden Koordinatensystem konstante Grössen sind. Deren zeitliche Ableitungen, insbesondere diejenigen der Flussverkettungen, sind somit gleich Null. Das Gleichungssystem von Abschnitt 2.421 reduziert sich dann auf

$$\underline{u}_s = \underline{i}_s r_s + j f_s \underline{\psi}_s \tag{2.116a}$$

$$\underline{u}_r = \underline{i}_r r_r + j f_r \underline{\psi}_r \tag{2.116b}$$

$$\underline{\psi}_s = x_s \underline{i}_s + x_h \underline{i}_r \tag{2.116c}$$

$$\underline{\psi}_r = x_r \underline{i}_r + x_h \underline{i}_s . \tag{2.116d}$$

Weiter wird noch die Gleichung für das elektromagnetische Drehmoment benötigt, d. h.

$$m_e = \mathrm{Im}\,\{\underline{\psi}_s^* \underline{i}_s\}. \tag{2.116e}$$

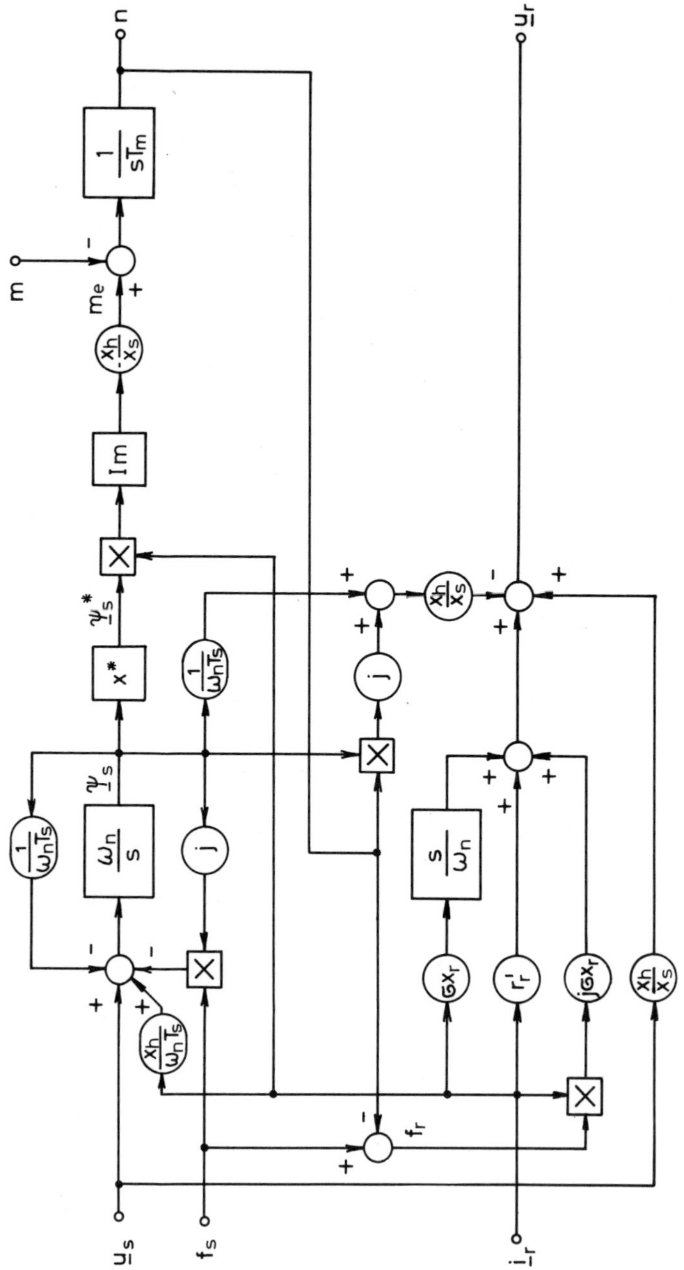

Abbildung 2.32
Strukturdiagramm der Asynchronmaschine (Schleifringläufermotor) im komplexen Einachsensystem bei Vorgabe der Statorspannung und des Rotorstromes

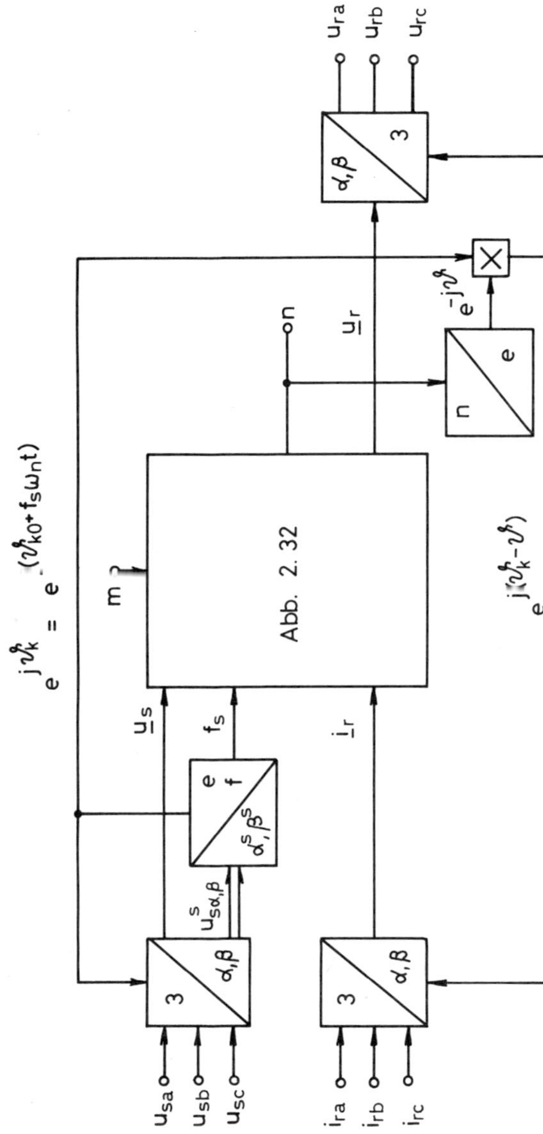

Abbildung 2.33
Blockschaltbild der Asynchronmaschine (Schleifringläufermotor) bei Vorgabe der Statorspannung und des Rotorstromes

Für die Bestimmung der Kennlinien der Asynchronmaschine ist es zweckmässig, von dem in Abschnitt 2.422 aufgestellten Gleichungssystem für die Flussverkettungen auszugehen. Im stationären Betrieb ergibt sich dann

$$\omega_n T'_s \underline{u}_s = (1 + jf_s \omega_n T'_s)\underline{\psi}_s - \frac{x_h}{x_r}\underline{\psi}_r \tag{2.117a}$$

$$\omega_n T'_r \underline{u}_r = (1 + jf_r \omega_n T'_r)\underline{\psi}_r - \frac{x_h}{x_s}\underline{\psi}_s \tag{2.117b}$$

$$\underline{i}_s = \frac{1}{\sigma x_s}\underline{\psi}_s - \frac{1-\sigma}{\sigma x_h}\underline{\psi}_r \tag{2.117c}$$

$$\underline{i}_r = \frac{1}{\sigma x_r}\underline{\psi}_r - \frac{1-\sigma}{\sigma x_h}\underline{\psi}_s. \tag{2.117d}$$

Aus den Gleichungen (2.116) lässt sich ein Ersatzschaltbild für die Asynchronmaschine ableiten, während die Gleichungen (2.117) für die Bestimmung der Kennlinien verwendet werden.

2.442 *Das Ersatzschaltbild der Asynchronmaschine als Kurzschlussläufermotor*

Führt man die Streureaktanzen $x_{s\sigma}$ und $x_{r\sigma}$ für die Stator- und Rotorwicklung ein, so kann man für die Reaktanzen x_s und x_r den Ansatz

$$x_s = x_h + x_{s\sigma} \tag{2.118a}$$

$$x_r = x_h + x_{r\sigma} \tag{2.118b}$$

machen. Damit folgt aus den Gleichungen (2.116a) bis (2.116d) für den Kurzschlussläufermotor, d. h. mit $\underline{u}_r = 0$

$$\underline{u}_s = (r_s + jf_s x_{s\sigma})\underline{i}_s + jf_s x_h \underline{i}_\mu \tag{2.119a}$$

$$0 = \left(\frac{f_s}{f_r} r_r + jf_s x_{r\sigma}\right)\underline{i}_r + jf_s x_h \underline{i}_\mu, \tag{2.119b}$$

dabei wurde die zweite Gleichung mit f_s/f_r multipliziert und mit

$$\underline{i}_\mu = \underline{i}_s + \underline{i}_r \tag{2.119c}$$

der Magnetisierungsstrom der Asynchronmaschine eingeführt.

Aus diesen Gleichungen lässt sich das in Abbildung 2.34 dargestellte Ersatzschaltbild ableiten. Dieses entspricht formell dem üblichen, einphasigen Ersatzschaltbild der Asynchronmaschine, wobei zusätzlich der Einfluss einer veränderlichen Speisefrequenz f_s hervorgeht. Der Schlupf ist dabei durch f_r/f_s ersetzt. Allerdings ist darauf hinzuweisen, dass im vorliegenden Fall die Spannungen und Ströme Raumvektoren darstellen und

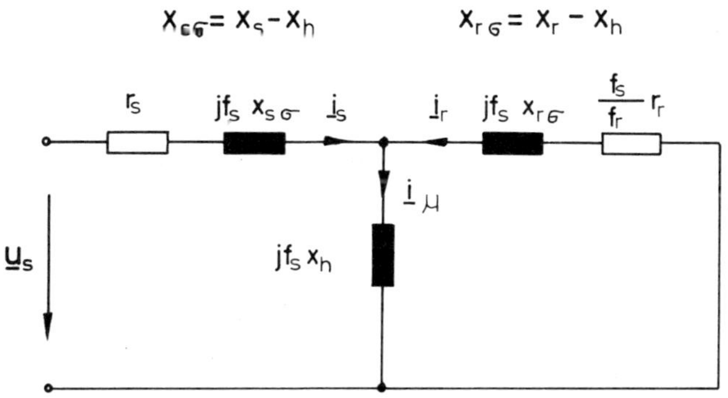

Abbildung 2.34
Ersatzschaltbild einer Asynchronmaschine (Kurzschlussläufermotor) für den stationären Betrieb

konstante, komplexe Gleichgrössen sind, im Gegensatz zum üblichen einphasigen Ersatzschaltbild, bei dem die Spannungen und Ströme durch die Zeiger der komplexen Wechselstromtheorie dargestellt werden.

2.443 *Die Kennlinien des Kurzschlussläufermotors*

Die Kennlinien des Kurzschlussläufermotors werden an Hand der Gleichungen (2.117) bestimmt. Mit $\underline{u}_r = 0$ folgt aus (2.117b) der Zusammenhang zwischen der Flussverkettung im Rotor und im Stator, und zwar

$$\underline{\psi}_r = \frac{1}{1 + jf_r\omega_n T_r'} \frac{x_h}{x_s} \underline{\psi}_s. \tag{2.120a}$$

Setzt man diesen Ausdruck in (2.117c) ein, so ergibt sich nach einer kurzen Zwischenrechnung die folgende Beziehung für den Statorstrom

$$\underline{i}_s = \frac{1}{x_s} \frac{1 + jf_r\omega_n T_r}{1 + jf_r\omega_n T_r'} \underline{\psi}_s \tag{2.120b}$$

oder wenn nur der Betrag (Amplitude) interessiert

$$i_s = \frac{\psi_s}{x_s} \sqrt{\frac{1 + (f_r\omega_n T_r)^2}{1 + (f_r\omega_n T_r')^2}}. \tag{2.120c}$$

Man kann den Statorstrom auch in Abhängigkeit der Flussverkettung im Rotor ausdrücken, indem $\underline{\psi}_s$ durch $\underline{\psi}_r$ gemäss der Beziehung in (2.120a) ersetzt wird. Es folgt

$$\underline{i}_s = \frac{1}{x_h} (1 + jf_r\omega_n T_r) \underline{\psi}_r \tag{2.121a}$$

oder für den Betrag

$$i_s = \frac{\psi_r}{x_h}\sqrt{1+(f_r\omega_n T_r)^2}. \tag{2.121b}$$

Es ist noch interessant den Luftspaltfluss einzuführen. Dieser entspricht gemäss Abbildung 2.34 der Flussverkettung in der Hauptreaktanz x_h. Es ist

$$\underline{\psi}_h = x_h(\underline{i}_s + \underline{i}_r). \tag{2.122a}$$

Ersetzt man darin die Ströme $\underline{i}_s$ und $\underline{i}_r$ durch die Beziehungen in (2.117c) und (2.117d) so folgt nach einer längeren, aber elementaren Zwischenrechnung, wenn $\underline{\psi}_r$ durch (2.120a) ersetzt wird

$$\underline{\psi}_h = \frac{1+jf_r\omega_n T_{r\sigma}}{1+jf_r\omega_n T_r'}\frac{x_h}{x_s}\underline{\psi}_s. \tag{2.122b}$$

Dabei wurde die Zeitkonstante der Rotorstreureaktanz

$$T_{r\sigma} = \frac{x_{r\sigma}}{x_r}T_r = \frac{x_{r\sigma}}{\omega_n r_r} \tag{2.122c}$$

eingeführt. Damit kann der Statorstrom in Abhängigkeit der Hauptflussverkettung ausgedrückt werden, indem in (2.120b) $\underline{\psi}_s$ aus (2.122b) substituiert wird. Es folgt

$$\underline{i}_s = \frac{1}{x_h}\frac{1+jf_r\omega_n T_r}{1+jf_r\omega_n T_{r\sigma}}\underline{\psi}_h \tag{2.122d}$$

bzw. für den Betrag

$$i_s = \frac{\psi_h}{x_h}\sqrt{\frac{1+(f_r\omega_n T_r)^2}{1+(f_r\omega_n T_{r\sigma})^2}}. \tag{2.122e}$$

Für das elektromagnetische Drehmoment m_e erhält man aus (2.116e), wenn darin $\underline{i}_s$ durch (2.120b) ersetzt wird, nach einer kurzen Umformung

$$m_e = \frac{1}{x_r}\frac{f_r\omega_n T_r}{1+(f_r\omega_n T_r')^2}\left(\frac{x_h}{x_s}\psi_s\right)^2. \tag{2.123a}$$

Man kann auch das Drehmoment durch die Flussverkettung im Rotor, bzw. durch die Hauptflussverkettung ausdrücken, wenn in obiger Gleichung ψ_s mit Hilfe der Gleichungen (2.120a), bzw. (2.122b) eliminiert wird, wobei der Betrag der entsprechenden Ausdrücke zu nehmen ist. Man erhält

$$m_e = \frac{1}{x_r}f_r\omega_n T_r\psi_r^2 \tag{2.123b}$$

und

$$m_e = \frac{1}{x_r}\frac{f_r\omega_n T_r}{1+(f_r\omega_n T_{r\sigma})^2}\psi_h^2. \tag{2.123c}$$

Schliesslich soll noch das Drehmoment bei eingeprägtem, konstantem Statorstrom bestimmt werden. Aus (2.120b) folgt vorerst die Statorflussverkettung zu

$$\underline{\psi}_s = x_s \frac{1 + jf_r\omega_n T_r'}{1 + jf_r\omega_n T_r} \underline{i}_s \tag{2.124a}$$

und in (2.116e) eingesetzt, ergibt

$$m_e = \frac{x_h^2}{x_r} \frac{f_r\omega_n T_r}{1 + (f_r\omega_n T_r)^2} i_s^2. \tag{2.124b}$$

Die Kennlinien des Kurzschlussläufermotors sind für verschiedene Betriebsarten in den Abbildungen 2.35 bis 2.38 dargestellt. Dabei wurde ein Betrieb mit konstanter Flussverkettung im Stator ($\psi_s = 1$), im Hauptfluss ($\psi_h = 1$), im Rotor ($\psi_r = 1$) sowie bei konstantem Statorstrom ($i_s = 1/x_s$) untersucht. Die meisten Kurven sind in Abhängigkeit der Schlupffrequenz f_r aufgetragen.

Man erkennt, dass das Drehmoment m_e am grössten ist, wenn die Flussverkettung im Rotor konstant auf $\psi_r = 1$ gehalten wird (siehe Abbildung 2.35). Wie man Gleichung (2.123b) entnehmen kann, steigt das Drehmoment proportional mit f_r an und die Asynchronmaschine besitzt bei

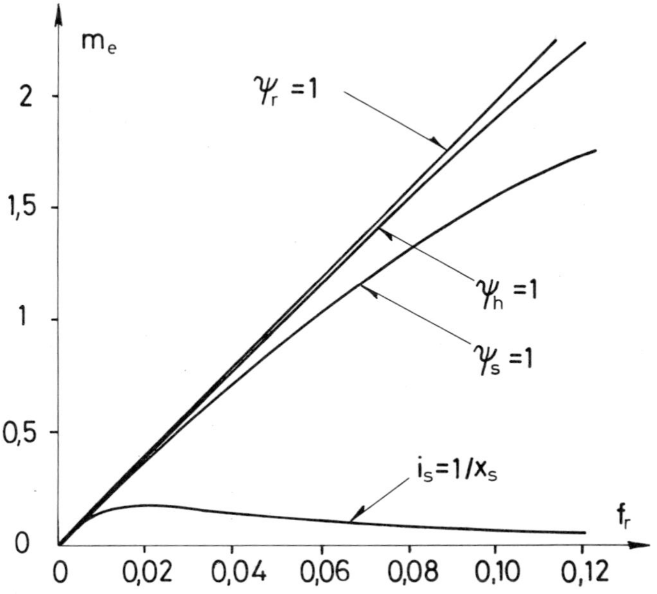

Abbildung 2.35
Kennlinien einer Asynchronmaschine als Kurzschlussläufermotor, elektromagnetisches Drehmoment m_e in Funktion der Schlupffrequenz f_r für verschiedene Betriebsarten, $x_s = 2{,}61$, $x_r = 2{,}61$, $x_h = 2{,}5$ und $T_r = 0{,}166$ s

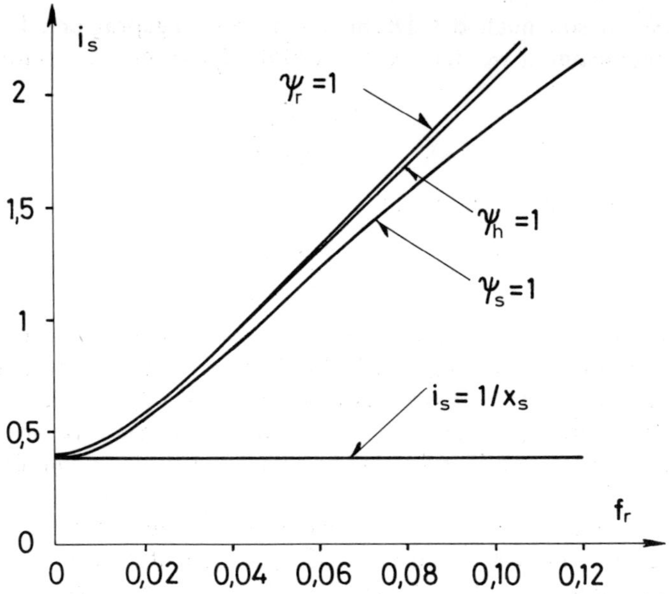

Abbildung 2.36
Kennlinien einer Asynchronmaschinc als Kurzschlussläufermotor, Statorstrom i_s in Funktion der Schlupffrequenz f_r für verschiedene Betriebsarten, Daten wie Abbildung 2.35

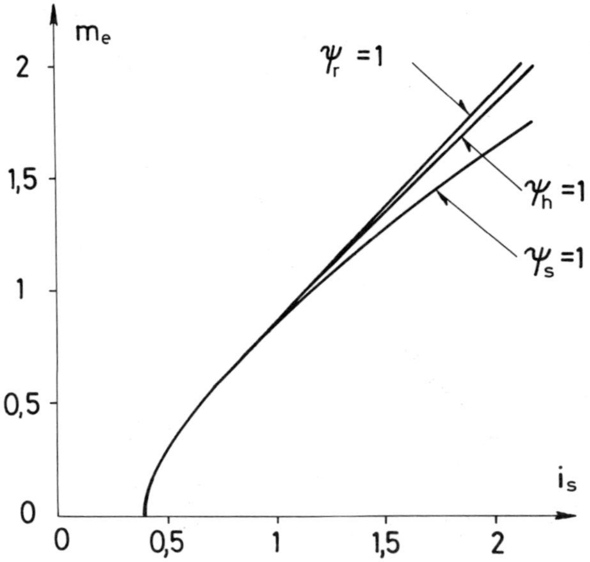

Abbildung 2.37
Kennlinien einer Asynchronmaschine als Kurzschlussläufermotor, elektromagnetisches Drehmoment m_e in Funktion des Statorstromes i_s für verschiedene Betriebsarten, Daten wie Abbildung 2.35

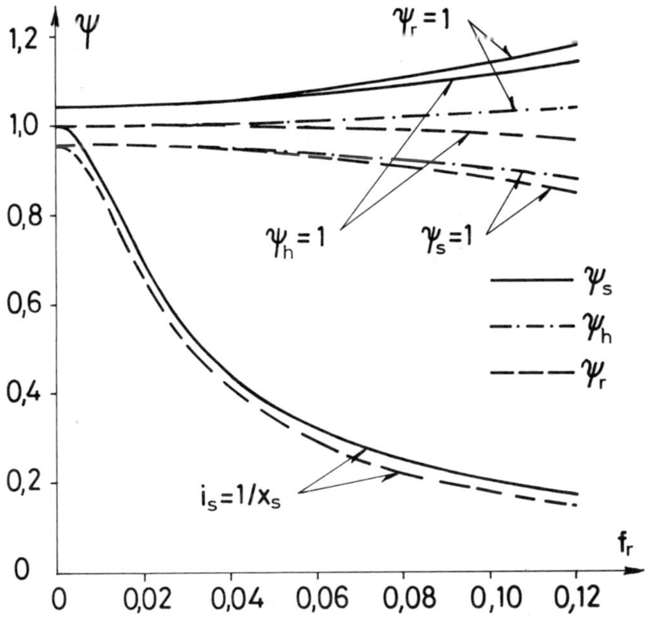

Abbildung 2.38
Kennlinien einer Asynchronmaschine als Kurzschlussläufermotor, Flussverkettungen ψ_s, ψ_h und ψ_r in Abhängigkeit der Schlupffrequenz f_r für verschiedene Betriebsarten, Daten wie Abbildung 2.35

dieser Betriebsart kein Kippmoment. Allerdings ist die Flussverkettung im Stator $\psi_s > 1$ und steigt mit zunehmender Belastung an, so dass die Maschine stark gesättigt wird. Um dies im normalen Betriebsbereich zu vermeiden und ein übermässiges Ansteigen des Magnetisierungsstromes zu verhindern, müsste die Maschine mit $\psi_r < 1 = \text{konst.}$ betrieben werden, womit sich das Drehmoment quadratisch mit ψ_r reduziert.

Praktisch die gleichen Kennlinien ergeben sich für konstante Hauptflussverkettung $\psi_h = 1$. Allerdings ist hier die Drehmoment-Schlupf-Kennlinie leicht gekrümmt und aus Gleichung (2.123c) ergibt sich mit $\mathrm{d}m_e/\mathrm{d}f_r = 0$ eine Kippschlupffrequenz von

$$f_{rk} = \frac{1}{\omega_n T_{r\sigma}}. \tag{2.125a}$$

Für die Maschinendaten die den Abbildungen 2.35 bis 2.38 zugrundegelegt wurden, ist $f_{rk} = 0{,}455$, also sehr hoch.

Ein Betrieb mit konstanter Flussverkettung im Stator $\psi_s = 1$ ist günstig, da hier keine Gefahr der Sättigung der Maschine besteht. Zwar ist bei gleicher Schlupffrequenz das Drehmoment merkbar geringer (siehe Abbildung 2.35). Wie aber aus Abbildung 2.37 hervorgeht, besteht bis etwa

Nennstrom ($i_s = 1$) kein wesentlicher Unterschied im Drehmoment bei gleichem Statorstrom. Aus Gleichung (2.123a) ergibt sich jetzt für die Kippschlupffrequenz

$$f_{rk} = \frac{1}{\omega_n T_r'}. \tag{2.125b}$$

Für die vorliegenden Maschinendaten ist $f_{rk} = 0{,}232$. Es ist dies der normale Kippschlupf der Asynchronmaschine bei Betrieb mit Nennfrequenz und Nennspannung.

Sehr ungünstig ist ein Betrieb mit konstantem Statorstrom $i_s = 1/x_s$. Bei Leerlauf ($f_r = 0$) ist die Statorflussverkettung $\psi_s = 1$, sinkt aber mit zunehmender Schlupffrequenz sehr stark ab, wie aus Abbildung 2.38 hervorgeht. Dadurch erreicht das Drehmoment nur einen kleinen Maximalwert und sinkt bei grösseren Schlupffrequenzen wieder ab. Die Kippschlupffrequenz folgt jetzt aus Gleichung (2.124b) zu

$$f_{rk} = \frac{1}{\omega_n T_r}. \tag{2.125c}$$

Sie ist im vorliegenden Fall nur $f_{rk} = 0{,}0192$. Es soll darauf hingewiesen werden, dass die Kippschlupffrequenz unabhängig vom Strom ist. Der letztere hat einen Einfluss auf die Grösse des Drehmomentes, wie natürlich auch auf die Flussverkettungen, wie aus den Gleichungen (2.124a) und (2.124b) ersichtlich ist. Bei Betrieb mit eingeprägtem Strom ist es unerlässlich den Statorstrom in Abhängigkeit der Belastung, d. h. der Schlupffrequenz f_r nachzuführen, derart, dass z. B. die Flussverkettung im Stator ψ_s konstant ist.

Schliesslich soll noch erwähnt werden, dass bei Generatorbetrieb der Asynchronmaschine die Schlupffrequenz f_r negativ wird. Die Kennlinien sind dabei symmetrisch in bezug auf $f_r = 0$. Insbesondere wird das Drehmoment m_e der Asynchronmaschine negativ.

2.444 *Die Statorspannung des Kurzschlussläufermotors bei veränderlicher Speisefrequenz*

Die bisher dargestellten Kennlinien der Asynchronmaschine hängen lediglich von der Schlupffrequenz f_r ab, während die Speisefrequenz f_s keinen Einfluss hatte. Diese besitzt dagegen einen Einfluss auf die Statorspannung u_s, wie nachstehend gezeigt werden soll.

Die Gleichung (2.117a) wird in der Form

$$\underline{u}_s = \left(\frac{1}{\omega_n T_s'} + jf_s\right)\underline{\psi}_s - \frac{1}{\omega_n T_s'}\frac{x_h}{x_r}\underline{\psi}_r \tag{2.126a}$$

geschrieben. Ersetzt man darin ψ_r durch die Beziehung (2.120a), so folgt nach einer kleinen Umformung

$$\underline{u}_s = \frac{1 - f_s\omega_n T_s f_r \omega_n T'_r + j(f_s\omega_n T_s + f_r\omega_n T_r)}{\omega_n T_s(1 + jf_r\omega_n T'_r)}\underline{\psi}_s. \tag{2.126b}$$

Dabei wurde berücksichtigt, dass $T'_s = \sigma T_s$ und $\sigma = 1 - x_h^2/x_s x_r$ ist. Daraus ergibt sich der Betrag der Statorspannung zu

$$u_s = \frac{\psi_s}{\omega_n T_s}\sqrt{\frac{(1 - f_s\omega_n T_s f_r\omega_n T'_r)^2 + (f_s\omega_n T_s + f_r\omega_n T_r)^2}{1 + (f_r\omega_n T'_r)^2}}. \tag{2.126c}$$

Die Statorspannung u_s hängt somit sowohl von der Speisefrequenz f_s als auch von der Belastung in Form der Schlupffrequenz f_r ab. Dieser Zusammenhang ist in Abbildung 2.39 dargestellt, und zwar für den Betrieb der Asynchronmaschine mit $\psi_s = 1$. Die Kurve für $f_r = 0$ entspricht dem Leerlaufzustand und die Kurve mit $f_r = 0{,}06$ einem Betrieb mit $i_s = 1{,}2$ (siehe Abbildung 2.36). Schliesslich gilt die Kurve mit $f_r = 0{,}24$ einem Betrieb in der Nähe des Kippschlupfes. Negative Werte für f_r entsprechen Generatorbetrieb, unter Voraussetzung positiver Speisefrequenz f_s. Bei Drehrichtungsumkehr des Drehfeldes wird die Speisefrequenz f_s negativ. Hier kehrt auch das Vorzeichen von f_r um, für Motorbetrieb ist jetzt f_r negativ.

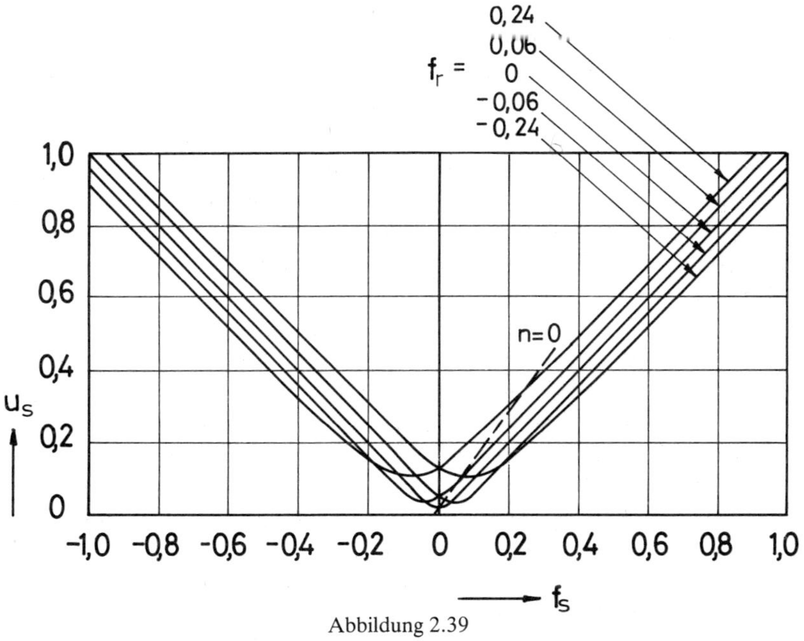

Abbildung 2.39
Statorspannung u_s einer Asynchronmaschine als Kurzschlussläufermotor in Abhängigkeit der Speisefrequenz f_s und der Schlupffrequenz f_r für konstante Flussverkettung $\psi_s = 1$ im Stator, $x_s = 2{,}61$, $x_r = 2{,}61$, $x_h = 2{,}5$, $T_r = 0{,}166s$ und $T_s = 0{,}208s$

Im Leerlauf folgt mit $f_r = 0$ aus Gleichung (2.126c)

$$u_s = \psi_s \sqrt{\left(\frac{1}{\omega_n T_s}\right)^2 + f_s^2}. \tag{2.127a}$$

Da gemäss Gleichung (2.109b) $T_s = x_s/\omega_n r_s$ ist, so kann man an Stelle von (2.127a) auch schreiben

$$u_s = \psi_s \sqrt{\left(\frac{r_s}{x_s}\right)^2 + f_s^2}. \tag{2.127b}$$

Normalerweise ist $f_s^2 \gg (r_s/x_s)^2$ und mit $\psi_s = 1$ folgt

$$u_s = f_s. \tag{2.127c}$$

Die Statorspannung muss somit im Leerlauf proportional mit der Speisefrequenz f_s verändert werden. Bei kleinen Werten von f_s hat man den Einfluss des Statorwiderstandes r_s zu berücksichtigen. Insbesondere ist für $f_s = 0$ und $\psi_s = 1$

$$u_s = \frac{r_s}{x_s}. \tag{2.127d}$$

Wird die Statorspannung u_s entsprechend der Leerlaufbeziehung in (2.127b) für $\psi_s = 1$ verändert, so ergeben sich die in Abbildung 2.40 dargestellten Kennlinien, d. h. Drehmoment m_e in Funktion der Drehzahl $n = f_s - f_r$. Für Speisefrequenzen $f_s > 1$ wurde die Statorspannung $u_s = 1$, d. h. auf ihrem Nennwert gehalten. Man erkennt, dass in diesem Bereich das Kippmoment absinkt, da infolge konstanter Spannung u_s und steigender Frequenz f_s die Flussverkettung ψ_s abnimmt, womit sich auch das Drehmoment reduziert. Hier arbeitet die Asynchronmaschine im Feldschwächebereich.

Dagegen bleibt für $f_s < 1$ das Kippmoment annähernd konstant, nimmt aber im Motorbetrieb ($m_e > 0$) für kleine Werte der Speisefrequenz f_s sehr stark ab, um gleichzeitig bei Generatorbetrieb ($m_e < 0$) stark anzusteigen. Dieses Verhalten ist dadurch bedingt, dass die Statorspannung u_s nur entsprechend der Leerlaufbeziehung an die Speisefrequenz f_s angepasst wurde, ohne Rücksicht auf die Belastung, d. h. die Schlupffrequenz f_r. Damit bleibt die Flussverkettung im Stator ψ_s bei Belastung nicht konstant. Um das Kippmoment auch bei kleinen Werten von f_s konstant zu halten, ist es notwendig, die Spannung u_s in Abhängigkeit von f_r zu korrigieren. Diese Korrektur Δu_s erhält man aus der Differenz der Gleichungen (2.126c) und (2.127a). Wie aus Abbildung 2.41 hervorgeht, ist diese Korrektur nicht nur eine Funktion von f_r, sondern auch von f_s, was eine praktische Realisierung mit einem nichtliniearen Funktionsgeber wesentlich erschwert.

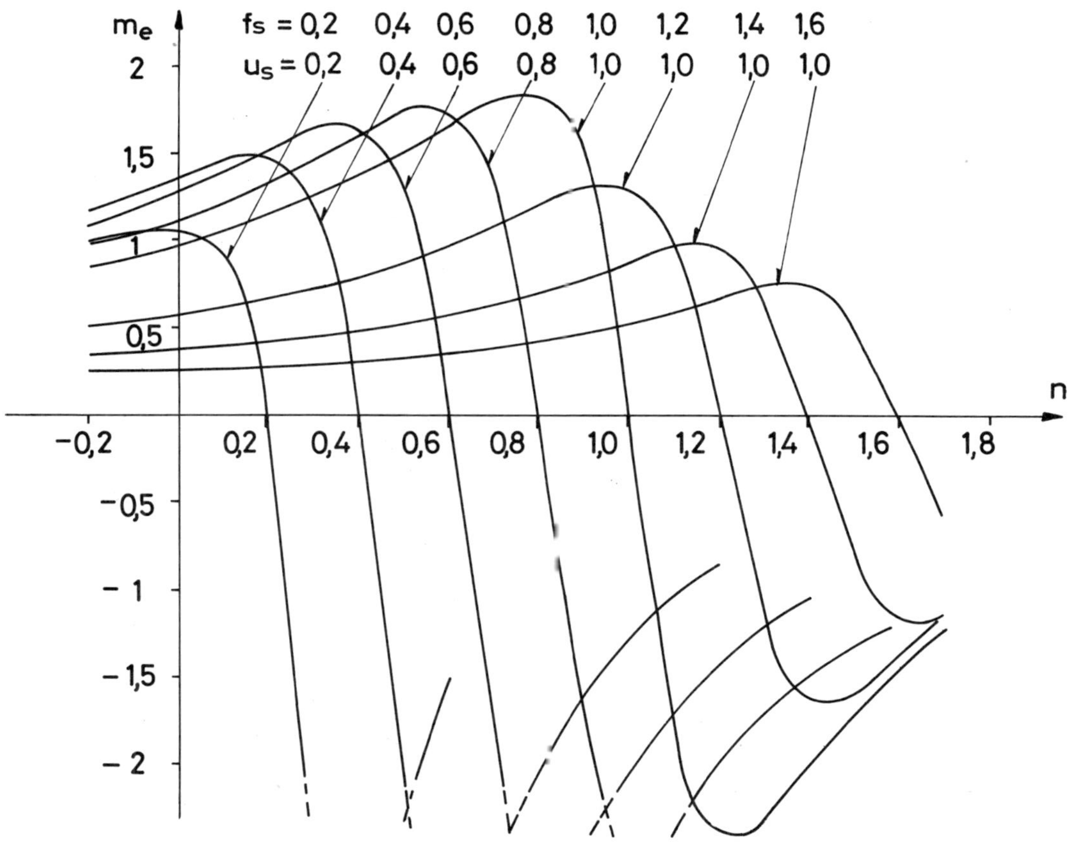

Abbildung 2.40
Kennlinien einer Asynchronmaschine als Kurzschlussläufermotor, elektromagnetisches Drehmoment m_e in Abhängigkeit der Drehzahl n für verschiedene Werte der Speisefrequenz f_s und der Statorspannung u_s, Daten wie Abbildung 2.39

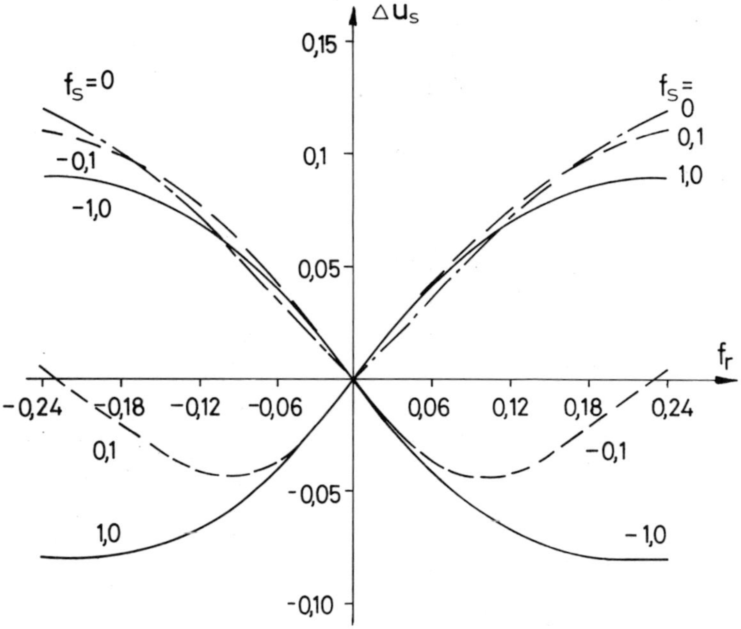

Abbildung 2.41
Korrektur der Statorspannung Δu_s einer Asynchronmaschine als Kurzschlussläufermotor in Abhängigkeit der Schlupffrequenz f_r zur Einhaltung konstanter Flussverkettung $\psi_s = 1$ im Stator, gegenüber der Beziehung im Leerlauf gemäss Gleichung (2.127a), Daten wie in Abbildung 2.39

3 Das statische und dynamische Verhalten der Frequenzumrichter

3.1 Uebersicht

Ueber Schaltungstechnik, Funktionsweise und Dimensionierung von Stromrichtern und Frequenzumrichtern besteht eine ausgedehnte Literatur, insbesondere auch in Form von Lehrbüchern, siehe zum Beispiel HEUMANN und STUMPE [22]; WASSERRAB [30]; SCHAEFER [31]; MÖLTGEN [32]; MEYER [33]; BEDFORD und HOFT [34]; PELLY [75]; HEUMANN [76]. Allerdings wird darin das Verhalten der Stromrichter bei Regelvorgängen nicht, oder nur sehr kurz behandelt, so dass hier auf Spezialarbeiten zurückgegriffen werden muss. Einen guten Ueberblick über die bestehenden Untersuchungen gibt LAGASSE und PRAJOUX [35]. Nachfolgend wird daher das Verhalten der Frequenzumrichter bei Regelvorgängen näher untersucht, insbesondere auch im Hinblick auf das Verhalten der Drehstrommaschinen die von diesen Umrichtern gespeist werden. Auf Schaltung und Funktionsweise wird nur soweit eingegangen, als dies für das Verständnis der hier interessierenden Untersuchungen notwendig ist. Bezüglich weiterer Einzelheiten wird auf die bereits erwähnten Lehrbücher verwiesen.

Stromrichter und auch die zwangskommutierten Wechselrichter weisen ein unstetiges Verhalten auf, das charakteristisch ist für Abtastsysteme. Allerdings ist bei grossen Aenderungen die Abtastperiode nicht mehr konstant. Beschränkt man sich dagegen auf kleine Aenderungen, so kann das Verhalten eines Stromrichters durch ein Abtastsystem mit konstanter Abtastperiode ersetzt werden, derart, dass die Ausgleichsvorgänge durch die Theorie der Abtastsysteme untersucht werden können (siehe BÜHLER [36]). Dabei lässt sich auch der Einfluss der Kommutierung berücksichtigen. Für die praktische Anwendung ist jedoch die Theorie der Abtastsysteme im Zusammenhang mit stromrichtergespeisten Motoren zu kompliziert. Nähere Untersuchungen zeigen, dass sich das Verhalten eines Stromrichters sehr gut durch ein stetiges Ersatzsystem beschreiben lässt, bei dem auch der Kommutierungseinfluss genügend genau berücksichtigt wird (siehe YECHOUROUN [37]). Diese bei Stromrichtern mit natürlicher Kommutierung gefundenen Ergebnisse lassen sich unmittelbar auf die Frequenzumrichter mit natürlicher Kommutierung (Direktumrichter und Zwischenkreisumrichter) anwenden. Sie können aber auch sinngemäss auf die

Frequenzumrichter mit Zwangskommutierung übertragen werden. In den folgenden Abschnitten werden Ersatzschaltbilder für die einzelnen Umrichterarten angegeben.

Bei den dreiphasigen Frequenzumrichtern ist es überdies zweckmässig für die Spannungen und Ströme komplexe Raumvektoren einzuführen und die Vorgänge von einem mit synchroner Winkelgeschwindigkeit umlaufenden Koordinatensystem aus zu betrachten. Damit wird die Kombination des Gleichungssystems der Frequenzumrichter mit demjenigen der Drehstrommaschine wesentlich vereinfacht. Hierzu werden die in Abschnitt 2.22 eingeführten Begriffe verwendet. Aus den gleichen Gründen ist es vorteilhaft auch hier bezogene Grössen zu verwenden, wobei auf die Beziehungen in Abschnitt 2.23 verwiesen wird.

Der folgende Abschnitt 3.2 ist dem Direktumrichter gewidmet, während in Abschnitt 3.3 der Zwischenkreisumrichter mit natürlicher Kommutierung behandelt wird. Die zwangskommutierten Frequenzumrichter mit Gleichstrom- und Gleichspannungszwischenkreis werden in den Abschnitten 3.4 und 3.5 untersucht werden.

3.2 Der Direktumrichter

3.21 Schaltung und Funktionsweise

3.211 *Prinzipieller Aufbau*

In Abbildung 3.1 ist die Schaltung eines dreiphasigen Direktumrichters dargestellt. Das Speisenetz mit konstanter Frequenz speist über einen Transformator mit separaten Sekundärwicklungen drei Umkehrstromrichter, die in Dreiphasen-Brückenschaltung aufgebaut sind und normalerweise ohne Kreisstrom arbeiten. Die drei Umkerstromrichter bestehen je aus zwei gegenparallelgeschalteten Stromrichterbrücken Ia, Ib und IIa, IIb und IIIa, IIIb. Sie sind in Stern geschaltet und speisen je eine Phase der Last, die normalerweise durch einen Synchronmotor gegeben ist. Auch die Last ist in Stern geschaltet, ohne dass die beiden Sternpunkte miteinander verbunden werden, womit das Auftreten eines Nullsystems vermieden wird, überdies können dann lastseitig keine Oberwellen mit einem Vielfachen der Ordnung 3 auftreten. Durch dauerndes Verstellen der Zündwinkel der einzelnen Stromrichter erhält man am Ausgang die Spannungen U_{10}, U_{20} und U_{30} in Form von Wechselspannungen mit einstellbarer Frequenz. Die maximal erreichbare Frequenz ist nach oben auf etwa 20 bis 25 Hz begrenzt, und zwar durch die Arbeitsweise der Stromrichter, die ausschliesslich am Speisenetz von normalerweise 50 Hz kommutieren. Der Aufwand an Stromrichterelementen ist relativ hoch. Vorteilhaft wirkt sich dagegen aus, dass keine zusätzlichen Einrichtungen zur Zwangskommutierung notwendig

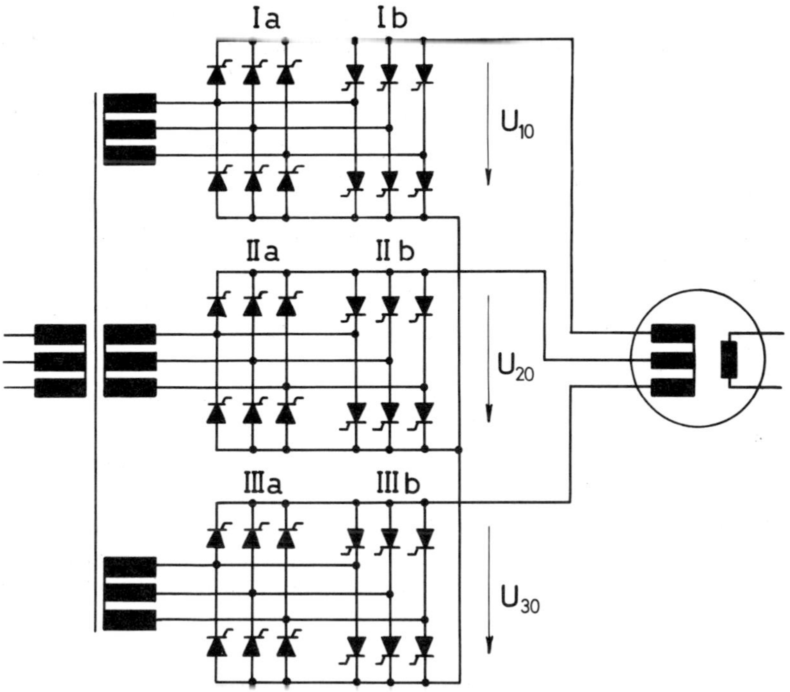

Abbildung 3.1
Schaltung eines dreiphasigen Direktumrichters

sind, so dass diese Umrichterart bis zu sehr grossen Leistungen gebaut werden kann.

3.212 *Die Steuerung einer Umrichterphase*

Jede der drei Umrichterphasen wird normalerweise in ihrem Zündwinkel so gesteuert, dass der Mittelwert der Ausgangsspannung sinusförmig verändert wird, wie dies in Abbildung 3.2 schematisch dargestellt wird. Bei induktiver Last ist dann der Strom praktisch sinusförmig und weist nur geringe Oberwellen auf, die durch die Welligkeit der Stromrichterausgangsspannung gegeben ist. Bei der vorausgesetzten Brückenschaltung weist diese Welligkeit eine Frequenz gleich dem sechsfachen Wert der Speisefrequenz auf, d. h. normalerwiese 300 Hz. Die sinusförmige Aussteuerung wird meistens durch eine übergeordnete Stromregelung erzwungen, wie dies in Abschnitt 4.22 gezeigt werden wird.

In Abbildung 3.2 ist auch die Arbeitsweise der beiden gegenparallelgeschalteten Stromrichter angegeben, die abwechslungsweise als Gleichrichter (GR) oder Wechselrichter (WR) arbeiten, oder aber bei entgegengesetzter Strompolarität blockiert sind. Man erkennt auch deutlich die kurze stromlose Pause beim Wechsel der Stromrichtung, während der beide

Stromrichter blockiert sind. Diese Pause ist notwendig, um ein sicheres Löschen des zuletzt stromführenden Stromrichterzweiges zu gewährleisten.

Bei der hier besprochenen sinusförmigen Aussteuerung wird der Direktumrichter auch als Steuerumrichter bezeichnet. Da die Stromrichter nur kurzzeitig voll ausgesteuert sind, so benötigt diese Steuerungsart eine relativ grosse Blindleistung, so dass der speisenetzseitige mittlere Leistungsfaktor des Direktumrichters relativ schlecht ist. Diese Verhältnisse verschlechtern sich noch bei Betrieb mit reduzierter Amplitude der Ausgangsspannung. Aber selbst bei Nennspannung kommen die einzelnen Stromrichter nicht in die volle Aussteuerung, da eine gewisse Spannungsreserve als Regelreserve und zur Kompensation von Netzspannungsschwankungen vorgesehen werden muss.

Das ungünstige Blindleistungsverhalten des Direktumrichters lässt sich etwas verbessern, indem eine trapezförmige Veränderung der Ausgangsspannung vorgesehen wird, wie dies in Abbildung 3.3 dargestellt ist. Man spricht dann bei diesem Betrieb auch von einem Trapezumrichter. Hier sind die einzelnen Stromrichter während dem grössten Teil der Stromführung voll ausgesteuert, was sich vorteilhaft auf den Blindleistungsbedarf auswirkt. Allerdings ist jetzt die Stromform nicht mehr sinusförmig und man muss

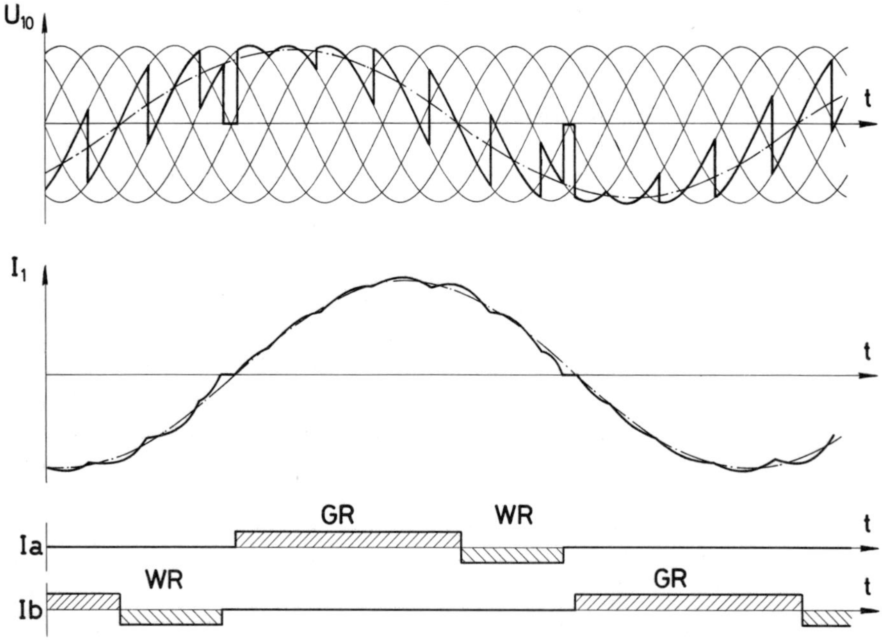

Abbildung 3.2
Direktumrichter, Verlauf der Spannung und des Stromes einer Umrichterphase bei sinusförmiger Aussteuerung und Betrieb ohne Kreisstrom bei ohmisch-induktiver Last

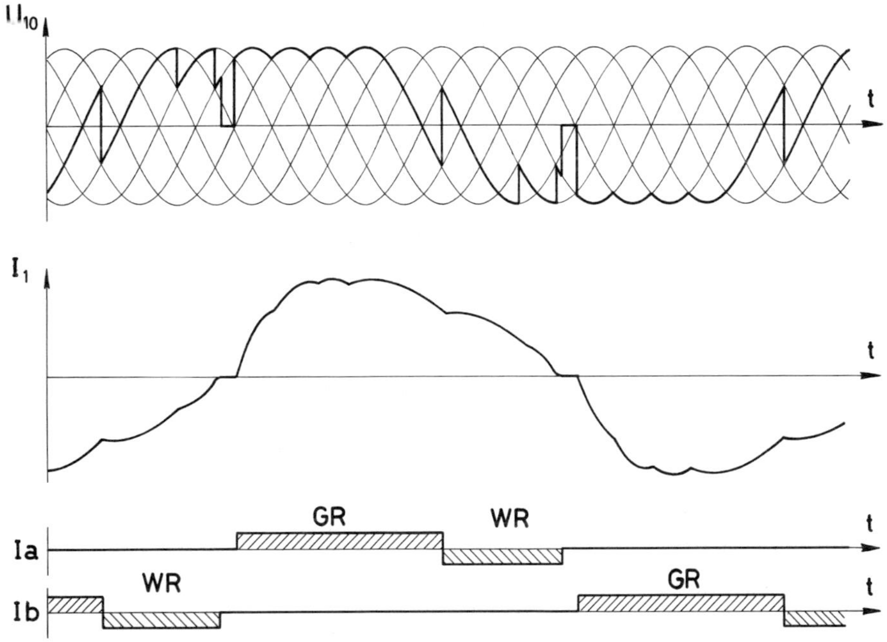

Abbildung 3.3
Direktumrichter, Verlauf der Spannung und des Stromes einer Umrichterphase bei trapezförmiger Aussteuerung und Betrieb ohne Kreisstrom bei ohmisch-induktiver Last

überdies auf eine Spannungsreserve verzichten, wodurch das Regelverhalten verschlechtert wird. Dagegen kann eine merkbare Reduktion in der Auslegung von Stromrichtern und Transformator erreicht werden.

3.213 *Die Bildung des Dreiphasensystems*

Beim Direktumrichter wird das Dreiphasensystem derart gebildet, dass die drei Umkehrstromrichter so ausgesteuert werden, dass die Grundwellen der drei Ausgangsspannungen U_{10}, U_{20} und U_{30} je um 120° gegeneinander verschoben sind. Dies wird normalerweise durch eine übergeordnete Regelung erzwungen.

Zur Berechnung der drei Phasenspannungen an der Last wird Abbildung 3.4 herbeigezogen. Da der Sternpunkt der Last frei ist, so gelten zwischen den Spannungen U_{10}, U_{20}, und U_{30}, d. h. den Ausgangsspannungen des Direktumrichters und den Phasenspannungen U_1, U_2 und U_3 der Last für die Momentanwerte die Beziehungen

$$-U_{10}+U_1-U_2+U_{20}=0 \qquad (3.1a)$$

$$-U_{20}+U_2-U_3+U_{30}=0. \qquad (3.1b)$$

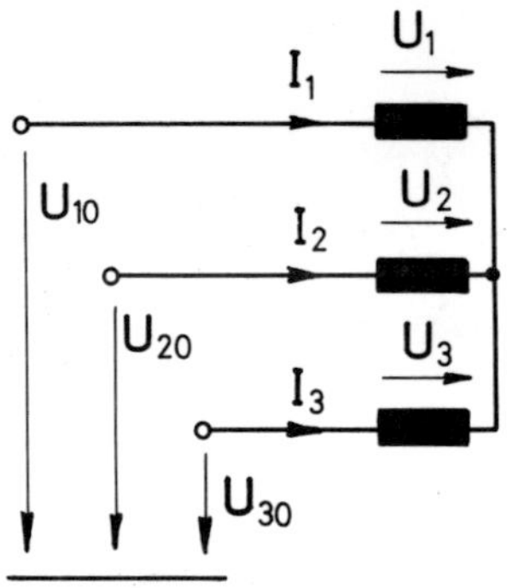

Abbildung 3.4
Zur Berechnung der Phasenspannungen an der Last bei getrennten Sternpunkten

Eine dritte Gleichung erhält man aus der Summe der Phasenströme, für die

$$I_1 + I_2 + I_3 = 0 \tag{3.1c}$$

sein muss. Bei symmetrischer Last gilt die gleiche Beziehung auch für die Spannungen, d. h.

$$U_1 + U_2 + U_3 = 0. \tag{3.1d}$$

Aus den Gleichungen (3.1a), (3.1b) und (3.1d) kann man die gesuchten Spannungen U_1, U_2 und U_3 bestimmen. Man erhält

$$U_1 = \tfrac{1}{3}(2U_{10} - U_{20} - U_{30}) \tag{3.2a}$$

$$U_2 = \tfrac{1}{3}(2U_{20} - U_{10} - U_{30}) \tag{3.2b}$$

$$U_3 = \tfrac{1}{3}(2U_{30} - U_{10} - U_{20}). \tag{3.2c}$$

Bei sinusförmiger Aussteuerung der drei Umrichterzweige und Vernachlässigung der durch die Stromrichter hervorgerufenen Spannungsoberwellen ist die Summe $U_{10} + U_{20} + U_{30} = 0$ und somit folgt $U_1 = U_{10}$, $U_2 = U_{20}$ und $U_3 = U_{30}$. Bei Berücksichtigung der Spannungsoberwellen sind diese Beziehungen nicht mehr erfüllt und die drei Phasenspannungen an der Last sind aus den obigen Gleichungen zu bestimmen. Das gleiche gilt auch für die trapezförmige Aussteuerung des Direktumrichters. Hier ist selbst bei Vernachlässigung der durch das Speisenetz bedingten Spannungsoberwellen die Summe der drei Spannungen $U_{10} + U_{20} + U_{30} \neq 0$.

3.22 Der Einweg-Stromrichter

3.221 *Natürliche Kommutierung*

Jeder Zweig des Direktumrichters besteht aus einem Umkehrstromrichter, der seinerseits aus einer Gegenparallelschaltung von zwei normalen Einweg-

Stromrichtern besteht. Unter Voraussetzung eines Betriebes ohne Kreisstrom arbeitet immer nur der eine oder der andere der beiden Einweg-Stromrichter. Es soll daher zuerst dieser normale Stromrichter untersucht werden, wobei vorerst auf die natürliche Kommutierung und den Mittelwert der Ausgangsspannung eingegangen wird.

In Abbildung 3.5 ist der Stromrichter in Drehstrombrückenschaltung dargestellt. Der Transformator ist durch drei Spannungsquellen U_R, U_S und U_T ersetzt, die ein Dreiphasensystem bilden und den Transformator-Sekundärspannungen entsprechen. Ueberdies ist in jeder Phase die Streuinduktivität berücksichtigt, welche als Kommutierungsinduktivität L_k in die Rechnung eingeht. Gegebenenfalls muss auch die Induktivität des Speisenetzes, auf die Sekundärseite des Transformators umgerechnet, in Berücksichtigung gezogen werden.

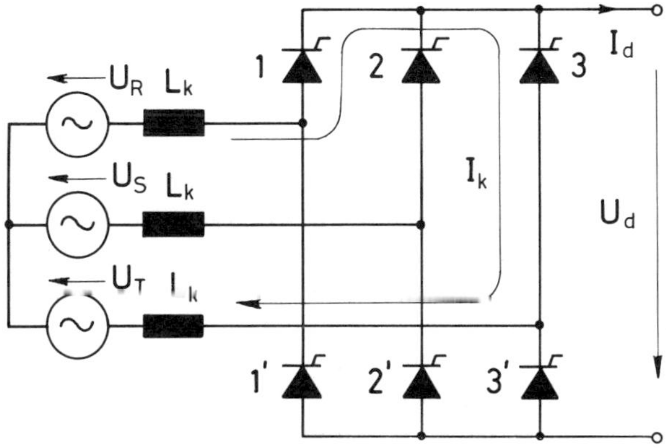

Abbildung 3.5
Stromrichter in Drehstrombrückenschaltung

Der zeitliche Verlauf der verschiedenen Spannungen sowie die Bildung der Ausgangsspannung $U_d(t)$ geht aus Abbildung 3.6 hervor. Gemäss dem gewählten Nullpunkt für die Zeitachse gilt für die drei Dreiphasenspannungen

$$U_R = \hat{U}_y \cos \omega_N t \tag{3.3a}$$

$$U_S = \hat{U}_y \cos \left(\omega_N t - \frac{2\pi}{3} \right) \tag{3.3b}$$

$$U_T = \hat{U}_y \cos \left(\omega_N t - \frac{4\pi}{3} \right). \tag{3.3c}$$

Trotzdem es sich um Momentanwerte handelt, werden vereinbahrungsgemäss grosse Buchstabensymbole verwendet, da die kleinen Buchstaben wiederum für die bezogenen Grössen verwendet werden. $\hat{U}_y$ ist der Scheitelwert der Phasenspannung und ω_N die Kreisfrequenz des

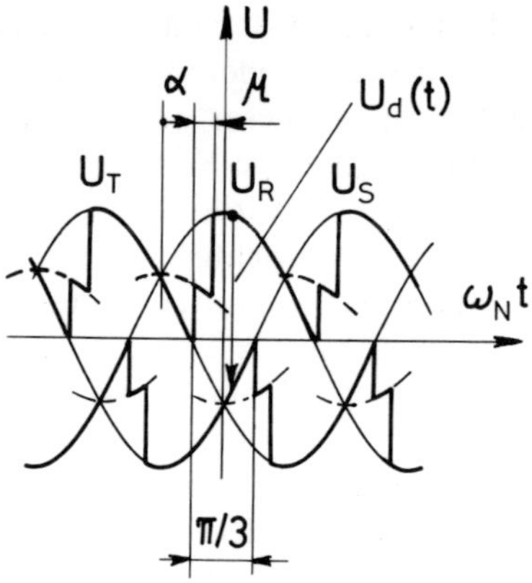

Abbildung 3.6
Bildung des Momentanwertes $U_d(t)$ der Ausgangsspannung eines Stromrichters in Drehstrombrückenschaltung

Speisenetzes (nicht zu verwechseln mit ω_n der Nennkreisfrequenz der Drehstrommaschine). Für den Normalfall eines 50 Hz-Speisenetzes ist $\omega_N = 314\,s^{-1}$.

Im Zeitpunkt $\omega_N t = -\pi/3 + \alpha$ wird der Thyristor 1 gezündet. Der Ausgangsstrom I_d des Stromrichters, der bis anhin über die Thyristoren 3 und 2′ geflossen ist, geht nun innerhalb des Ueberlappungswinkels μ vom Thyristor 3 auf den Thyristor 1 über. In diesem Intervall sind die Phasen R und T über die Thyristoren 1 und 3 kurzgeschlossen. In diesem Kurzschlusskreis fliesst der Strom I_k, der den Strom im Thyristor 1 erhöht und im Thyristor 3 verkleinert, da während der kurzen Zeit des Kommutierungsvorganges vorausgesetzt werden kann, dass der Strom I_d konstant bleibt. Für diesen Kurzschlusskreis gilt die Differentialgleichung

$$U_T - U_R + 2L_k \frac{dI_k}{dt} = 0. \tag{3.4a}$$

Durch Integration dieser Gleichung erhält man den zeitlichen Verlauf des Kurzschlussstromes. Das Ende des Kommutierungsvorganges ist dann erreicht, wenn der Kurzschlussstrom I_k gleich dem Ausgangsstrom I_d des Stromrichters ist. In diesem Moment ist nämlich der Strom im Thyristor 3 gleich Null und dieser geht in den Sperrzustand über. Der Strom im Thyristor 1 ist dann im gleichen Zeitpunkt gleich dem Ausgangsstrom I_d. Beachtet man, dass die Kommutierung im Zeitpunkt $\omega_N t = -\pi/3 + \alpha + \mu$ beendet ist, so gilt die folgende Beziehung

$$I_k = I_d = \frac{1}{2\omega_N L_k} \int_{-\pi/3+\alpha}^{-\pi/3+\alpha+\mu} (U_R - U_T)\, d\omega_N t. \tag{3.4b}$$

Ersetzt man darin U_R und U_T durch die Beziehungen (3.3a) und (3.3c) so folgt nach einer längeren Umformung

$$I_d = \frac{\sqrt{3}\,\hat{U}_y}{\omega_N L_k} \sin\left(\alpha + \frac{\mu}{2}\right) \sin\frac{\mu}{2}. \tag{3.4c}$$

Daraus kann der Ueberlappungswinkel μ bestimmt werden. Nach Beendigung des Kommutierungsvorganges leiten die Thyristoren 1 und 2′ den Ausgangsstrom I_d des Stromrichters.

Man spricht im vorliegenden Fall von natürlicher Kommutierung, da die Speisespannungen ausreichen, um den Strom von einem Thyristor auf den andern zu kommutieren. Anschliessend wird der Strom I_d vom Thyristor 2′ auf 3′ kommutieren, usw. Bei konstantem Zündwinkel α ergibt sich somit eine Periodizität von $\omega_N t = \pi/3$ (siehe Abbildung 3.6).

Während der Kommutierung des Stromes vom Thyristor 3 auf 1 ist der Momentanwert der Ausgangsspannung U_d durch

$$U_d(t) = \frac{U_R + U_T}{2} - U_S \tag{3.5a}$$

gegeben. Wenn nur noch die Thyristoren 1 und 2′ leiten, so ist der Momentanwert der Ausgangsspannung gleich

$$U_d(t) = U_R - U_S. \tag{3.5b}$$

3.222 *Der Mittelwert der Gleichspannung*

Um den Stromrichter als stetiges System darstellen zu können, muss der Mittelwert der Ausgangsspannung bestimmt werden. Dazu genügt es, den Mittelwert über das Intervall $\omega_N t = \pi/3$ zu bilden. Es ist nun zweckmässig den Mittelwert aus zwei Komponenten zu bilden, einer ersten Komponente, welche den Mittelwert ohne Berücksichtung der Kommutierung darstellt und einer zweiten Komponente, welche den Einfluss der Kommutierung berücksichtigt. Man kann dann den Ansatz

$$U_{d\alpha} = U_{di\alpha} + U_{dk} \tag{3.6}$$

machen. Dabei deutet der Index α darauf hin, dass der Mittelwert $U_{d\alpha}$ (der einfacheren Schreibweise halber wird der zusätzliche Index med für die Bezeichnung des Mittelwertes weggelassen) eine Funktion des Zündverzögerungswinkels α ist. Der ideelle Mittelwert $U_{di\alpha}$ der Ausgangsspannung erhält man nach den Beziehungen in Abbildung 3.6 zu

$$U_{di\alpha} = \frac{3}{\pi} \int_{-\pi/3+\alpha}^{\alpha} (U_R - U_S)\, d\omega_N t. \tag{3.7a}$$

Ersetzt man darin U_R und U_S durch (3.3a) und (3.3b), so folgt

$$U_{di\alpha} = \frac{3\sqrt{3}}{\pi} \hat{U}_y \cos \alpha . \tag{3.7b}$$

Es ist üblich, den Mittelwert der Gleichspannung beim Zündverzögerungswinkel $\alpha = 0$ einzuführen, und zwar mit

$$U_{di0} = \frac{3\sqrt{3}}{\pi} \hat{U}_y . \tag{3.7c}$$

Damit wird

$$U_{di\alpha} = U_{di0} \cos \alpha . \tag{3.7d}$$

Während der Kommutierung ist der Momentanwert der Ausgangsspannung durch Gleichung (3.5a) gegeben. Diese kann auf die Form

$$U_d(t) = U_R - U_S - \frac{U_R - U_T}{2} \tag{3.8a}$$

gebracht werden. Die ersten beiden Glieder $U_R - U_S$ entsprechen dem ideellen Verlauf der Ausgangsspannung, während das letzte Glied $-(U_R - U_T)/2$ durch die Kommutierung bedingt ist. Der Mittelwert U_{dk}, welcher den Einfluss der Kommutierung darstellt, erhält man dann wiederum durch eine Mittelwertbildung über das Intervall $\omega_N t = \pi/3$, wobei zu beachten ist, dass gemäss Abbildung 3.6 diese Abweichung während der Zeitdauer $\omega_N t = -\pi/3 + \alpha$ bis $-\pi/3 + \alpha + \mu$ auftritt. Es gilt somit

$$U_{dk} = -\frac{3}{\pi} \frac{1}{2} \int_{-\pi/3+\alpha}^{-\pi/3+\alpha+\mu} (U_R - U_T) \, d\omega_N t . \tag{3.8b}$$

Das hier auftretende Integral kommt bereits in Gleichung (3.4b) vor. Demnach ist

$$\int_{-\pi/3+\alpha}^{-\pi/3+\alpha+\mu} (U_R - U_T) \, d\omega_N t = 2\omega_N L_k I_d \tag{3.8c}$$

und es folgt

$$U_{dk} = -\frac{3}{\pi} \omega_N L_k I_d . \tag{3.8d}$$

Der Spannungsmittelwert infolge der Kommutierung ist somit proportional dem Ausgangsstrom I_d, d. h. dem zu kommutierenden Strom. In der Stromrichtertechnik spricht man vom induktiven Spannungsabfall, der mit $D_x = -U_{dk}$ bezeichnet wird. Vielfach wird mit dem relativen induktiven

Spannungsabfall

$$d_x = \frac{D_x}{U_{di0}} \tag{3.9a}$$

gearbeitet. Aus (3.8d) ergibt sich

$$d_x = -\frac{U_{dk}}{U_{di0}} = \frac{3}{\pi} \frac{\omega_N L_k I_d}{U_{di0}}. \tag{3.9b}$$

Ersetzt man darin $\omega_N L_k I_d$ durch die Beziehung in (3.4c) und beachtet (3.7c), so folgt für d_x der gleichwertige Ausdruck

$$d_x = \sin\left(\alpha + \frac{\mu}{2}\right) \sin\frac{\mu}{2} = \frac{\cos\alpha - \cos(\alpha+\mu)}{2}. \tag{3.9c}$$

3.223 *Bezogene Grössen*

Die vorstehend abgeleiteten Beziehungen sollen in bezogenen Grössen ausgedrückt werden, wie dies bereits bei der Behandlung der Drehstrommaschinen gemacht wurde. Dazu werden als Bezugsgrössen die Nennwerte U_{dn} für die Spannungen und I_{dn} für die Ströme eingeführt. Diese Bezugsgrössen werden später noch genauer definiert. Dividiert man Gleichung (3.6) durch U_{dn} so erhält man, wenn die bezogenen Grössen wiederum durch die entsprechenden kleinen Buchstabensymbole ausgedrückt werden

$$u_{d\alpha} = u_{di\alpha} + u_{dk}. \tag{3.10a}$$

Aus (3.7d) folgt

$$u_{di\alpha} = u_{di0} \cos\alpha \tag{3.10b}$$

wobei insbesondere

$$u_{di0} = \frac{U_{di0}}{U_{dn}} \tag{3.10c}$$

ist. Für u_{dk} folgt aus (3.8d)

$$u_{dk} = -\frac{3}{\pi} \omega_N L_k \frac{I_{dn}}{U_{dn}} i_d. \tag{3.10d}$$

3.224 *Das Ersatzschaltbild des Stromrichters als stetiges System*

Zur Untersuchung von Regelvorgängen ist es angebracht, den Stromrichter als stetiges System zu betrachten. Dazu werden die Oberwellen in Spannung und Strom am Ausgang des Stromrichters vernachlässigt und nur die entsprechenden Mittelwerte betrachtet. Bei Ausgleichsvorgängen sind dann diese Mittelwerte zeitlich veränderlich. Das Verhalten des Stromrichters kann damit genügend genau beschrieben werden.

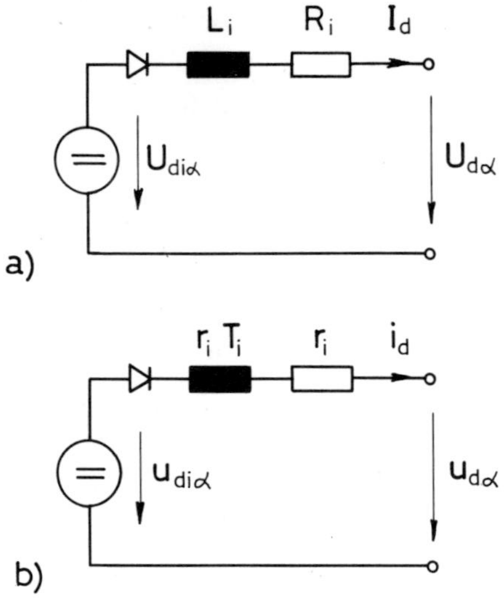

Abbildung 3.7
Ersatzschaltbild eines Stromrichters als stetiges System
a) In nichtbezogenen Grössen; b) In bezogenen Grössen

Abbildung 3.7a zeigt das Ersatzschaltbild des Stromrichters als stetiges System, vorerst in nichtbezogenen Grössen ausgedrückt. Eine Spannungsquelle stellt die ideelle Spannung $U_{di\alpha}$ dar. Der Einfluss der Kommutierung, d. h. die Komponente U_{dk} wird durch einen innern, ohmschen Widerstand R_i berücksichtigt. Aus (3.8d) folgt

$$R_i = \frac{3}{\pi}\,\omega_N L_k. \tag{3.11a}$$

Der induktive Spannungsabfall des Stromrichters wirkt sich auf der Gleichstromseite durch einen ohmschen Widerstand aus. Diese Umformung ist durch das nichtlineare, unstetige Verhalten des Stromrichters gegeben, wobei im Ersatzschaltbild ein äquivalentes stetiges System zugrunde gelegt wird. Bei zeitlichen Aenderungen des Stromes I_d sind noch die Induktivitäten im Stromkreis des Stromrichters zu berücksichtigen. Aus Abbildung 3.5 erkennt man, dass im Normalfall von zwei stromführenden Thyristoren die Induktivität $2L_k$ vorliegt. Bei Kommutierung befinden sich kurzzeitig zwei Induktivitäten L_k parallel, während im Rückleiter nach wie vor die Induktivität L_k vorhanden ist. Die Gesamtinduktivität ist somit $1{,}5L_k$. Da jedoch die Kommutierungsdauer relativ kurz ist, so kann im stetigen Ersatzschaltbild dieses Intervall vernachlässigt werden, und man darf mit der inneren Induktivität

$$L_i = 2L_k \tag{3.11b}$$

rechnen. Die Diode im Ersatzschaltbild der Abbildung 3.7a deutet schliesslich noch darauf hin, dass der Stromrichter den Strom I_d nur in der angegebenen Durchlassrichtung führen kann.

Eine nähere Untersuchung zeigt (siehe YECHOUROUN [37]), dass die oben angegebenen Beziehungen für den innern Widerstand R_i und die innere Induktivität L_i nur für vollkommen glatten Strom I_d gelten. In Wirklichkeit weist der Strom I_d eine mehr oder weniger grosse Welligkeit auf. In diesem Fall ergibt die genaue Untersuchung für R_i und L_i Werte, die von der Welligkeit des Stromes, d. h. von der Zeitkonstante des Lastkreises abhängen. L_i ist zusätzlich noch vom Betriebspunkt abhängig, d. h. vom Zündverzögerungswinkel α. Bei einem sechspulsigen Stromrichter und relativ guter Glättung des Stromes sind die Abweichungen gegenüber den idealisierten Werten relativ gering. Im folgenden wird daher im Ersatzschaltbild mit den Werten gemäss (3.11a) und (3.11b) gerechnet.

Beim Uebergang zu bezogenen Grössen gilt das Ersatzschaltbild in Abbildung 3.7b. Der bezogene innere Widerstand r_i ist durch

$$r_i = R_i \frac{I_{dn}}{U_{dn}} \tag{3.12a}$$

gegeben. Die innere Induktivität wird zweckmässigerweise wie folgt durch bezogene Grössen ausgedrückt

$$L_i \frac{I_{dn}}{U_{dn}} = R_i \frac{I_{dn}}{U_{dn}} \frac{L_i}{R_i} = r_i T_i. \tag{3.12b}$$

Dabei wurde die Zeitkonstante des Ersatzstromkreises $T_i = L_i/R_i$ eingeführt. Ersetzt man darin L_i durch (3.11b) und R_i durch (3.11a), so folgt

$$T_i = \frac{2\pi}{3\omega_N}. \tag{3.12c}$$

Die Zeitkonstante T_i ist somit von der Kommutierungsreaktanz L_k unabhängig und nur durch die Kreisfrequenz ω_N des Speisenetzes gegeben. Bei einem 50 Hz-Netz ist somit $T_i = 0{,}0067$ s.

Vielfach ist die relative Kurzschlussreaktanz x_T des Transformators gegeben. Hiezu muss noch die Kurzschlussreaktanz x'_N des Speisenetzes addiert werden, welche auf die Sekundärseite des Transformators zu beziehen ist (insbesondere auf dessen Nennspannung und Nennstrom). Die totale relative Kurzschlussreaktanz ist dann

$$x_k = x_T + x'_N. \tag{3.13a}$$

Nachstehend soll der Zusammenhang zwischen der relativen Kurzschlussreaktanz x_k und dem bezogenen inneren Widerstand r_i abgeleitet werden.

Die relative Kurzschlussreaktanz x_k ist durch

$$x_k = X_k \frac{\hat{I}_{Tn}}{\hat{U}_{Tn}} = \omega_N L_k \frac{\hat{I}_{Tn}}{\hat{U}_{Tn}} \tag{3.13b}$$

definiert, wobei $\hat{I}_{Tn}$ und $\hat{U}_{Tn}$ die Scheitelwerte des Nennstromes und der Nennphasenspannung auf der Sekundärseite des Transformators sind. Der Nennstrom des Transformators ist gleich dem Effektivwert des vom Stromrichter bezogenen Wechselstromes bei Nennbetrieb. Unter Voraussetzung eines vollkommen geglätteten Gleichstromes I_d und bei Vernachlässigung der Kommutierung weist der Wechselstrom eine Rechteckform auf, die aus Stromblöcken einer Dauer $\omega_N t = 2\pi/3$ je Halbperiode und einer Amplitude gleich I_d zusammengesetzt ist. Demnach ist der Effektivwert des Wechselstromes

$$I_{eff} = \sqrt{\tfrac{2}{3}}\, I_d \tag{3.13c}$$

und $\hat{I}_{Tn}$ kann durch I_{dn} ausgedrückt werden, gemäss der Beziehung

$$\hat{I}_{Tn} = \sqrt{2}\, I_{effn} = \sqrt{2}\sqrt{\tfrac{2}{3}}\, I_{dn}. \tag{3.13d}$$

Anderseits ist $\hat{U}_{Tn}$ gleich dem Scheitelwert der Speisespannung des Stromrichters $\hat{U}_y$, d. h. unter Berücksichtigung von (3.7c) gilt

$$\hat{U}_{Tn} = \hat{U}_y = \frac{\pi}{3\sqrt{3}}\, U_{di0}. \tag{3.13e}$$

Damit erhält man aus (3.13b)

$$\omega_N L_k = x_k \frac{\hat{U}_{Tn}}{\hat{I}_{Tn}} = x_k \frac{\pi}{6} \frac{U_{di0}}{I_{dn}}. \tag{3.13f}$$

So folgt schliesslich aus (3.12a) und (3.11a)

$$r_i = \frac{3}{\pi}\, \omega_N L_k \frac{I_{dn}}{U_{dn}} = \frac{x_k}{2}\, u_{di0}. \tag{3.13g}$$

Der bezogene innere Widerstand r_i ist somit gleich der halben relativen Kurzschlussreaktanz x_k multipliziert mit der bezogenen ideellen Spannung u_{di0}. Die letztere ist je nach Anwendungsfall unter Berücksichtigung der Regelreserve 1 ... 1,2.

3.225 *Die Steuerung des Stromrichters*

Die zur Zündung der Thyristoren benötigten Impulse werden von einem Steuersatz geliefert. Mit Hilfe einer Steuerspannung U_{st} (normalerweise eine Gleichspannung) kann dabei der Zündverzögerungswinkel α stetig verstellt werden. Dazu wird die Steuerspannung U_{st} mit einer von der Netzspannung

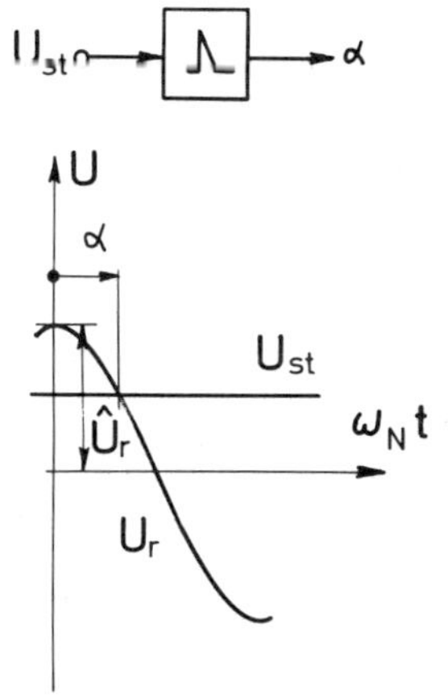

Abbildung 3.8
Steuerung eines Stromrichters, Vergleich der Steuerspannung U_{st} mit einer sinusförmigen Referenzspannung U_r

abgeleiteten Referenzspannung U_r verglichen, wie dies in Abbildung 3.8 dargestellt ist. In dem Moment, wo die Referenzspannung

$$U_r = \hat{U}_r \cos \omega_N t \tag{3.14a}$$

den gleichen Wert wie die Steuerspannung U_{st} aufweist, wird der Zündimpuls abgeleitet, womit der Zündverzögerungswinkel α festliegt. Er folgt aus

$$U_{st} = \hat{U}_r \cos \alpha \tag{3.14b}$$

zu

$$\alpha = \arccos \frac{U_{st}}{\hat{U}_r}. \tag{3.14c}$$

Es ist zweckmässig, die Steuerspannung U_{st} auf den Scheitelwert der Referenzspannung $\hat{U}_r$ zu beziehen. Die bezogene Steuerspannung ist dann durch

$$u_{st} = \frac{U_{st}}{\hat{U}_r} \tag{3.15a}$$

gegeben und es gilt

$$\cos \alpha = u_{st}. \tag{3.15b}$$

Für die ideelle Spannung $u_{di\alpha}$ des Stromrichters folgt aus (3.10b)

$$u_{di\alpha} = u_{di0} \cos \alpha = u_{di0} u_{st}. \tag{3.15c}$$

$u_{di\alpha}$ ist somit proportional der Steuerspannung u_{st}, die innerhalb der Grenzen $-1 \ldots +1$ variieren kann, wie aus Abbildung 3.8 entnommen werden kann.

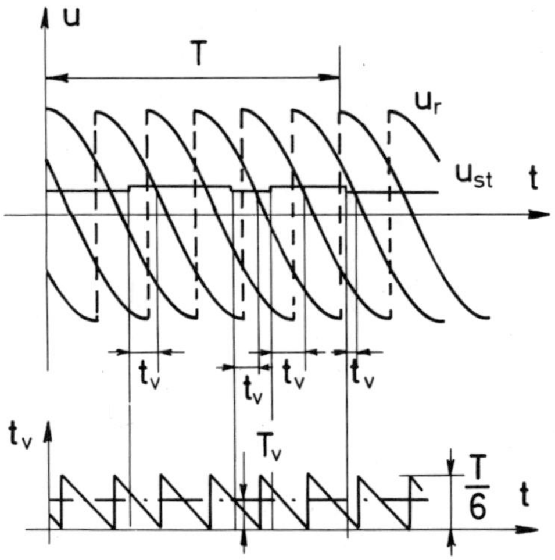

Abbildung 3.9
Steuerung eines Stromrichters, Verzögerung einer Aenderung der Steuerspannung u_{st} auf den Zündeinsatzpunkt

Bei Ausgleichsvorgängen ist zu beachten, dass sich eine Aenderung der Steuerspannung u_{st} erst nach einer gewissen Verzugszeit auf die Spannung $u_{di\alpha}$ des Stromrichters auswirken kann, wie dies an Hand der Abbildung 3.9 erläutert werden soll. Hier sind die für die Steuerung aller Thyristoren der Stromrichter-Brückenschaltung benötigten Referenzspannungen u_r dargestellt, die je um 60° gegeneinander verschoben sind. Bei einer Aenderung der Steuerspannung u_{st} vergeht eine gewisse Verzögerungszeit t_v bis zum Schnittpunkt mit der nächsten Referenzspannung. Erst in diesem Zeitpunkt kann sich die Aenderung von u_{st} auf die ideelle Ausgangsspannung $u_{di\alpha}$ des Stromrichters auswirken. Diese Verzögerung hängt vom Zeitpunkt des Auftretens der Aenderung der Steuerspannung ab. Im ungünstigsten Fall ist $t_v = T/6$, wenn T die Periodendauer der Netzspannung ist. Im günstigsten Fall ist dagegen $t_v = 0$. Die Abhängigkeit von t_v ist in Abbildung 3.9 unten angegeben. Da die Aenderung in jedem beliebigen Zeitpunkt auftreten kann, so kann man für die Verzögerung mit einem statistischen Mittelwert

$$T_v = \frac{T}{12} \tag{3.16a}$$

rechnen. Dieser Mittelwert ist unabhängig von der Grösse der Steuerspannung u_{st} und gilt, wie bereits vorausgesetzt, für kleine Aenderungen von u_{st}. Bei einem 50 Hz-Netz ist $T_v = 0{,}00167$ s. Im allgemeinen Fall eines p-pulsigen Stromrichters ist

$$T_v = \frac{T}{2p}. \tag{3.16b}$$

Bei grossen Aenderungen der Steuerspannung u_{st} ist die Verzögerung für eine Vergrösserung oder Verkleinerung des Zündwinkels verschieden, wie aus einer Untersuchung von SCHRÖDER [38] hervorgeht. Im folgenden soll, insbesondere im Hinblick auf die Stabilitätsuntersuchungen, denen immer kleine Aenderungen zugrunde gelegt werden, mit der Verzögerungszeit gemäss (3.16a), bzw. (3.16b) gerechnet werden.

Diese Verzögerung wirkt sich im Prinzip als Totzeit aus. Die Beziehung (3.15c) für die ideelle Stromrichterspannung $u_{di\alpha}$ ist daher noch mit einem Glied e^{-sT_v} zu ergänzen, welches diese Totzeit berücksichtigt. Damit folgt

$$u_{di\alpha} = u_{di0} e^{-sT_v} u_{st}. \tag{3.16c}$$

Da T_v eine kleine Zeitverzögerung darstellt, so kann man das Totzeitverhalten auch durch ein Verzögerungsglied erster Ordnung mit einer Zeitkonstanten T_v ersetzen. In diesem Fall gilt

$$u_{di\alpha} = \frac{u_{di0}}{1 + sT_v} u_{st}. \tag{3.16d}$$

Diese zweite Form eignet sich besonders gut zur Stabilitätsuntersuchung im Bode-Diagramm, bei der nur der Amplitudengang der Frequenzgangkurven verwendet wird. Im folgenden wird vorwiegend mit dem Ausdruck (3.16d) gerechnet werden, da man dann durchwegs mit rationalen Funktionen in s arbeiten kann.

Das hier abgeleitete Totzeitverhalten ist nur eine Näherung. Untersucht man das Verhalten eines Stromrichters in einem Regelkreis als Abtastsystem und bestimmt alsdann das dazu gleichwertige stetige Ersatzsystem, so zeigt es sich, dass hinsichtlich der Stabilität im Regelkreis für die Steuerung des Stromrichters die Beziehung

$$u_{di\alpha} = u_{di0} \frac{s2T_v}{e^{s2T_v} - 1} u_{st} \tag{3.16e}$$

massgebend ist (siehe YECHOUROUN [37]). Ersetzt man darin $e^{s2T_v} \approx 1 + s2T_v + (s2T_v)^2/2$ so erhält man den gleichen Näherungsausdruck wie in (3.16d), der somit in bezug auf die Stabilität sehr gut brauchbare Werte liefert.

3.226 *Die Kennlinien im stationären Betrieb*

Die Kennlinien im stationären Betrieb des Stromrichters, d. h. für $\mathrm{d}i_d/\mathrm{d}t = 0$ sind in Abbildung 3.10 dargestellt, wobei dessen Ausgangsspannung $u_{d\alpha}$ in Abhängigkeit des Stromes i_d aufgetragen ist, mit der Steuerspannung u_{st} als Parameter. Die Steuerspannung u_{st} darf mit Rücksicht auf das Wechselrichterkippen normalerweise nur bis auf etwa $-0{,}866$ ($\alpha = 150°$) reduziert werden. Der Strom i_d kann nur positive Werte annehmen. Für $u_{st} > 0$

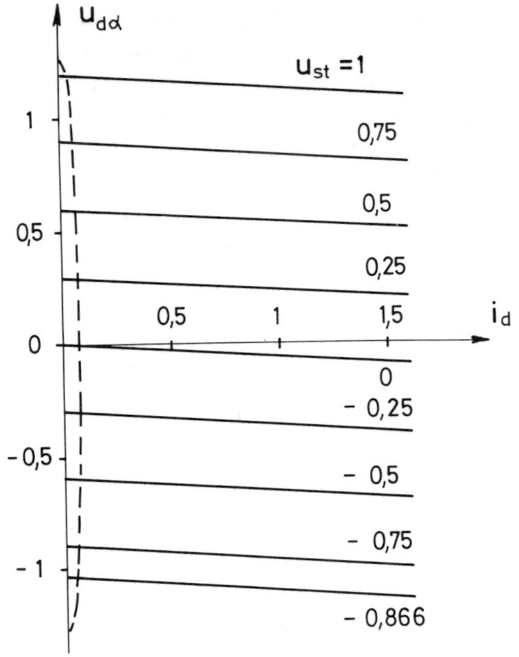

Abbildung 3.10
Kennlinien eines Stromrichters im stationären Betrieb, $u_{di0} = 1{,}2$ und $r_i = 0{,}06$

arbeitet der Stromrichter im Gleichrichterbetrieb, während für $u_{st} < 0$ Wechselrichterbetrieb vorliegt.

In Abbildung 3.10 ist gestrichelt die Grenzkurve zwischen kontinuierlicher und intermittierender Stromführung eingetragen. Für sehr kleine Ströme gilt die hier stillschweigend gemachte Voraussetzung kontinuierlicher Stromführung nicht mehr und der Stromrichterstrom geht in den Lückbetrieb über. Die Kennlinien verlaufen in diesem Bereich sehr steil und der Stromrichter besitzt einen sehr hohen innern Widerstand (siehe Bühler [1]). Nachfolgend wird jedoch dieser spezielle Betriebsfall ausgeschlossen.

3.23 Der Umkehr-Stromrichter

3.231 *Das Ersatzschaltbild des Umkehr-Stromrichters als stetiges System*

Abbildung 3.11 zeigt schematisch den Aufbau eines Umkehr-Stromrichters durch Gegenparallelschaltung zweier Stromrichter *a* und *b*. Unter der Voraussetzung eines kreisstromfreien Betriebes führt nur immer der eine

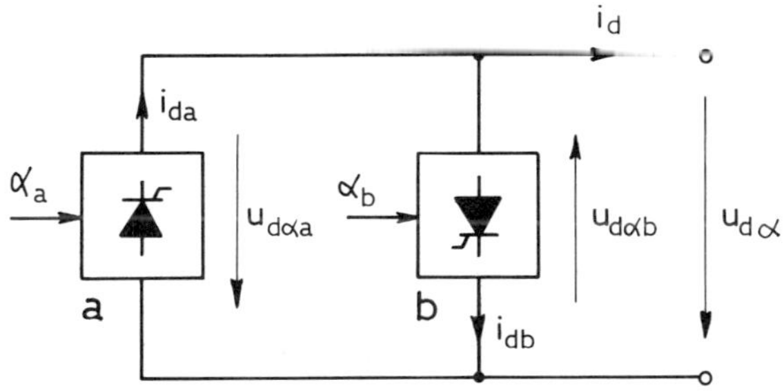

Abbildung 3.11
Schematische Darstellung eines Umkehr-Stromrichters in Gegenparallelschaltung

oder der andere der Stromrichter den Ausgangsstrom i_d. Je nach dessen Polarität gelten die folgenden Beziehungen

$$i_d > 0 \qquad i_d = i_{da}; \qquad i_{db} = 0; \quad u_{d\alpha} = u_{d\alpha a} \tag{3.17a}$$

$$i_d < 0 \qquad i_d = -i_{db}; \quad i_{da} = 0; \quad u_{d\alpha} = -u_{d\alpha b}. \tag{3.17b}$$

Jedem Stromrichter entspricht ein Ersatzschaltbild gemäss Abbildung 3.7b, die zu einem einzigen Ersatzschaltbild zusammengezogen werden können, entsprechend der Darstellung in Abbildung 3.12. Die ideelle Spannung $u_{di\alpha}$ hängt von der Polarität des Stromes ab, und zwar ist

$$i_d > 0 \qquad u_{di\alpha} = u_{di\alpha a} \tag{3.17c}$$

$$i_d < 0 \qquad u_{di\alpha} = -u_{di\alpha b}. \tag{3.17d}$$

In Abbildung 3.12 ist die Diode weggelassen worden, da jetzt beim Umkehr-Stromrichter der Strom i_d in beiden Richtungen fliessen kann. Bei sehr kleinen Werten von i_d gilt dieses Ersatzschaltbild streng genommen nicht mehr, da auch hier intermittierende Stromführung auftritt.

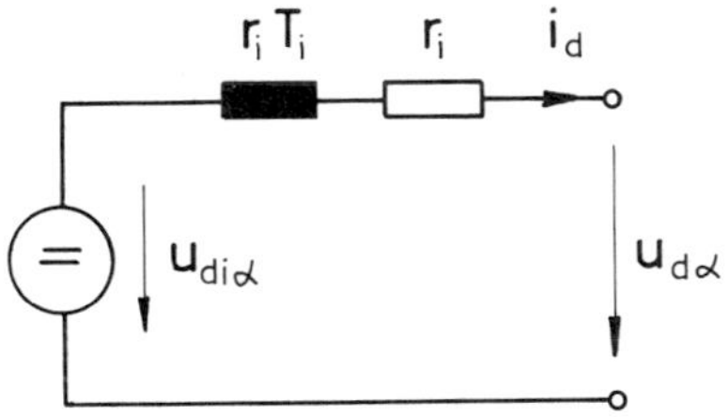

Abbildung 3.12
Ersatzschaltbild eines Umkehr-Stromrichters als stetiges System

3.232 *Die Steuerung des Umkehr-Stromrichters*

Beim Umkehr-Stromrichter wird jeder einzelne Stromrichter durch einen eigenen Steuersatz gesteuert. Infolge der Gegenparallelschaltung der Stromrichter müssen auch die Referenzspannungen u_r der entsprechenden Stromrichterzweige um 180° verschoben werden. Dagegen werden die beiden Steuersätze von der gleichen Steuerspannung u_{st} beeinflusst. Für den Zündwinkel der beiden Stromrichter ergeben sich dann die in Abbildung 3.13 dargestellten Verhältnisse. Daraus folgt (in bezogenen Grössen ausgedrückt), da $u_{ra} = \cos \omega_N t$ und $u_{rb} = -\cos \omega_N t$ ist

$$\cos \alpha_a = u_{st} \tag{3.18a}$$

$$\cos \alpha_b = -u_{st}. \tag{3.18b}$$

Für die ideellen Spannungen der beiden Stromrichter ergibt sich dann

$$u_{di\alpha a} = u_{di0} \cos \alpha_a = u_{di0} u_{st} \tag{3.18c}$$

$$u_{di\alpha b} = u_{di0} \cos \alpha_b = -u_{di0} u_{st}. \tag{3.18d}$$

Unter Beachtung der Beziehungen (3.17c) und (3.17d) folgt somit

$$u_{di\alpha} = u_{di0} u_{st}. \tag{3.18e}$$

Bei einer Aenderung der Steuerspannung u_{st} ist wiederum die Zeitverzögerung zu berücksichtigen, wobei auch hier die Gleichungen (3.16c), bzw. (3.16d) gelten.

Beim kreisstromfreien Umkehr-Stromrichter entsteht bei jedem Nulldurchgang des Stromes eine kurze stromlose Pause. Diese geht aber nicht als Zeitverzögerung in das dynamische Verhalten des Umkehr-Stromrichters ein, sondern ist vielmehr als Unstetigkeit zu betrachten.

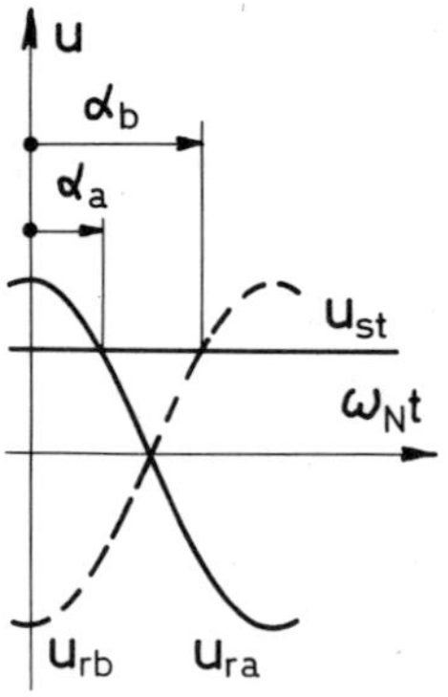

Abbildung 3.13
Steuerung eines Umkehr-Stromrichters, Vergleich der gemeinsamen Steuerspannung u_{st} mit einer sinusförmigen Referenzspannung u_{ra}, bzw. u_{rb}

3.233 *Die Kennlinien des Umkehr-Stromrichters im stationären Betrieb*

Die Kennlinien des Umkehr-Stromrichters sind in Abbildung 3.14 dargestellt, d. h. Ausgangsspannung $u_{d\alpha}$ in Abhängigkeit des Stromes i_d, der jetzt positiv oder negativ sein kann. Als Parameter tritt wiederum die Steuerspannung u_{st} auf, die sich im Prinzip zwischen +1 und −1 verändern lässt. Allerdings ist bei Wechselrichterbetrieb der einzelnen Stromrichter die Wechselrichterkippgrenze zu beachten, so dass in diesen Betriebsbereichen u_{st} auf −0,866, bzw. +0,866 zu begrenzen ist.

In Abbildung 3.14 ist auch gestrichelt die Grenzkurve zwischen kontinuierlicher und intermittierender Stromführung eingezeichnet. Bei Stromrichtungswechsel muss dieser Bereich durchfahren werden, was Schwierigkeiten bei einer Stromregelung ergeben kann, da, wie bereits erwähnt, die Stromrichterkennlinien hier sehr unterschiedlich sind. Insbesondere bei Gleichstromantrieben werden daher oft adaptive Regler eingesetzt (siehe SCHRÖDER [39] und BUXBAUM [40]).

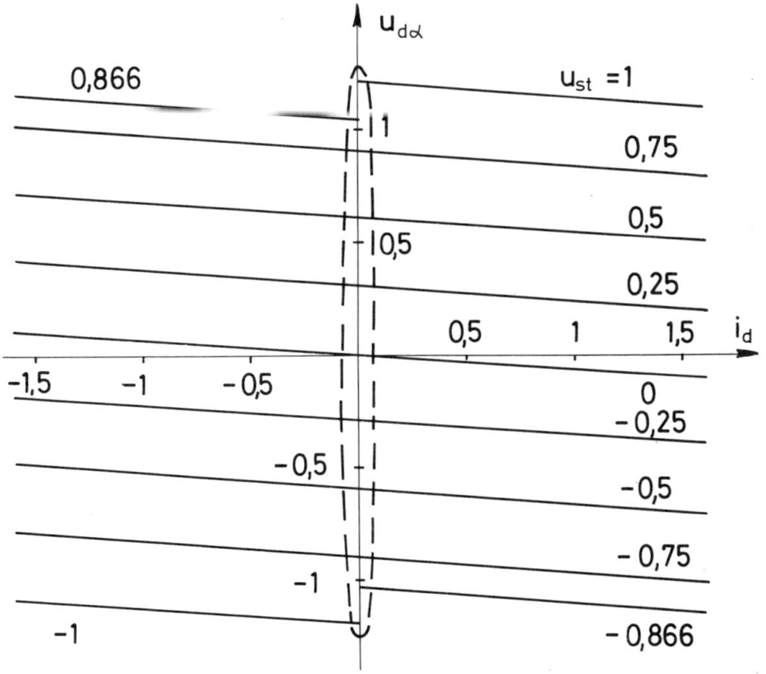

Abbildung 3.14
Kennlinien eines Umkehr-Stromrichters im stationären Betrieb,
$u_{di0} = 1{,}2$ und $r_i = 0{,}06$

3.24 Der dreiphasige Direktumrichter

3.241 *Definition der Bezugsgrössen*

Beim Einweg-Stromrichter wurden für die Ströme und Spannungen bezogene Grössen eingeführt, wobei vorerst als Bezugsgrössen I_{dn} und U_{dn} verwendet wurden, die je nach Anwendungsfall des Stromrichters geeignet zu definieren sind. Beim dreiphasigen Direktumrichter arbeiten die drei Umkehr-Stromrichter entweder auf die Statorwicklung einer Synchronmaschine oder auf die Rotorwicklung einer Asynchronmaschine als Schleifringläufermotor. In beiden Fällen ist es notwendig, als Bezugsgrössen für den Direktumrichter die Bezugsgrössen der Drehstrommaschine zu wählen. Diese sind gemäss Abschnitt 2.231 Scheitelwert des Nennstromes $\hat{I}_n$ und Scheitelwert der Nennspannung $\hat{U}_n$. Im folgenden ist daher

$$I_{dn} = \hat{I}_n \tag{3.19a}$$

$$U_{dn} = \hat{U}_n \tag{3.19b}$$

zu setzen.

3.242 *Einführung komplexer Raumvektoren*

Zur Behandlung des dreiphasigen Direktumrichters ist es zweckmässig, komplexe Raumvektoren einzuführen. Damit wird, analog zu den Drehstrommaschinen, die Untersuchung wesentlich vereinfacht. Ueberdies ist auch eine einfache Kombination des Gleichungssystems der Drehstrommaschinen mit demjenigen des Direktumrichters möglich.

Nach Abschnitt 2.22 ist die Definition des Raumvektors für die Spannung $\underline{u}^s$, bezogen auf das feststehende Koordinatensystem (durch hochgestellten Index s gekennzeichnet) ausgehend von den Phasenspannungen einer in Stern geschalteten Last

$$\underline{u}^s = \tfrac{2}{3}(u_1 + \underline{a}u_2 + \underline{a}^2 u_3) \tag{3.20a}$$

wobei $\underline{a} = e^{j2\pi/3}$ ist. Ersetzt man darin die Phasenspannungen u_1, u_2 und u_3 der Last durch die Phasenspannungen u_{10}, u_{20} und u_{30} des Direktumrichters nach (3.2a) bis (3.2c) (siehe auch Abbildung 3.4) so folgt

$$\underline{u}^s = \tfrac{2}{3}[\tfrac{1}{3}(2u_{10} - u_{20} - u_{30}) + \underline{a}\tfrac{1}{3}(2u_{20} - u_{10} - u_{30}) + \underline{a}^2\tfrac{1}{3}(2u_{30} - u_{10} - u_{20})]. \tag{3.20b}$$

Beachtet man, dass

$$1 + \underline{a} + \underline{a}^2 = 0 \tag{3.20c}$$

ist, so reduziert sich (3.20b) auf

$$\underline{u}^s = \tfrac{2}{3}(u_{10} + \underline{a}u_{20} + \underline{a}^2 u_{30}). \tag{3.20d}$$

Der Raumvektor $\underline{u}^s$ kann somit unmittelbar aus den Phasenspannungen des Direktumrichters bestimmt werden. Es soll darauf hingewiesen werden, dass diese Beziehung auch dann gilt, wenn $u_{10}+u_{20}+u_{30}\neq 0$ ist, wie dies z. B. beim trapezförmig gesteuerten Direktumrichter der Fall ist.

Aus den drei Phasenströmen i_1, i_2 und i_3 des Direktumrichters folgt der Raumvektor

$$\underline{i}^s=\tfrac{2}{3}(i_1+\underline{a}i_2+\underline{a}^2 i_3). \tag{3.20e}$$

3.243 *Das Ersatzschaltbild des dreiphasigen Direktumrichters als stetiges System*

Für jede Phase des dreiphasigen Direktumrichters gilt das Ersatzschaltbild nach Abbildung 3.12 für den Umkehr-Stromrichter. Da der Direktumrichter nicht mehr einen Gleichstrom, sondern einen Wechselstrom abgibt, so ist es angebracht, die bisher verwendeten Bezeichnungen abzuändern, indem insbesondere der Index d (für Gleichgrösse) weggelassen wird. Zur Vereinfachung der Schreibweise soll auch der Index α (für Einfluss der Zündverzögerung) weggelassen werden. Für die drei Direktumrichterphasen kann dann aus Abbildung 3.12 das folgende Gleichungssystem aufgestellt werden

$$u_{10}=u_{i1}-r_i i_1-r_i T_i\frac{di_1}{dt} \tag{3.21a}$$

$$u_{20}=u_{i2}-r_i i_2-r_i T_i\frac{di_2}{dt} \tag{3.21b}$$

$$u_{30}=u_{i3}-r_i i_3-r_i T_i\frac{di_3}{dt}. \tag{3.21c}$$

Diese drei Gleichungen lassen sich mit Hilfe der komplexen Raumvektoren zu einer einzigen Gleichung zusammenziehen, und zwar

$$\underline{u}^s=\underline{u}_i^s-r_i\underline{i}^s-r_i T_i\frac{d\underline{i}^s}{dt}. \tag{3.22}$$

Es ist zweckmässig, den Faktor $r_i T_i$ umzuformen. Aus der Definition in (3.12b) folgt

$$r_i T_i=L_i\frac{I_{dn}}{U_{dn}}=\frac{1}{\omega_n}\,\omega_n L_i\frac{\hat{I}_n}{\hat{U}_n}=\frac{1}{\omega_n}\,x_i \tag{3.23a}$$

mit

$$x_i=\omega_n L_i\frac{\hat{I}_n}{\hat{U}_n}. \tag{3.23b}$$

Hier wurde mit ω_n erweitert, wobei ω_n die Nennkreisfrequenz der Drehstrommaschine ist (siehe Abschnitt 2.231). ω_n darf nicht mit der Kreisfrequenz ω_N des Speisenetzes verwechselt werden. Unter Verwendung der Beziehungen (3.11a), (3.11b) und (3.12a) kann für x_i auch

$$x_i = \frac{2\pi}{3}\frac{\omega_n}{\omega_N} r_i \tag{3.23c}$$

gesetzt werden.

Damit kann die Gleichung (3.22) des dreiphasigen Direktumrichters auch in der Form

$$\underline{u}^s = \underline{u}_i^s - r_i \underline{i}^s - \frac{1}{\omega_n} x_i \frac{d\underline{i}^s}{dt} \tag{3.24}$$

geschrieben werden. Daraus lässt sich das in Abbildung 3.15 dargestellte Ersatzschaltbild des dreiphasigen Direktumrichters aufstellen.

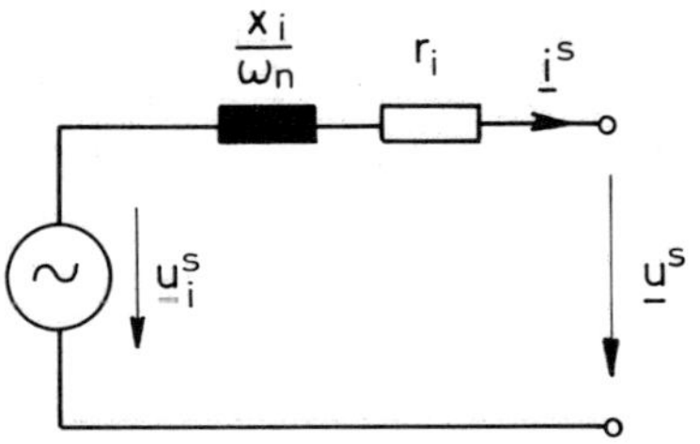

Abbildung 3.15
Ersatzschaltbild eines dreiphasigen Direktumrichters als stetiges System, mit Hilfe komplexer Raumvektoren beschrieben

Unterwirft man die Gleichung (3.24) noch einer Koordinatentransformation auf ein vorerst noch beliebiges Koordinatensystem k, so folgt nach den allgemeinen Regeln von Abschnitt 2.22

$$\underline{u}^k = \underline{u}_i^k - r_i \underline{i}^k - \frac{1}{\omega_n} x_i \frac{d\underline{i}^k}{dt} - j f_k x_i \underline{i}^k. \tag{3.25}$$

Dabei ist f_k die bezogene Frequenz, mit der das Koordinatensystem k umläuft.

3.244 *Die Steuerung des dreiphasigen Direktumrichters*

Jede Phase des dreiphasigen Direktumrichters wird getrennt gesteuert. Vernächlässigt man vorerst die Zeitverzögerung, so gilt für jede Phase die beim Umkehr-Stromrichter abgeleitete Beziehung (3.18e), d. h.

$$u_{i1} = u_{di0} u_{st1} \tag{3.26a}$$

$$u_{i2} = u_{di0} u_{st2} \tag{3.26b}$$

$$u_{i3} = u_{di0} u_{st3}. \tag{3.26c}$$

Auch hier kann man diese drei Gleichungen zu einer einzigen zusammenfassen, wenn für die Steuerspannungen u_{st1}, u_{st2} und u_{st3} ein komplexer Raumvektor $\underline{u}^{s}_{st}$ eingeführt wird. Dies ist zulässig, da auch die Steuerspannungen ein Dreiphasensystem bilden müssen. Man erhält somit

$$\underline{u}^{s}_{i} = u_{di0} \underline{u}^{s}_{st} \tag{3.27a}$$

oder im Koordinatensystem k

$$\underline{u}^{k}_{i} = u_{di0} \underline{u}^{k}_{st}. \tag{3.27b}$$

Dabei ist

$$\underline{u}^{k}_{i} = \underline{u}^{s}_{i} e^{-j\vartheta_k} \tag{3.27c}$$

mit

$$\vartheta_k = f_k \omega_n t. \tag{3.27d}$$

Bilden die drei Steuerspannungen ein symmetrisches Dreiphasensystem mit der Frequenz $f_k \omega_n$, so ist nach (2.2)

$$\underline{u}^{s}_{st} = \hat{u}_{st} e^{jf_k \omega_n t} = \hat{u}_{st} e^{j\vartheta_k}. \tag{3.28a}$$

Damit wird

$$\underline{u}^{k}_{i} = u_{di0} \hat{u}_{st}. \tag{3.28b}$$

Der Raumvektor $\underline{u}^{k}_{i}$ ist somit konstant und proportional der Amplitude $\hat{u}_{st}$ der dreiphasigen Steuerspannungen.

Zur Bestimmung der Verzögerung, die durch die Steuerung des Direktumrichters erzeugt wird, soll eine kleine Aenderung $\Delta\hat{u}_{st}$ in der Amplitude der dreiphasigen, symmetrischen Steuerspannung vorausgesetzt werden. Diese Aenderung kann sich auf die Ausgangsspannung u_{i1}, u_{i2}, u_{i3} der einzelnen Umrichterphasen erst nach einer kleinen Verzögerung auswirken, nämlich dann, wenn sich die entsprechende Steuerspannung mit der sinusförmigen Referenzspannung u_r des Steuersatzes schneidet, wie dies in Abbildung 3.16 oben dargestellt ist. Die Referenzspannungen sind für alle drei Umrichterphasen synchron und gleichphasig. Für die drei Umrichterphasen ergeben sich dann verschiedene Verzögerungszeiten t_{v1}, t_{v2} und t_{v3}, die vom Zeitpunkt des Auftretens der Aenderung $\Delta\hat{u}_{st}$ abhängen sowie auch vom Momentanwert der einzelnen Steuerspannungen. Im günstigsten Fall ist auch hier $t_v = 0$, während im ungünstigsten Fall $t_v = T/6$ ist, wo T wiederum die Periodendauer des den Direktumrichter speisenden Drehstromnetzes ist. Es soll nun der Verlauf des Raumvektors $\underline{u}^{k}_{i}$, bzw. dessen Aenderung infolge der gestaffelten Auswirkung der Aenderung der Steuerspannung

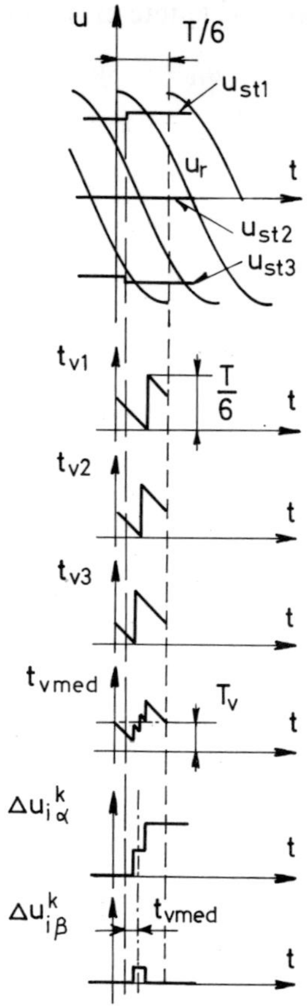

Abbildung 3.16
Steuerung eines dreiphasigen Direktumrichters, Verzögerung einer Aenderung der Amplitude der dreiphasigen Steuerspannungen u_{st1}, u_{st2} und u_{st3} auf die α,β-Komponenten der Aenderung des Raumvektors der ideellen Spannung $\underline{u}_i^k$

bestimmt werden. Nach (3.27c) ist

$$\Delta\underline{u}_i^k = \Delta\underline{u}_i^s e^{-j\vartheta_k}. \tag{3.29a}$$

Die Untersuchung wird im Koordinatensystem k vorgenommen, da hier die ideelle Spannung $\underline{u}_i^k$ nach (3.28b) eine Gleichgrösse ist. Die Verzögerung wirkt sich im gleichen Masse auch im Koordinatensystem s aus, d. h. auf $\underline{u}_i^s$. Für $\Delta\underline{u}_i^s$ kann man unter Berücksichtigung von (3.27a) den Ansatz machen

$$\Delta\underline{u}_i^s = u_{di0} \cdot \tfrac{2}{3}(k_1\,\Delta u_{st1} + \underline{a}k_2\,\Delta u_{st2} + \underline{a}^2 k_3\,\Delta u_{st3}). \tag{3.29b}$$

Die zusätzlich eingeführten Faktoren k_1, k_2 und k_3 sind entweder 0 oder 1, je nachdem ob sich die Aenderung $\Delta\hat{u}_{st}$ noch nicht ($k=0$) oder bereits

($k=1$) auf die entsprechende Umrichterphase ausgewirkt hat. Die Aenderungen der Steuerspannungen müssen nach wie vor ein symmetrisches Dreiphasensystem bilden. Somit ist

$$\Delta u_{st1} = \Delta \hat{u}_{st} \cos \vartheta_k \tag{3.29c}$$

$$\Delta u_{st2} = \Delta \hat{u}_{st} \cos (\vartheta_k - 2\pi/3) \tag{3.29d}$$

$$\Delta u_{st3} = \Delta \hat{u}_{st} \cos (\vartheta_k - 4\pi/3). \tag{3.29e}$$

Dabei soll vorausgesetzt werden, dass sich $\vartheta_k = f_k \omega_n t$ in der betrachteten Zeitdauer $T/6$ nicht ändert. Ersetzt man darin

$$\cos \vartheta_k = \tfrac{1}{2}(e^{j\vartheta_k} + e^{-j\vartheta_k}) \tag{3.29f}$$

und entsprechend auch die andern cos-Funktionen und beachtet, dass $\underline{a} = e^{j2\pi/3}$ ist, so folgt nach einer längeren Umformung

$$\Delta \underline{u}_i^k = u_{di0} \tfrac{1}{3}[k_1(1 + e^{-j2\vartheta_k}) + k_2(1 + e^{-j2[\vartheta_k - (2\pi/3)]}) + k_3(1 + e^{-j2[\vartheta_k - (4\pi/3)]})]\, \Delta \hat{u}_{st}. \tag{3.29g}$$

Je nach den Faktoren k_1, k_2 und k_3 ändert sich somit $\Delta \underline{u}_i^k$ stufenförmig in Funktion der Zeit. In Abbildung 3.16 sind zu unterst die beiden Komponenten $\Delta u_{i\alpha}^k$ und $\Delta u_{i\beta}^k$ von $\Delta \underline{u}_i^k$ dargestellt, woraus die schrittweise Aenderung deutlich hervorgeht. Unter den in Abbildung 3.16 gemachten Voraussetzungen ist $\vartheta_k = 30°$. Demnach ist das mit k_2 multiplizierte Glied in (3.29g) gleich Null und k_2 hat keinen Einfluss auf die Aenderung $\Delta \underline{u}_i^k$. Im allgemeinen Fall wirken sich natürlich alle drei Umrichterphasen auf die Aenderung von $\underline{u}_i^k$ aus. Man kann diese stufenweise Veränderung so berücksichtigen, dass man eine mittlere Verzögerung t_{vmed} einführt, wobei

$$t_{vmed} = \tfrac{1}{3}(t_{v1} + t_{v2} + t_{v3}) \tag{3.29h}$$

ist. Wie in Abbildung 3.16 dargestellt ist, hängt t_{vmed} vom Zeitpunkt des Auftretens der Aenderung $\Delta \hat{u}_{st}$ ab. Man darf auch hier mit einem statistischen Mittelwert

$$T_v = \frac{T}{12} \tag{3.29i}$$

rechnen. Im allgemeinen Fall eines p-pulsigen Umkehr-Stromrichters gilt die Beziehung (3.16b).

Diese Verzögerung T_v geht in Form einer Totzeit in das Verhalten des Direktumrichters ein. Näherungsweise kann diese Totzeit durch ein Verzögerungsglied erster Ordnung mit der Zeitkonstanten T_v ersetzt werden (siehe auch Abschnitt 3.225). Es gilt dann, vorerst im feststehenden Koordinatensystem s

$$\underline{u}_i^s = \frac{u_{di0}}{1 + sT_v} \underline{u}_{st}^s. \tag{3.30a}$$

Zur Transformation dieser Beziehung in das Koordinatensystem k ist folgende Umformung vorzunehmen. Vorerst ist (3.30a) auf die Form

$$\underline{u}_{\mathrm{i}}^{\mathrm{s}} + T_{\mathrm{v}} \frac{\mathrm{d}\underline{u}_{\mathrm{i}}^{\mathrm{s}}}{\mathrm{d}t} = u_{\mathrm{di0}} \underline{u}_{\mathrm{st}}^{\mathrm{s}} \tag{3.30b}$$

zu bringen, wobei $s\underline{u}_{\mathrm{i}}^{\mathrm{s}}$ durch $\mathrm{d}\underline{u}_{\mathrm{i}}^{\mathrm{s}}/\mathrm{d}t$ ersetzt wurde. Führt man nun für $\underline{u}_{\mathrm{i}}^{\mathrm{s}}$ und $\underline{u}_{\mathrm{st}}^{\mathrm{s}}$ die Beziehung $\underline{u}^{\mathrm{s}} = \underline{u}^{\mathrm{k}} e^{\mathrm{j}\vartheta_{\mathrm{k}}}$ ein, so folgt, da $\vartheta_{\mathrm{k}} = f_{\mathrm{k}}\omega_{\mathrm{n}}t$ ist

$$\underline{u}_{\mathrm{i}}^{\mathrm{k}} + T_{\mathrm{v}} \frac{\mathrm{d}\underline{u}_{\mathrm{i}}^{\mathrm{k}}}{\mathrm{d}t} + jf_{\mathrm{k}}\omega_{\mathrm{n}} T_{\mathrm{v}} \underline{u}_{\mathrm{i}}^{\mathrm{k}} = u_{\mathrm{di0}} \underline{u}_{\mathrm{st}}^{\mathrm{k}}. \tag{3.30c}$$

Ersetzt man darin $\mathrm{d}\underline{u}_{\mathrm{i}}^{\mathrm{k}}/\mathrm{d}t$ durch $s\underline{u}_{\mathrm{i}}^{\mathrm{k}}$, so ergibt sich

$$\underline{u}_{\mathrm{i}}^{\mathrm{k}} = \frac{u_{\mathrm{di0}}}{1 + (s + jf_{\mathrm{k}}\omega_{\mathrm{n}}) T_{\mathrm{v}}} \underline{u}_{\mathrm{st}}^{\mathrm{k}}. \tag{3.30d}$$

Beim Uebergang in das Koordinatensystem k ist somit der Laplace-Operator s durch $s + jf_{\mathrm{k}}\omega_{\mathrm{n}}$ zu ersetzen.

3.245 *Das Strukturdiagramm des dreiphasigen Direktumrichters*

Mit den vorstehend abgeleiteten Beziehungen (siehe Abschnitte 3.243 und 3.244) lässt sich das in Abbildung 3.17 dargestellte Strukturdiagramm angeben. Es besteht aus zwei Teilen, und zwar dem eigentlichen Leistungsteil (Abbildung 3.17a) und dem Steuerteil (Abbildung 3.17b).

Als Eingangsgrössen im Leistungsteil treten der Raumvektor der ideellen Spannung $\underline{u}_{\mathrm{i}}^{\mathrm{k}}$ und derjenige des Umrichterstromes $\underline{i}^{\mathrm{k}}$ auf sowie die bezogene Frequenz f_{k} mit der das Koordinatensystem umläuft. Ausgangsgrösse ist der Raumvektor $\underline{u}^{\mathrm{k}}$ der Ausgangsspannung des Direktumrichters.

Das Strukturdiagramm des Steuerteiles basiert auf Gleichung (3.30c). Es besitzt als Eingangsgrössen den Raumvektor der Steuerspannung $\underline{u}_{\mathrm{st}}^{\mathrm{k}}$ und die Frequenz f_{k}. An seinem Ausgang erscheint dann der Raumvektor der ideellen Spannung des Direktumrichters $\underline{u}_{\mathrm{i}}^{\mathrm{k}}$.

Ergänzt man das Strukturdiagramm für den Leistungsteil noch mit den entsprechenden Umformungen der Dreiphasengrössen in Raumvektoren und umgekehrt, so ergibt sich das Blockschaltbild in Abbildung 3.18. Die beiden Blöcke $3/\alpha,\beta$ besitzen das Strukturdiagramm gemäss Abbildung 2.23a, während der Block $\alpha,\beta/3$ das in Abbildung 2.24a dargestellte Strukturdiagramm aufweist. Der Block $\alpha^{\mathrm{s}},\beta^{\mathrm{s}}/ef$, welcher die Frequenz f_{k} und den Einheitsraumvektor $e^{\mathrm{j}\vartheta_{\mathrm{k}}}$ bildet, ist analog zum Strukturdiagramm in Abbildung 2.26a aufgebaut.

Das Blockschaltbild in Abbildung 3.18 gilt für den Fall, dass das Koordinatensystem k aus den dreiphasigen ideellen Spannungen u_{i1}, u_{i2} und u_{i3} abgeleitet wird. Die Frequenz f_{k} ist dann gleich der Frequenz dieser

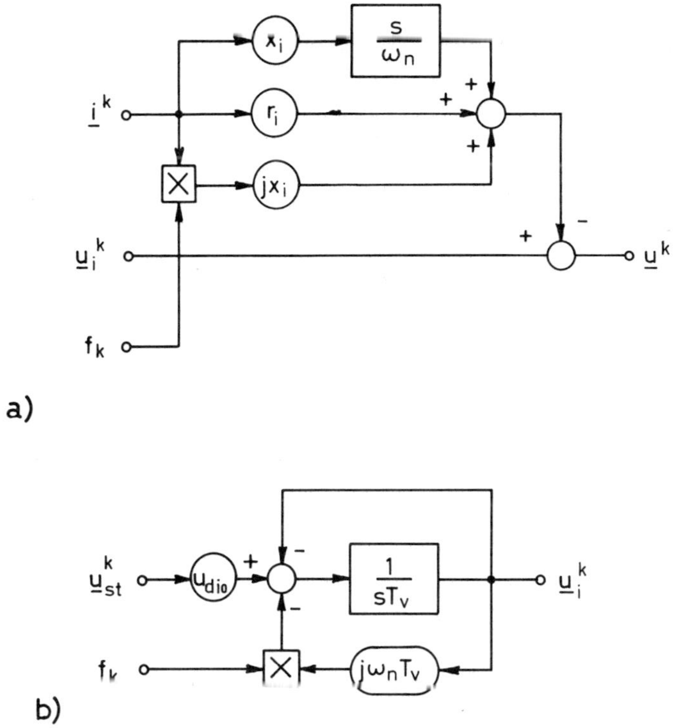

Abbildung 3.17
Strukturdiagramm eines dreiphasigen Direktumrichters, mit komplexen Raumvektoren dargestellt
a) Leistungsteil; b) Steuerteil

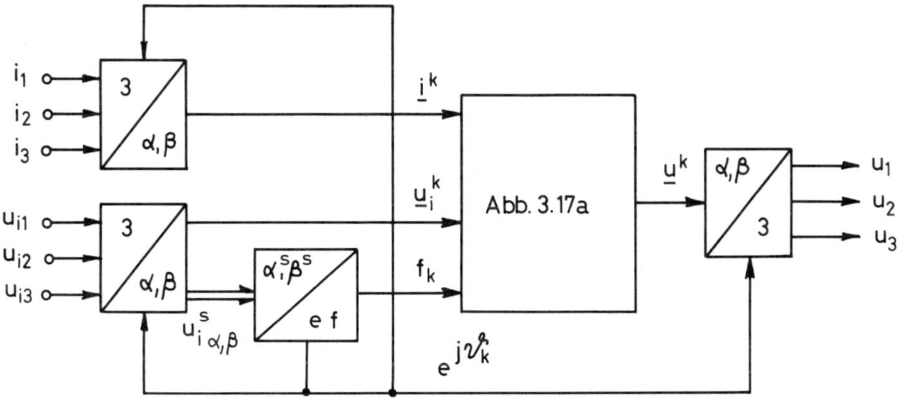

Abbildung 3.18
Blockschaltbild eines dreiphasigen Direktumrichters

ideellen Spannungen, welche durch die dreiphasigen Steuerspannungen u_{st1}, u_{st2} und u_{st3} vorgegeben wird. Arbeitet der Direktumrichter auf eine Drehstrommaschine, so ist es zweckmässig, für den Direktumrichter das gleiche Koordinatensystem k zu wählen, wie für die Drehstrommaschine. In diesem Fall werden f_k und $e^{j\vartheta_k}$ durch die Drehstrommaschine vorgegeben.

3.3 Der Zwischenkreisumrichter mit natürlicher Kommutierung

3.31 Schaltung und Funktionsweise

3.311 *Prinzipieller Aufbau*

Die Schaltung eines Zwischenkreisumrichters mit natürlicher Kommutierung ist in Abbildung 3.19 dargestellt. Der netzgeführte Stromrichter I in Drehstrom-Brückenschaltung arbeitet normalerweise im Gleichrichterbetrieb, wobei der Zündverzögerungswinkel α_I zwischen 0° und 90° stetig verändert wird. Damit ist der Mittelwert der Gleichspannung $U_{dI} = U_{dII} = U_z$ im Zwischenkreis vorgegeben. Der maschinengeführte Stromrichter II, der ebenfalls in Drehstrom-Brückenschaltung aufgebaut ist, arbeitet als Wechselrichter, wobei beispielsweise dessen Zündwinkel α_{II} (in bezug auf die Klemmenspannung der Maschine) fest auf 150° eingestellt wird (weitere Möglichkeiten werden in Abschnitt 3.312 beschrieben). Der Zündverzögerungswinkel $\alpha_{II} = 150°$ ist als Richtwert aufzufassen. Er hängt von der Kommutierungsreaktanz und der maximalen Ueberlast ab (siehe Abschnitt 3.324). Die Wirkleistung P fliesst somit vom Speisenetz über den Zwischenkreis zur Maschine, die als Motor arbeitet. In diesem Betriebsbereich kann der Zwischenkreisumrichter nur auf eine Synchronmaschine arbeiten, da nur diese die notwendige Spannung zur Kommutierung des maschinengeführten Stromrichters II aufbringen kann.

Zum Abbremsen der Synchronmaschine (Generatorbetrieb) ist der Stromrichter II mit $\alpha_{II} = 0°$ auf Gleichrichterbetrieb zu steuern. Die Gleichspannung U_z im Zwischenkreis ändert die Polarität, sie ist jetzt negativ. Demzufolge muss der netzgeführte Stromrichter I mit $\alpha_I = 90°$ bis 150° in den Wechselrichterbetrieb ausgesteuert werden. Die Wirkleistung P ist nun von der Maschine über den Zwischenkreis zum Speisenetz gerichtet, so dass Energie in das Speisenetz zurückgespeist werden kann. In diesem Betriebsbereich kann als Maschine auch eine Asynchronmaschine mit Schleifringläufer in Frage kommen, wobei deren Rotorwicklung mit dem maschinengeführten Stromrichter verbunden wird (untersynchrone Stromrichterkaskade). Da dann der Stromrichter II nur als vollausgesteuerter Gleichrichter betrieben wird, so werden die Thyristoren durch Dioden ersetzt. Im folgenden kann dieser Spezialfall mit $\alpha_{II} = 0°$ behandelt werden.

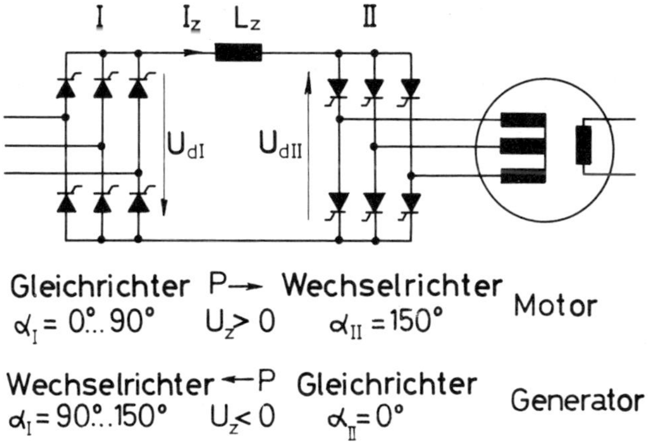

Abbildung 3.19
Schaltung eines Zwischenkreisumrichters mit natürlicher Kommutierung

Der Gleichstrom I_z im Zwischenkreis ändert bei Umkehr der Energierichtung seine Polarität nicht. Er wird durch die Drosselspule L_z geglättet. Da der Strom im Zwischenkreis eingeprägt ist, so spricht man auch von einem Gleichstromzwischenkreis. Die Drossel L_z hat überdies die Aufgabe die beiden Stromrichter zu trennen und die Differenz der Momentanwerte der beiden Stromrichterspannungen $U_{dI}(t)$ und $U_{dII}(t)$ aufzunehmen.

Der Zwischenkreisstrom kann durch Verändern des Zündverzögerungswinkels α_I des netzgeführten Stromrichters beeinflusst werden. Er ist insbesondere den Aenderungen der Klemmenspannung der Maschine nachzuführen, da im stationären Betrieb die Mittelwerte der beiden Gleichspannungen U_{dI} und U_{dII} gleich sein müssen.

Für den netzgeführten Stromrichter I sind die in Abschnitt 3.22 gefundenen Resultate gültig, wobei insbesondere das Ersatzschaltbild nach Abbildung 3.7 verwendet werden kann. Dagegen weist der maschinengeführte Stromrichter einige Besonderheiten auf, die in Abschnitt 3.32 untersucht werden sollen. Vorerst werden aber im folgenden Abschnitt noch einige Hinweise auf die Steuerung des Zwischenkreisumrichters gegeben.

3.312 *Die Steuerung des Zwischenkreisumrichters*

Beim netzgeführten Stromrichter werden die Zündimpulse aus der Spannung des Speisenetzes abgeleitet, wie dies bereits in Abschnitt 3.225 beschrieben wurde (siehe auch Abbildung 3.8).

Beim maschinengeführten Stromrichter ist es am naheliegendsten, die Zündimpulse aus der Klemmenspannung der Synchronmaschine abzuleiten,

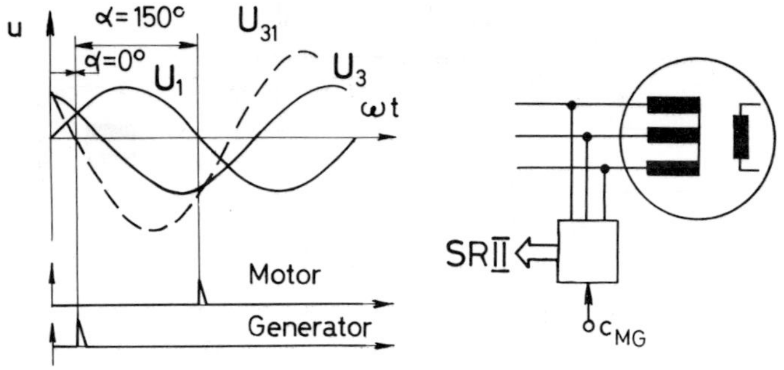

Abbildung 3.20
Steuerung des maschinengeführten Stromrichters SR II in Abhängigkeit der Maschinenspannung

wie dies schematisch in Abbildung 3.20 dargestellt ist. Da nur zwei konstantbleibende Zündverzögerungswinkel $\alpha = 150°$ (für Motorbetrieb) und $\alpha = 0°$ (für Generatorbetrieb) benötigt werden, so können die Zündimpulse im Nulldurchgang der Phasenspannung U_1 (für $\alpha = 150°$), bzw. einer entsprechenden verketteten Spannung U_{31} (für $\alpha = 0°$) gebildet werden (siehe Abbildung 3.20 für eine Phase). Die Umschaltung des Steuerwinkels von einem Wert zum andern wird durch ein digitales Signal c_{MG} je nach Motor- oder Generatorbetrieb bewerkstelligt.

Bei kleinen Drehzahlen nehmen die Spannungen der Synchronmaschine allerdings sehr kleine Werte an, so dass die Bestimmung des Nulldurchganges ungenau wird. Man verwendet daher vielfach auch einen mit dem Polrad der Synchronmaschine gekoppelten Lagegeber, der unabhängig von der Drehzahl eine Information über die jeweilige Lage des Polrades abgibt, und zwar entweder in analoger Form durch die Signale $\sin \vartheta$, $\cos \vartheta$ (mit ϑ dem elektrischen Winkel der Polradlage) oder in digitaler Form durch einen Winkelkodierer (siehe Bild 3.21).

Der maschinengeführte Stromrichter wird dann mit einem festeingestellten Zündwinkel α_p gegenüber dem Polrad betrieben. Bei der Ableitung der Zündimpulse aus der Polradlage ist zu berücksichtigen, dass eine Phasenverschiebung zwischen der vom Polrad induzierten Spannung u_p und der Klemmenspannung u_s besteht, die je nach Belastung verschieden ist (siehe das Zeigerdiagramm der Synchronmaschine in den Abbildungen 2.15d, e, f). Der Zündwinkel α_p muss dann so gewählt werden, dass bei Motorbetrieb kein Wechselrichterkippen auftreten kann, und zwar bei der grösstmöglichen Ueberlast und dass anderseits bei Generatorbetrieb der Stromrichter mit Sicherheit mit einem Zündwinkel $\alpha \geq 0$ gegenüber der Klemmenspannung der Maschine betrieben wird. Darauf wird noch näher bei der Behandlung des Stromrichtermotors in Abschnitt 5.213 eingegangen werden.

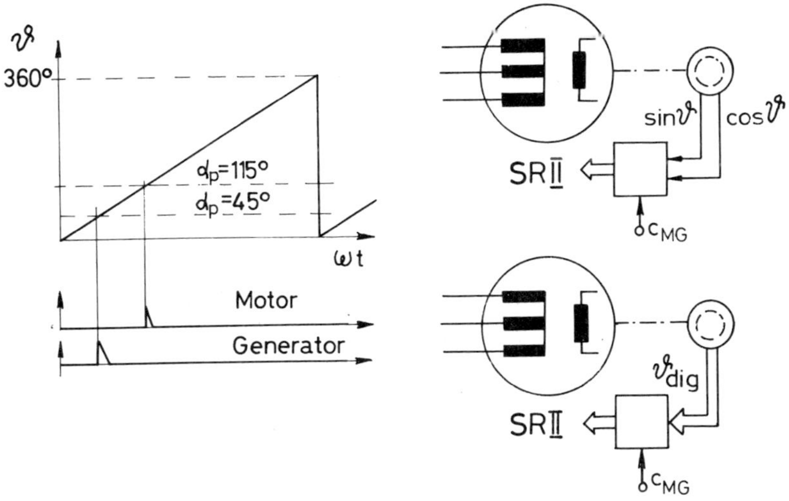

Abbildung 3.21
Steuerung des maschinengeführten Stromrichters SR II in Abhängigkeit der Polradlage einer Synchronmaschine

3.32 Der maschinengeführte Stromrichter

3.321 *Maschinengeführte Kommutierung*

Die Untersuchung des maschinengeführten Stromrichters erfolgt an Hand der Abbildung 3.22. Die Maschine ist dabei durch drei Spannungsquellen U_1, U_2 und U_3 sowie den Streuinduktivitäten L_σ ersetzt. Die Funktionsweise dieses Stromrichters im Wechselrichterbetrieb ist in Abbildung 3.23 angegeben. Dabei ist insbesondere der Einfluss der Kommutierung (Ueberlappungswinkel μ) dargestellt. Bei Wechselrichterbetrieb ist der Löschwinkel γ einzuhalten, damit kein Wechselrichterkippen auftreten kann.

Die Anordnung in Abbildung 3.22 entspricht derjenigen von Abbildung 3.5, abgesehen von den abweichenden Bezeichnungen. Die Resultate von Abschnitt 3.221 können sinngemäss übernommen werden. Inbesondere ist zu beachten, dass jetzt an Stelle der konstanten Netz-Kreisfrequenz ω_N mit der veränderlichen Kreisfrequenz ω der Maschine zu rechnen ist. Ueberdies kann vorausgesetzt werden, dass der Scheitelwert $\hat{U}_y$ der Maschinenspannung proportional zu ω ist, wobei mit den Nennwerten ω_n und $\hat{U}_n$ der Ansatz

$$\hat{U}_y = \frac{\omega}{\omega_n} \hat{U}_n \qquad (3.31a)$$

gemacht werden kann. Für den Ueberlappungswinkel μ folgt aus (3.4c)

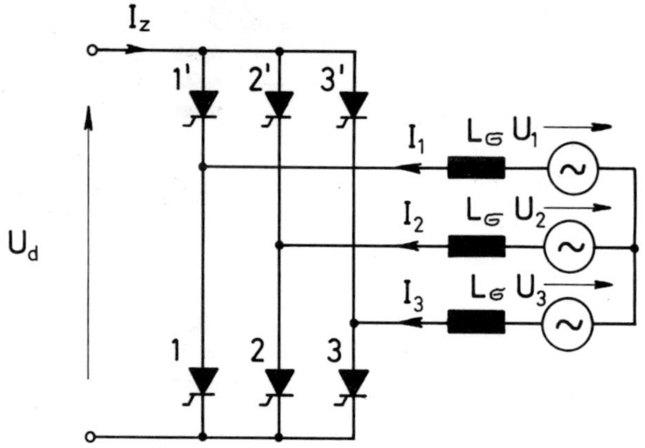

Abbildung 3.22
Maschinengeführter Stromrichter in Drehstrombrückenschaltung

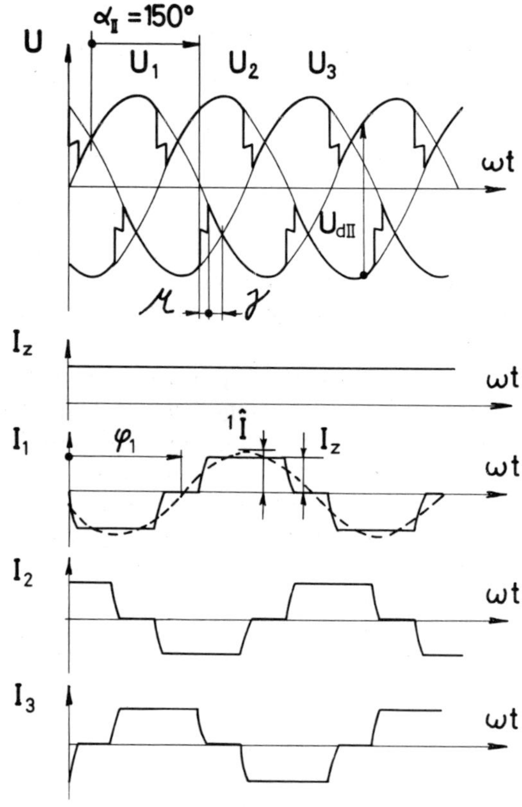

Abbildung 3.23
Wirkungsweise des maschinengeführten Stromrichters im Wechselrichterbetrieb

unter Beachtung der trigonometrischen Umformung in (3.9c) die Beziehung

$$\cos(\alpha+\mu)=\cos\alpha-\frac{2\omega L_\sigma}{\sqrt{3}\,\hat{U}_y}I_z=\cos\alpha-\frac{2\omega_n L_\sigma}{\sqrt{3}\,\hat{U}_n}I_z \qquad (3.31b)$$

da der zu kommutierende Gleichstrom gleich dem Strom I_z im Zwischenkreis ist.

Man erkennt aus dieser Gleichung, dass der Ueberlappungswinkel unabhängig von der Kreisfrequenz ω ist. Bei tiefen Frequenzen (unterhalb von einigen Hz) darf aber der Einfluss des ohmschen Widerstandes R im Kommutierungskreis nicht mehr vernachlässigt werden. Für den Kommutierungsvorgang muss dann das in Abbildung 3.24a dargestellte Ersatzschaltbild zugrunde gelegt werden. Es gilt jetzt die folgende Differentialgleichung für den Strom I_k im Kurzschlusskreis, während der Kommutierung des Stromes I_z von der Phase 3 auf die Phase 1, da $I_1=I_k$

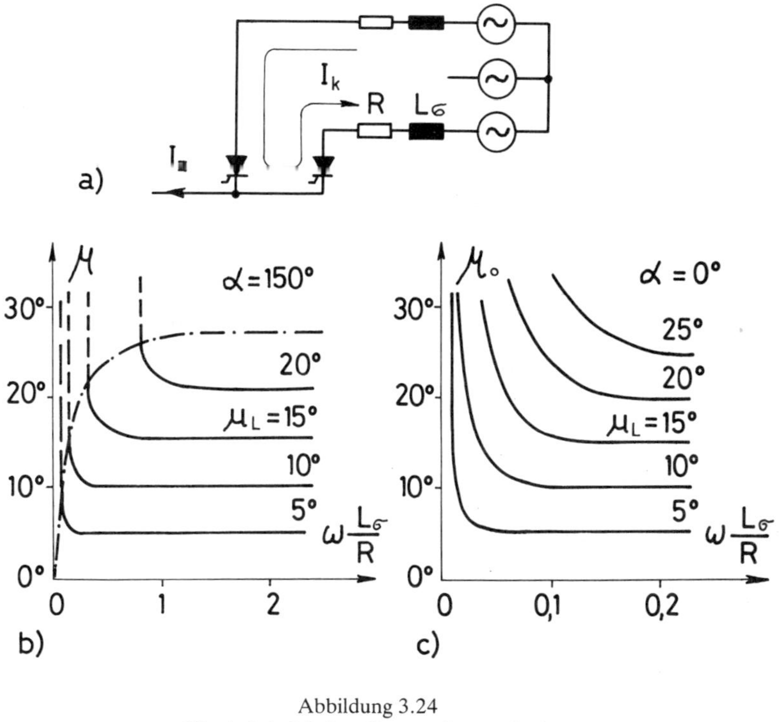

Abbildung 3.24
Ohmisch-induktiver Kommutierungskreis
a) Ersatzschaltbild für die Kommutierung des Stromes I_z von der Phase 3 auf die Phase 1;
b) Ueberlappungswinkel μ bei Wechselrichterbetrieb mit $\alpha=150°$;
c) Ueberlappungswinkel μ_0 bei Gleichrichterbetrieb mit $\alpha=0°$

und $I_3 = I_z - I_k$ ist

$$U_3 - U_1 + 2L_\sigma \frac{dI_k}{dt} + 2RI_k - RI_z = 0. \tag{3.32a}$$

Mit $U_1 = \hat{U}_y \cos \omega t$ und $U_3 = \hat{U}_y \cos(\omega t - 4\pi/3)$ besitzt diese Differentialgleichung die Lösung mit der Anfangsbedingung $I_k = 0$ für $\omega t = -\pi/3 + \alpha$

$$I_k = -\frac{\sqrt{3}\,\hat{U}_y}{2\sqrt{R^2 + (\omega L_\sigma)^2}} \left[\sin\left(\omega t - \frac{2\pi}{3} - \psi_\sigma\right) + \sin(\alpha - \psi_\sigma) \exp\left(-\frac{\omega t - \alpha + \pi/3}{\omega L_\sigma/R}\right)\right] + \frac{I_z}{2}\left[1 - \exp\left(-\frac{\omega t - \alpha + \pi/3}{\omega L_\sigma/R}\right)\right] \tag{3.32b}$$

mit

$$\operatorname{tg} \psi_\sigma = \frac{\omega L_\sigma}{R}. \tag{3.32c}$$

Am Ende der Kommutierung, d. h. für $\omega t = -\frac{\pi}{3} + \alpha + \mu$ ist $I_k = I_z$. Für die Bestimmung des Ueberlappungswinkels μ gilt dann die transzendente Gleichung

$$\sin(\alpha + \mu - \psi_\sigma) - \sin(\alpha - \psi_\sigma) \exp\left(-\frac{\mu}{\omega L_\sigma/R}\right) = \frac{2\sqrt{R^2 + (\omega L_\sigma)^2}}{\sqrt{3}\hat{U}_n} \frac{\omega_n}{\omega} I_z \frac{1 + \exp\left(-\frac{\mu}{\omega L_\sigma/R}\right)}{2}. \tag{3.33a}$$

Dabei wurde $\hat{U}_y$ durch die Beziehung in (3.31a) ersetzt. Den ersten Teil des Ausdruckes auf der rechten Seite von (3.33a) kann man wie folgt umformen

$$\frac{2\sqrt{R^2 + (\omega L_\sigma)^2}}{\sqrt{3}\,\hat{U}_n} \frac{\omega_n}{\omega} I_z = \sqrt{\frac{1}{\operatorname{tg}^2 \psi_\sigma} + 1}\, \frac{2\omega_n L_\sigma}{\sqrt{3}\,\hat{U}_n} I_z = \frac{\cos\alpha - \cos(\alpha + \mu_L)}{\sin \psi_\sigma}. \tag{3.33b}$$

Dabei wurde mit μ_L der Ueberlappungswinkel bei rein induktiver Kommutierung eingeführt, der sich aus Gleichung (3.31b) ergibt, d. h.

$$\cos(\alpha + \mu_L) = \cos\alpha - \frac{2\omega_n L_\sigma}{\sqrt{3}\,\hat{U}_n} I_z. \tag{3.33c}$$

Damit folgt

$$\left[\sin(\alpha + \mu - \psi_\sigma) - \sin(\alpha - \psi_\sigma) \exp\left(-\frac{\mu}{\omega L_\sigma/R}\right)\right] \sin\psi_\sigma = [\cos\alpha - \cos(\alpha + \mu_L)] \frac{1 + \exp\left(-\frac{\mu}{\omega L_\sigma/R}\right)}{2}. \tag{3.33d}$$

Für den Wechselrichterbetrieb des maschinengeführten Stromrichters, d. h. für $\alpha = 150°$ ist in Abbildung 3.24b der Ueberlappungswinkel μ in Anhängigkeit von $\omega L_\sigma/R$ aufgetragen, mit μ_L als Parameter. Man erkennt, dass für kleine Werte von $\omega L_\sigma/R$ der Ueberlappungswinkel μ sehr stark ansteigt und grösser als 30° wird, so dass Wechselrichterkippen auftritt. Oberhalb der strichpunktierten Kurve ist keine stabile Kommutierung möglich. Bei tiefen Frequenzen ist die Synchronmaschine somit nicht mehr in der Lage die Kommutierung des Wechselrichters zu gewährleisten. Die in diesem Betriebsbereich zu treffenden Massnahmen werden in Abschnitt 5.21 bei der Behandlung des Stromrichtermotors angegeben. Im Bereich, in dem die Kommutierung des Wechselrichters noch einwandfrei gewährleistet ist, ist der Ueberlappungswinkel μ bei ohmisch-induktivem Kommutierungskreis praktisch gleich dem Ueberlappungswinkel μ_L bei rein induktiver Kommutierung, so dass man mit der einfacheren Beziehung in (3.31b) rechnen darf.

Für den vollausgesteuerten Gleichrichterbetrieb, d. h. für $\alpha = 0$ ist der Ueberlappungswinkel μ_0 in Abbildung 3.24c dargestellt. Man erkennt, dass sich hier der Einfluss des ohmschen Widerstandes auf die Kommutierung erst bei kleineren Werten von $\omega L_\sigma/R$ bemerkbar macht (beachte den unterschiedlichen Masstab gegenüber Abbildung 3.24b). Dieser Betriebsfall ist bei der untersynchronen Stromrichterkaskade von Interesse. Hier ist $\omega = f_r \omega_n$ und somit durch die Schlupffrequenz f_r bestimmt. In der Nähe des Synchronismus kann ω ohne weiteres solche Werte annehmen, dass der Einfluss des ohmschen Widerstandes auf die Kommutierung berücksichtigt werden muss. Im folgenden wird daher dieser spezielle Betriebsfall mit $\alpha = 0°$ besonders behandelt werden. Diese Beziehungen gelten aber nur solange $\mu \leq 60°$ ist, da sonst mehrere Thyristoren gleichzeitig kommutieren, so dass die getroffenen Voraussetzungen nicht mehr gültig sind.

3.322 *Der Mittelwert der Gleichspannung*

Vorerst wird der Mittelwert der Gleichspannung $U_{d\alpha}$ bestimmt werden. Analog zu Abschnitt 3.222 soll auch hier eine Aufteilung in die ideelle Spannung $U_{di\alpha}$ und den Anteil der Kommutierung U_{dk} vorgenommen werden [siehe Gleichung (3.6)]. Für die ideelle Spannung $U_{di\alpha}$ gilt (3.7d), d. h.

$$U_{di\alpha} = U_{di0} \cos \alpha \tag{3.34a}$$

wobei jetzt

$$U_{di0} = \frac{3\sqrt{3}}{\pi} \hat{U}_y = \frac{3\sqrt{3}}{\pi} \frac{\omega}{\omega_n} \hat{U}_n \tag{3.34b}$$

ist. Bei konstantem Zündverzögerungswinkel α ist somit $U_{di\alpha}$ proportional zu ω.

Für den Anteil U_{dk} kann man unter Voraussetzung rein induktiver Kommutierung die Beziehung in (3.8d) verwenden, welche mit den hier verwendeten Bezeichnungen

$$U_{dk} = -\frac{3}{\pi}\,\omega L_\sigma I_z \tag{3.35}$$

lautet. Somit ist auch U_{dk} proportional zu ω.

Für den Spezialfall ohmisch-induktiver Kommutierung mit $\alpha = 0°$ muss zur Bestimmung von U_{dk} auf Gleichung (3.8b) zurückgegriffen werden. Dabei bleibt der zusätzliche ohmsche Spannungsabfall $RI_z/2$ unberücksichtigt. Dieser ist normalerweise sehr klein und darf daher vernachlässigt werden. Die Gleichung (3.8b) lautet in unserem Fall

$$U_{dk} = -\frac{3}{\pi}\frac{1}{2}\int_{-\pi/3}^{-\pi/3+\mu_0} (U_1 - U_3)\,\mathrm{d}\omega t. \tag{3.36a}$$

Ersetzt man darin U_1 und U_3 durch die bereits oben verwendeten Ausdrücke, so folgt nach durchgeführter Integration

$$U_{dk} = -\frac{3}{\pi}\frac{\sqrt{3}}{2}\,\hat{U}_y(1-\cos\mu_0). \tag{3.36b}$$

Diese Gleichung kann durch Ersatz von $\hat{U}_y$ durch den Ausdruck in (3.31a) und Einführung von μ_L aus (3.33c) mit $\alpha = 0$ wie folgt umgeformt werden. Da

$$1-\cos\mu_L = \frac{2\omega_n L_\sigma}{\sqrt{3}\,\hat{U}_n}\,I_z \tag{3.36c}$$

ist, so gilt

$$U_{dk} = -\frac{3}{\pi}\frac{\sqrt{3}}{2}\frac{\omega}{\omega_n}\,\hat{U}_n(1-\cos\mu_0) = -\frac{3}{\pi}\,\omega L_\sigma I_z\,\frac{1-\cos\mu_0}{1-\cos\mu_L}. \tag{3.36d}$$

Bei ohmisch-induktiver Kommutierung ist somit U_{dk} gegenüber dem Wert bei rein induktiver Kommutierung um den Faktor $(1-\cos\mu_0)/(1-\cos\mu_L)$ zu korrigieren. Dabei ist zu beachten, dass μ_0 und μ_L selber vom Strom I_z abhängen. Dieser Einfluss wird später bei der Bestimmung des bezogenen inneren Widerstandes des Stromrichters noch näher untersucht werden.

3.323 *Bezogene Grössen*

Zum Uebergang auf bezogene Grössen, werden die Nennwerte U_{dn} für die Gleichspannung und I_{zn} für den Gleichstrom im Zwischenkreis eingeführt. Die Definition dieser Bezugsgrössen wird anschliessend gegeben werden.

Damit folgt in bezogenen Grössen

$$u_{di\alpha} = u_{di0} \cos \alpha \tag{3.37a}$$

mit

$$u_{di0} = \frac{U_{di0}}{U_{dn}}. \tag{3.37b}$$

Bei rein induktiver Kommutierung ist (wenn $\omega = f\omega_n$ gesetzt wird, wobei f die bezogene Frequenz der Klemmenspannung der Maschine bedeutet)

$$u_{dk} = -\frac{3}{\pi}\,\omega_n L_\sigma \frac{I_{zn}}{U_{dn}} f \cdot i_z. \tag{3.37c}$$

Bei ohmisch-induktiver Kommutierung und $\alpha = 0°$ folgt aus (3.36d)

$$u_{dk} = -\frac{3}{\pi}\,\omega_n L_\sigma \frac{I_{zn}}{U_{dn}} \frac{1-\cos \mu_0}{1-\cos \mu_L} f \cdot i_z. \tag{3.37d}$$

Es ist angezeigt die Nennwerte U_{dn} und I_{zn} im Gleichstromzwischenkreis mit den Nennwerten $\hat{U}_n$ und $\hat{I}_n$ der Drehstrommaschine in Verbindung zu setzen. Besonders einfache Verhältnisse ergeben sich, wenn U_{dn} gleich dem Wert von U_{di0} bei Nennbetrieb gesetzt wird. Aus (3.34b) folgt mit $\omega = \omega_n$

$$U_{dn} = \frac{3\sqrt{3}}{\pi}\,\hat{U}_n. \tag{3.38a}$$

Für den bezogenen Wert u_{di0} folgt aus (3.37b) unter Beachtung der ersten Beziehung in (3.34b)

$$u_{di0} = \frac{U_{di0}}{U_{dn}} = \frac{\frac{3\sqrt{3}}{\pi}\hat{U}_y}{\frac{3\sqrt{3}}{\pi}\hat{U}_n} = u \tag{3.38b}$$

wobei $u = \hat{U}_y/\hat{U}_n$ der bezogene Wert der Maschinenklemmenspannung ist.

Um einen Zusammenhang zwischen den Nennwerten I_{zn} und $\hat{I}_n$ zu erhalten, wird die Grundwelle der Ströme I_1, I_2 und I_3 auf der Drehstromseite des Stromrichters bestimmt. Diese ist in Abbildung 3.23 für den Strom I_1 gestrichelt eingetragen. Zur Bestimmung der Grundwelle ist es zulässig, den Einfluss der Kommutierung zu vernachlässigen. Die Ströme weisen dann eine Rechteckform auf, wobei die Stromblöcke eine Dauer $\omega t = 2\pi/3$ besitzen. Orientiert man die Zeitachse ωt bei der Fourier-Analyse so, dass deren Nullpunkt in die Mitte zwischen zwei Stromblöcke zu liegen kommt, so gilt für die Amplitude der Grundwelle ${}^1\hat{I}$ infolge der Symmetrie das Integral

$${}^1\hat{I} = \frac{2}{\pi} \int_{\pi/6}^{5\pi/6} I_z \sin \omega t \, d\omega t = \frac{2\sqrt{3}}{\pi} I_z. \tag{3.39a}$$

Bei Nennbetrieb entspricht I_{zn} gerade der Amplitude $\hat{I}_n$ des sinusförmig vorausgesetzten Nennstromes der Maschine. Es ist somit

$$I_{zn} = \frac{\pi}{2\sqrt{3}} \hat{I}_n . \tag{3.39b}$$

Damit folgt auch die Beziehung in bezogenen Grössen

$$i_z = {}^1i \tag{3.39c}$$

wenn ${}^1i = {}^1\hat{I}/\hat{I}_n$ der bezogene Wert der Grundwelle des Maschinenstromes ist.

3.324 *Das Ersatzschaltbild des maschinengeführten Stromrichters als stetiges System*

Auch für den maschinengeführten Stromrichter lässt sich ein Ersatzschaltbild als stetiges System aufstellen. Dieses ist in Abbildung 3.25 dargestellt.

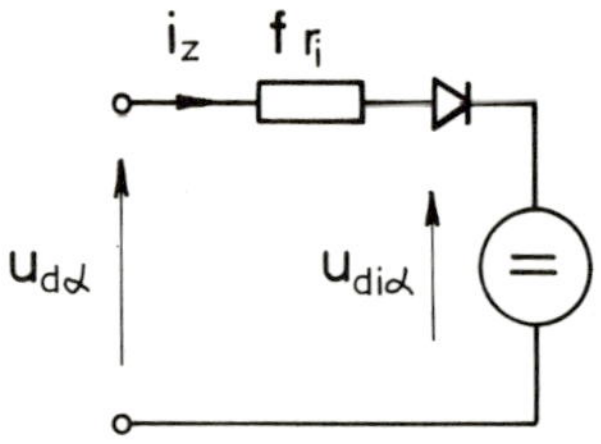

Abbildung 3.25
Ersatzschaltbild eines maschinengeführten Stromrichters als stetiges System

Die ideelle Spannung $u_{di\alpha}$ wird wiederum durch eine Spannungsquelle wiedergegeben, wobei $u_{di\alpha}$ durch (3.37a) gegeben ist. Die eingezeichnete Diode deutet an, dass der Zwischenkreisstrom nur in der Durchlassrichtung fliessen kann. Der durch die Kommutierung bedingte Innenwiderstand fr_i ist proportional zur bezogenen Maschinenfrequenz f, wobei r_i aus (3.37c) zu

$$r_i = \frac{3}{\pi} \omega_n L_\sigma \frac{I_{zn}}{U_{dn}} \tag{3.40a}$$

folgt.

In diesem Ersatzschaltbild erscheint dagegen keine innere Induktivität, wie dies bei den netzgeführten Stromrichtern der Fall war (vergleiche z. B. mit Abbildung 3.7b). Wie in Abschnitt 3.323 gezeigt wurde, hängt u_{di0} und somit auch $u_{di\alpha}$ von der Maschinenspannung u ab, die ihrerseits bei Ausgleichsvorgängen vom Maschinenstrom ${}^1i$ abhängig ist, der wiederum in einer festen Beziehung zum Strom i_z im Zwischenkreis steht. Die

Ausgleichsvorgänge werden im vorliegenden Fall durch das Gleichungssystem der Maschine beschrieben und im Ersatzschaltbild des maschinengeführten Stromrichters ist daher keine innere Induktivität vorzusehen.

Der Innenwiderstand r_i kann mit Hilfe der Beziehungen (3.38a) und (3.39b) auch durch

$$r_i = \frac{1}{2}\frac{\pi}{3}\,\omega_n L_\sigma \frac{\hat{I}_n}{\hat{U}_n} = \frac{\pi}{3}\frac{x_\sigma}{2} \tag{3.40b}$$

ausgedrückt werden, wobei mit

$$x_\sigma = \omega_n L_\sigma \frac{\hat{I}_n}{\hat{U}_n} \tag{3.40c}$$

die bezogene Streuinduktivität der Maschine eingeführt wurde.

Der Zusammenhang zwischen Zündverzögerungswinkel α und Ueberlappungswinkel μ gemäss (3.31b) lässt sich dann ebenfalls in bezogenen Grössen ausdrücken, und zwar wie folgt in Beziehung mit dem Innenwiderstand r_i bringen

$$\cos\alpha - \cos(\alpha+\mu) = 2\omega_n L_\sigma \frac{I_z}{\sqrt{3}\,\hat{U}_n} = 2\,\frac{3}{\pi}\,\omega_n L_\sigma \frac{I_{zn}}{U_{dn}}\, i_z = 2 r_i i_z. \tag{3.41a}$$

Ersetzt man darin r_i durch x_σ gemäss (3.40b) und beachtet, dass nach (3.39c) $i_z = {}^1i$ ist, so kann man auch

$$\cos\alpha - \cos(\alpha+\mu) = \frac{\pi}{3}\, x_\sigma {}^1 i \tag{3.41b}$$

setzen.

Damit lässt sich der Zündverzögerungswinkel α im Wechselrichterbetrieb bestimmen, der bei einem bestimmten Wert von $x_\sigma {}^1 i$ notwendig ist, um einen Löschwinkel γ einzuhalten, so dass kein Kippen des Wechselrichters auftritt. Für $\gamma = 10°$ muss $\alpha + \mu = 170°$ sein. Der notwendige Zündverzögerungswinkel α ist in Abbildung 3.26 dargestellt. Daraus erkennt man, dass bei dem üblichen Wert von $\alpha = 150°$ an der Wechselrichtertrittgrenze $x_\sigma {}^1 i = 0{,}113$ ist.

Bis anhin wurde stillschweigend rein induktive Kommutierung vorausgesetzt. Es soll nun noch der Spezialfall ohmisch-induktiver Kommutierung bei $\alpha = 0°$ untersucht werden. Aus (3.37d) folgt der bezogene Innenwiderstand, entsprechend $r_i = -u_{dk}/fi_z$, zu

$$r_i = \frac{3}{\pi}\,\omega_n L_\sigma \frac{I_{zn}}{U_{dn}} \frac{1-\cos\mu_0}{1-\cos\mu_L} = r_{iL}\frac{1-\cos\mu_0}{1-\cos\mu_L} \tag{3.42a}$$

wobei mit r_{iL} der Innenwiderstand bei rein induktiver Kommutierung gemäss (3.40a) eingeführt wurde. Wie in Abschnitt 3.321 abgeleitet wurde, hängt μ

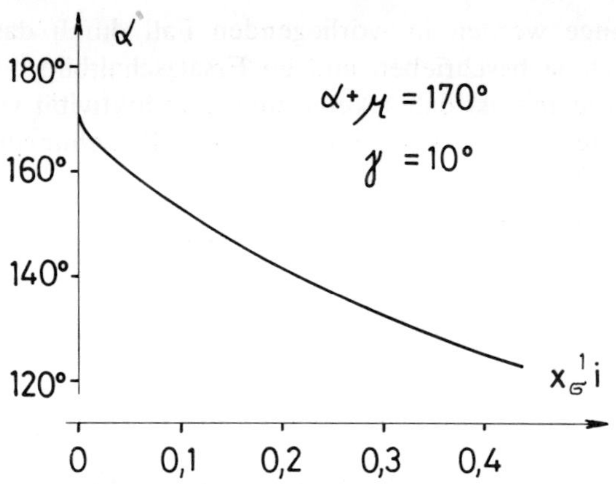

Abbildung 3.26
Maschinengeführter Stromrichter im Wechselrichterbetrieb, notwendiger Zündverzögerungswinkel α zur Einhaltung des Löschwinkels $\gamma = 10°$ zur Vermeidung des Wechselrichterkippens

nach (3.33d) von μ_L ab, wobei μ_L seinerseits eine Funktion vom Strom i_z im Zwischenkreis ist. Aus (3.41a) folgt mit $\alpha = 0°$ und $r_i = r_{iL}$

$$1 - \cos \mu_L = 2 r_{iL} i_z . \tag{3.42b}$$

In Abbildung 3.27 ist r_i/r_{iL} in Funktion von $r_{iL} i_z$ aufgetragen, mit $f\omega_n T_\sigma$ als Parameter, wobei

$$T_\sigma = \frac{L_\sigma}{R} \tag{3.42c}$$

eingeführt wurde. Man erkennt, dass r_i bei kleinen Werten von $f\omega_n T_\sigma$ sehr rasch mit dem Strom i_z ansteigt. In Abbildung 3.27 ist noch die Grenzkurve für $\mu = 60°$ eingetragen. Die bisher abgeleiteten Beziehungen sind nur bis zu diesem Ueberlappungswinkel von 60° gültig. Wird μ grösser, so kommutieren gleichzeitig zwei Thyristoren in den beiden Hälften der Drehstrombrückenschaltung. Für den Mittelwert der Gleichspannung sowie für den inneren Widerstand gelten dann andere Verhältnisse. Dieser Bereich ist jedoch im Zusammenhang mit dem Regelverhalten des maschinengeführten Stromrichters nicht von grosser Bedeutung und es soll nicht näher auf diese Besonderheit eingegangen werden.

3.325 *Die Steuerung des maschinengeführten Stromrichters*

Wie bereits in Abschnitt 3.312 ausgeführt wurde, bestehen im Prinzip zwei Möglichkeiten für die Steuerung des maschinengeführten Stromrichters, und zwar Steuerung mit konstantem Zündverzögerungswinkel α gegenüber der

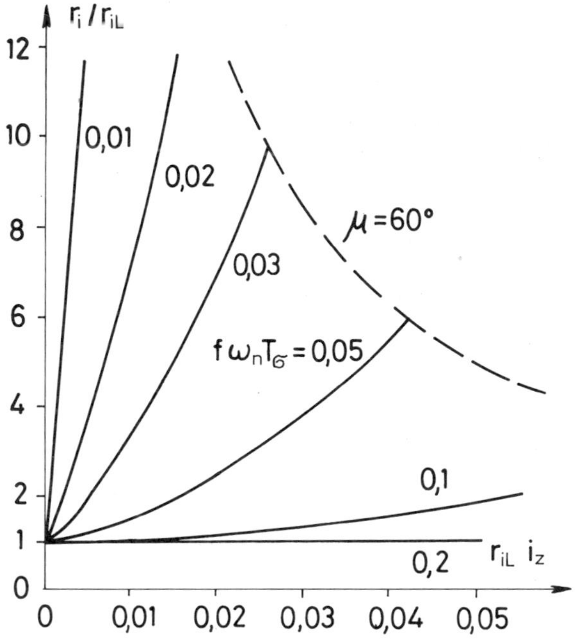

Abbildung 3.27
Innerer Widerstand r_i bei ohmisch-induktiver Kommutierung und $\alpha = 0°$ bezogen auf den inneren Widerstand bei rein induktiver Kommutierung r_{iL} in Abhängigkeit von $r_{iL} i_z$

Maschinenspannung oder Steuerung mit konstantem Zündverzögerungswinkel α_p gegenüber dem Polrad bei einer Synchronmaschine. Die Auswirkung dieser zwei Steuerungsarten soll nachstehend näher untersucht werden.

Bei Steuerung mit konstantem Zündverzögerungswinkel α gegenüber der Maschinenspannung folgt aus (3.37a) und (3.38b)

$$u_{\text{di}\alpha} = u \cos \alpha. \tag{3.43}$$

Die ideelle Gleichspannung $u_{\text{di}\alpha}$ ist demnach proportional der Klemmenspannung u der Maschine. Bei Wechselrichterbetrieb ist $\alpha \geq 90°$ und $u_{\text{di}\alpha}$ negativ.

Die Beziehung (3.43) gilt auch bei Ausgleichsvorgängen, da sich eine Aenderung der Maschinenspannung ohne Zeitverzögerung auf die Gleichspannung auswirkt.

Durch den Zündverzögerungswinkel α ist auch die Phasenverschiebung φ_1 der Grundwelle des Stromes auf der Drehstromseite des Stromrichters festgelegt. Diese Phasenverschiebung ist in Abbildung 3.23 eingetragen und man erkennt daraus, dass die Grundwelle des Phasenstromes der entsprechenden Phasenspannung um diesen Winkel φ_1 nacheilt. Diese

Phasenverschiebung kann aus dem Stromverlauf durch eine Fourieranalyse bestimmt werden, unter Berücksichtigung des exakten Stromverlaufes während der Kommutierung. Diese Rechnung ist relativ mühsam (siehe z. B. WASSERRAB [30], S. 336). Nachstehend wird gezeigt, wie die Phasenverschiebung mit guter Näherung auf einfache Art und Weise bestimmt werden kann. Bei Vernachlässigung der Wirkverluste im Stromrichter muss die Wirkleistung auf der Drehstromseite gleich derjenigen auf der Gleichstromseite sein, d. h. in nichtbezogenen Grössen ausgedrückt

$$3U_y{}^1I_{\text{eff}} \cos\varphi_1 = U_{d\alpha} I_z. \tag{3.44a}$$

Führt man bezogene Grössen ein, so ist auf der Drehstromseite

$$U_y = \frac{\hat{U}_y}{\sqrt{2}} = \frac{\hat{U}_n}{\sqrt{2}} u \tag{3.44b}$$

$$^1I_{\text{eff}} = \frac{^1\hat{I}}{\sqrt{2}} = \frac{\hat{I}_n}{\sqrt{2}} {}^1i. \tag{3.44c}$$

Für die Gleichspannung gilt

$$U_{d\alpha} = U_{dn}(u_{di\alpha} + u_{dk}) = U_{dn}(u \cos\alpha - f r_i i_z). \tag{3.44d}$$

Setzt man voraus, dass die bezogene Frequenz f gleich der bezogenen Maschinenspannung u ist, so kann man unter Verwendung von (3.41a) den Ausdruck für $U_{d\alpha}$ noch weiter umformen und auf die Form

$$U_{d\alpha} = U_{dn} u \left(\cos\alpha - \frac{\cos\alpha - \cos(\alpha+\mu)}{2} \right) = \frac{3\sqrt{3}}{\pi} \hat{U}_n u \frac{\cos\alpha + \cos(\alpha+\mu)}{2} \tag{3.44e}$$

bringen, wobei U_{dn} durch (3.38a) ersetzt wurde. Für den Gleichstrom im Zwischenkreis folgt aus (3.39b) und (3.39c)

$$I_z = I_{zn} i_z = \frac{\pi}{2\sqrt{3}} \hat{I}_n {}^1i. \tag{3.44f}$$

Diese Beziehung ist insofern als Näherung zu betrachten, als der Zusammenhang $i_z = {}^1i$ streng genommen nur bei rechteckförmigem Stromverlauf gilt, d. h. bei Vernachlässigung der Kommutierung. Bei Berücksichtigung der Kommutierung ist dieser Zusammenhang im normalen Betriebsbereich noch sehr gut erfüllt. Selbst bei extremen Verhältnissen von $\mu = 60°$ bei $\alpha = 0°$ beträgt die Abweichung nur 3%.

Setzt man diese Beziehungen in (3.44a) ein, so folgt

$$\cos\varphi_1 = \frac{\cos\alpha + \cos(\alpha+\mu)}{2}. \tag{3.45a}$$

Mit einer bekannten trigonometrischen Umformung kann man dafür auch

$$\cos \varphi_1 = \cos\left(\alpha + \frac{\mu}{2}\right) \cos \frac{\mu}{2} \tag{3.45b}$$

schreiben. Bei kleinen Ueberlappungswinkeln μ kann $\cos(\mu/2) = 1$ gesetzt werden und es gilt dann näherungsweise

$$\varphi_1 \approx \alpha + \frac{\mu}{2}. \tag{3.45c}$$

Die Grundwelle des Phasenstromes auf der Drehstromseite des Stromrichters ist somit um den Zündverzögerungswinkel α und den halben Ueberlappungswinkel $\mu/2$ gegenüber der entsprechenden Phasenspannung verzögert. Genauere Werte liefert der Ansatz

$$\varphi_1 = \alpha + \varphi_{1k} \tag{3.45d}$$

wobei φ_{1k} aus (3.45b) berechnet werden kann. In Abbildung 3.28 ist φ_{1k} in Abhängigkeit von μ dargestellt, und zwar für $\alpha = 0°$ und $\alpha = 150°$. Ein Vergleich dieser Werte mit den exakten Werten, die aus der bereits erwähnten Fourier-Analyse erhalten werden, zeigt nur kleine Abweichungen, so dass die Beziehung in (3.45b) gut brauchbare Näherungswerte liefert.

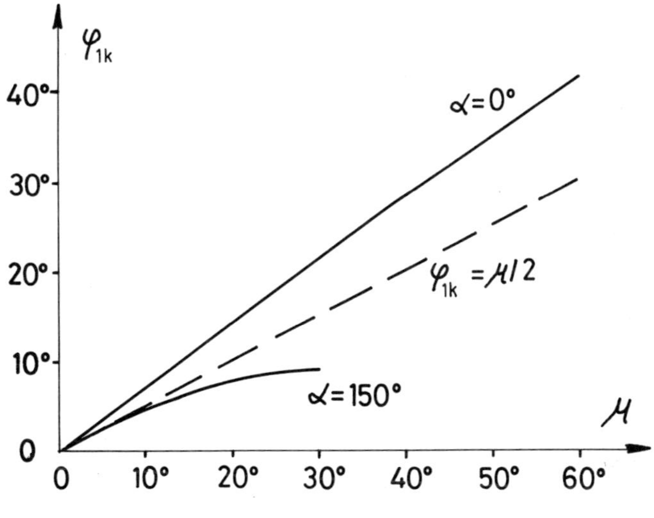

Abbildung 3.28
Zusätzliche Verschiebung φ_{1k} der Grundwelle des Wechselstromes auf der Drehstromseite des maschinengeführten Stromrichters gegenüber dem Zündverzögerungswinkel α in Abhängigkeit des Ueberlappungswinkels μ

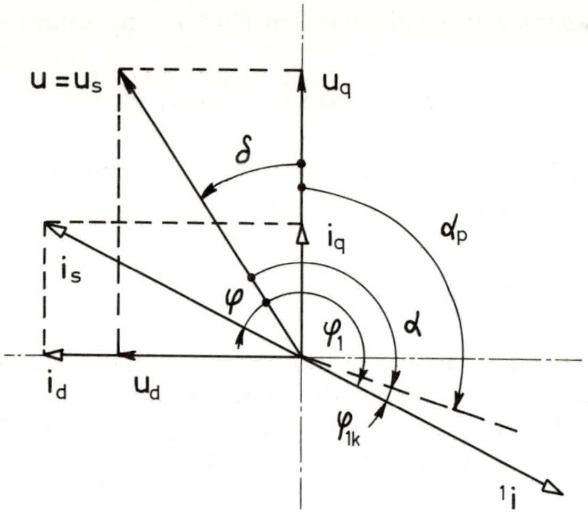

Abbildung 3.29
Zeigerdiagramm bei Betrieb des maschinengeführten Stromrichters mit konstantem Zündverzögerungswinkel α_p gegenüber dem Polrad einer Synchronmaschine

Zur Untersuchung der Verhältnisse, die bei konstantem Zündverzögerungswinkel α_p gegenüber dem Polrad einer Synchronmaschine auftreten, wird das Zeigerdiagramm in Abbildung 3.29 betrachtet (siehe auch Abschnitt 2.342). Gemäss der gewählten positiven Zählrichtung der Phasenströme auf der Drehstromseite des Stromrichters in Abbildung 3.22 ist der Zeiger ^1i entgegengesetzt dem Zeiger des Statorstromes i_s gerichtet.

Mit dem Zündverzögerungswinkel α_p gegenüber dem Polrad und dem Polradwinkel δ folgt aus Abbildung 3.29 für den Zündverzögerungswinkel α gegenüber der Klemmenspannung der Maschine $u_s = u$

$$\alpha = \alpha_p + \delta. \tag{3.46a}$$

Damit erhält man aus (3.43)

$$\begin{aligned} u_{di\alpha} &= u_s \cos(\alpha_p + \delta) = u_s \cos\delta \cos\alpha_p - u_s \sin\delta \sin\alpha_p \\ &= u_q \cos\alpha_p + u_d \sin\alpha_p \end{aligned} \tag{3.46b}$$

wobei nach (2.70a) die Spannung $u_q = u_s \cos\delta$ der Querachse und $u_d = -u_s \sin\delta$ der Längsachse eingeführt wurde.

Anderseits gilt nach (2.70b) für den Strom in der Längsachse $i_d = -i_s \sin(\delta + \varphi)$ und in der Querachse $i_q = i_s \cos(\delta + \varphi)$. Die Phasenverschiebung φ des Stromes i_s gegenüber der Spannung u_s ist nach Abbildung 3.29

$$\varphi = \pi - \varphi_1 \tag{3.47a}$$

dabei ist

$$\varphi_1 = \delta + \alpha_p + \varphi_{1k}. \tag{3.47b}$$

Ersetzt man noch i_s durch $^1i = i_z$, so folgt

$$i_d = -i_z \sin(\alpha_p + \varphi_{1k}) \tag{3.47c}$$

$$i_q = -i_z \cos(\alpha_p + \varphi_{1k}). \tag{3.47d}$$

Bei der Steuerung des Stromrichters in Abhängigkeit des Zündverzögerungswinkels α_p gegenüber dem Polrad der Synchronmaschine ergibt sich ein unmittelbarer Zusammenhang zwischen Spannung und Strom auf der Gleichstromseite des Stromrichters und den Spannungen und Strömen in Längs- und Querachse der Synchronmaschine.

3.33 Der Zwischenkreisumrichter

3.331 *Definition der Bezugsgrössen*

Wie in Abbildung 3.19 gezeigt wurde, entsteht der Zwischenkreisumrichter aus der Zusammenschaltung eines netzgeführten Stromrichters und eines maschinengeführten Stromrichters über einen Gleichstromzwischenkreis. Um das Gleichungssystem der beiden Stromrichter in bezogenen Grössen ausdrücken zu können, ist es notwendig, dass für beide Stromrichter die gleichen Bezugsgrössen verwendet werden. Da die Bezugsgrössen des maschinengeführten Stromrichters bereits mit den Bezugsgrössen der Drehstrommaschine in Verbindung gebracht wurden, so ist es naheliegend für den Zwischenkreisumrichter diese, in Abschnitt 3.323 eingeführten Bezugsgrössen zu verwenden.

3.332 *Das Ersatzschaltbild des Zwischenkreisumrichters als stetiges System*

Aus dem Ersatzschaltbild des netzgeführten Stromrichters in Abbildung 3.7 und dem Ersatzschaltbild des maschinengeführten Stromrichters in Abbildung 3.25 lässt sich das in Abbildung 3.30b dargestellte Ersatzschaltbild des Zwischenkreisumrichters als stetiges System aufstellen, wobei vorerst mit nichtbezogenen Grössen gearbeitet wird. Im Ersatzschaltbild ist noch die Induktivität L_z der Glättungsdrossel im Gleichstromzwischenkreis einzubeziehen. Deren ohmscher Widerstand kann bei grösseren Antrieben normalerweise vernachlässigt werden. Gegebenenfalls ist dieser Widerstand R_z zum innern Widerstand R_{iI} des netzgeführten Stromrichters hinzuzuschlagen.

Aus Abbildung 3.30b folgt

$$-U_{di\alpha I} + (R_{iI} + R_{iII})I_z + (L_{iI} + L_z)\frac{dI_z}{dt} - U_{di\alpha II} = 0. \tag{3.48a}$$

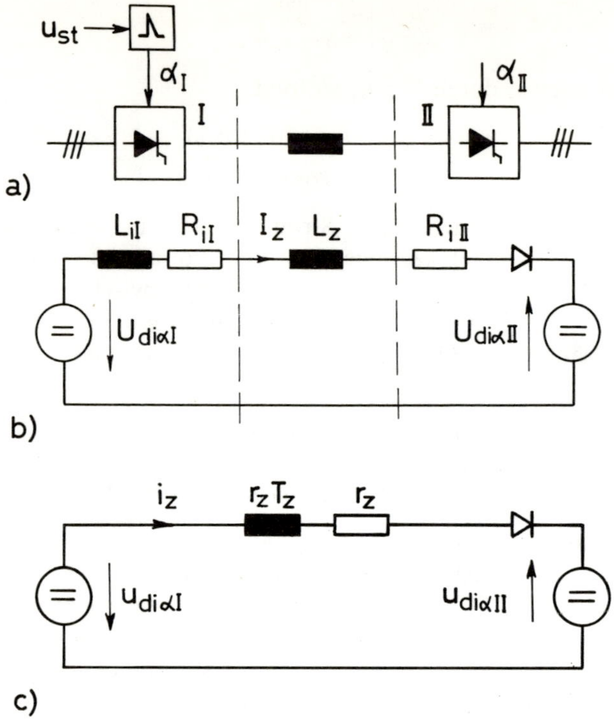

Abbildung 3.30
Ersatzschaltbild eines Zwischenkreisumrichters als stetiges System
a) Schematische Darstellung des Zwischenkreisumrichters;
b) Ersatzschaltbild in nichtbezogenen Grössen;
c) Ersatzschaltbild in bezogenen Grössen

Bezieht man die Spannungen auf U_{dn} nach (3.38a) und die Ströme auf I_{zn} nach (3.39b) so ergibt sich für die obige Beziehung in bezogenen Grössen ausgedrückt

$$-u_{di\alpha I}+r_z i_z+r_z T_z \frac{di_z}{dt}-u_{di\alpha II}=0. \tag{3.48b}$$

Dabei wurde mit

$$r_z=\frac{(R_{iI}+R_{iII})I_{zn}}{U_{dn}} \tag{3.48c}$$

der bezogene Widerstand und mit

$$T_z=\frac{L_{iI}+L_z}{R_{iI}+R_{iII}} \tag{3.48d}$$

die Zeitkonstante des Zwischenkreises eingeführt. Man kann für r_z auch schreiben

$$r_z = r_{iI} + f r_{iII} \tag{3.49a}$$

wobei f wiederum die bezogene Frequenz der Klemmenspannung der Drehstrommaschine ist. Nach (3.13g) ist

$$r_{iI} = \frac{3}{\pi}\,\omega_N L_k \frac{I_{zn}}{U_{dn}} = \frac{x_k}{2}\,u_{di0I} \tag{3.49b}$$

und nach (3.40a) und (3.40b)

$$r_{iII} = \frac{3}{\pi}\,\omega_n L_\sigma \frac{I_{zn}}{U_{dn}} = \frac{\pi}{3}\frac{x_\sigma}{2}. \tag{3.49c}$$

Damit folgt

$$r_z = \frac{1}{2}\left(x_k u_{di0I} + f\frac{\pi}{3}\,x_\sigma\right). \tag{3.49d}$$

Die Zeitkonstante T_z kann man unter Einführung von (3.48c) auf die Form

$$T_z = \frac{1}{r_z}\,(L_{iI} + L_z)\,\frac{I_{zn}}{U_{dn}} \tag{3.50a}$$

bringen. Beachtet man, dass nach (3.11b) $L_{iI} = 2L_{dk}$ ist, so folgt aus (3.49b)

$$L_{iI}\frac{I_{zn}}{U_{dn}} = \frac{1}{\omega_N}\frac{\pi}{3}\,x_k u_{di0I}. \tag{3.50b}$$

Ersetzt man I_{zn} durch (3.39b) und U_{dn} durch (3.38a), so kann folgende Umformung gemacht werden

$$L_z\frac{I_{zn}}{U_{dn}} = \frac{1}{\omega_N}\left(\frac{\pi}{3}\right)^2 \frac{1}{2}\,\omega_N L_z \frac{\hat{I}_n}{\hat{U}_n} = \frac{1}{\omega_N}\left(\frac{\pi}{3}\right)^2 x_z. \tag{3.50c}$$

Dabei wurde mit

$$x_z = \frac{1}{2}\,\omega_N L_z \frac{\hat{I}_n}{\hat{U}_n} \tag{3.50d}$$

die bezogene Reaktanz der Zwischenkreisdrossel eingeführt. Hier ist zu beachten, dass in dieser Definition einerseits die Kreisfrequenz ω_N des Speisenetzes und anderseits die Nennwerte $\hat{I}_n$ und $\hat{U}_n$ der Drehstrommaschine vorkommen. Ueberdies tritt noch der Faktor 1/2 auf. Damit ergibt sich für die Zeitkonstante des Zwischenkreises

$$T_z = \frac{2\pi}{3\omega_N}\,\frac{x_k u_{di0I} + \frac{\pi}{3}\,x_z}{x_k u_{di0I} + f\frac{\pi}{3}\,x_\sigma}. \tag{3.50e}$$

Ausgehend von Gleichung (3.48b) kann das in Abbildung 3.30c dargestellte Ersatzschaltbild in bezogenen Grössen angegeben werden.

3.333 *Die Steuerung des Zwischenkreisumrichters*

Der netzgeführte Stromrichter I wird über einen normalen Steuersatz in Abhängigkeit der Steuerspannung u_{st} gesteuert, wodurch der Zündverzögerungswinkel α_I beeinflusst wird, wie dies schematisch aus Abbildung 3.30a hervorgeht. Es gelten somit die Beziehungen für die Steuerung eines Einweg-Stromrichters, die in Abschnitt 3.225 abgeleitet wurden. Insbesondere lautet Gleichung (3.16d) mit den hier geltenden Bezeichnungen

$$u_{di\alpha I} = \frac{u_{di0I}}{1 + sT_v} u_{st}. \tag{3.51}$$

Dabei ist T_v die Verzögerung der Stromrichtersteuerung nach (3.16a), bzw. (3.16b).

Der maschinengeführte Stromrichter wird dagegen entsprechend den Angaben in Abschnitt 3.325 gesteuert. Bei eincm konstanten Zündverzögerungswinkel α_{II} gegenüber der Maschinenspannung ist nach (3.43)

$$u_{di\alpha II} = u \cos \alpha_{II}. \tag{3.52a}$$

Bei einem konstanten Zündverzögerungswinkel α_p gegenüber dem Polrad einer Synchronmaschine ist nach (3.46a) $\alpha_{II} = \alpha_p + \delta$ und aus (3.46b) folgt

$$u_{di\alpha II} = u_q \cos \alpha_p + u_d \sin \alpha_p. \tag{3.52b}$$

Was die Phasenverschiebung der Grundwelle des Stromes auf der Drehstromseite des Stromrichters anbetrifft, so können die Beziehungen von Abschnitt 3.325 übernommen werden.

3.334 *Die Kennlinien des Zwischenkreisumrichters im stationären Betrieb*

Im stationären Betrieb ist i_z konstant und somit $di_z/dt = 0$. Es folgt dann aus (3.48b)

$$r_z i_z = u_{di\alpha I} + u_{di\alpha II}. \tag{3.53a}$$

Ersetzt man darin r_z durch (3.49d) und $u_{di\alpha I}$ durch (3.51) mit $s = 0$ sowie $u_{di\alpha II}$ durch (3.52a), so erhält man für die Maschinenspannung u unter Voraussetzung, dass die bezogene Frequenz f gleich der bezogenen

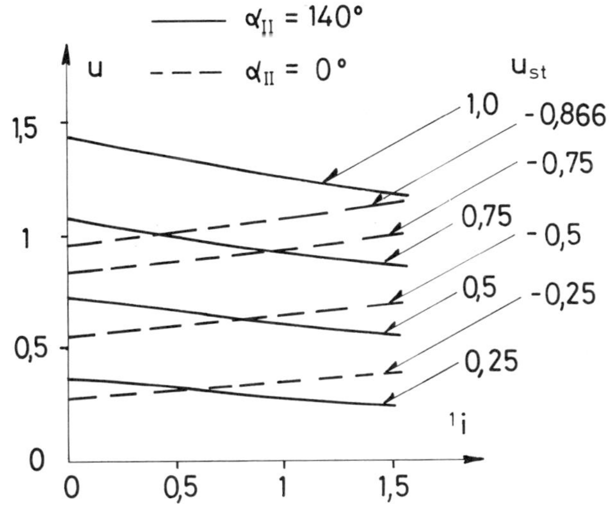

Abbildung 3.31
Kennlinien eines Zwischenkreisumrichters im stationären Betrieb,
$u_{\text{di0I}} = 1{,}1; \quad x_k = 0.08; \quad x_\sigma = 0{,}14$

Maschinenspannung u ist und mit $i_z = {}^1i$

$$u = \frac{u_{\text{di0I}}\left(u_{\text{st}} - \frac{x_k}{2}\,{}^1i\right)}{-\cos\alpha_{\text{II}} + \frac{\pi}{3}\frac{x_\sigma}{2}\,{}^1i}\,. \tag{3.53b}$$

Damit kann man die Kennlinien des Zwischenkreisumrichters bestimmen. In Abbildung 3.31 ist die Maschinenspannung u in Abhängigkeit der Grundwelle ${}^1i$ des Stromes auf der Drehstromseite des Stromrichters aufgetragen, mit der Steuerspannung u_{st} als Parameter. Es sind zwei Kurvenscharen eingetragen, nämlich für $\alpha_{\text{II}} = 140°$ (Wechselrichterbetrieb des maschinengeführten Stromrichters) und $\alpha_{\text{II}} = 0°$ (Gleichrichterbetrieb des maschinengeführten Stromrichters). Die Neigung der Kennlinien nimmt mit kleiner werdender Maschinenspannung ab, da vorausgesetzt wurde, dass im gleichen Masse auch deren Frequenz f abnimmt und somit der Einfluss des Innenwiderstandes beim maschinengeführten Stromrichter abnimmt.

3.335 *Einführung komplexer Raumvektoren*

Für Spannung und Strom auf der Drehstromseite des maschinengeführten Stromrichters sollen komplexe Raumvektoren eingeführt werden, um einen leichten Anschluss an das Gleichungssystem der Drehstrommaschinen zu

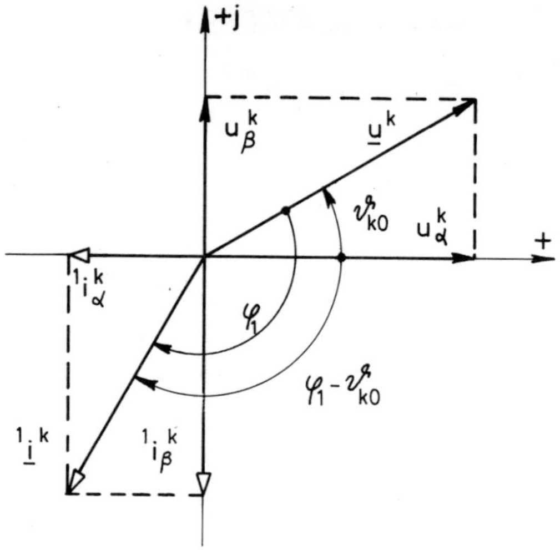

Abbildung 3.32
Zeigerdiagramm für komplexe Raumvektoren $\underline{u}^k$ und $^1\underline{i}^k$ für Spannung und Strom auf der Drehstromseite des maschinengeführten Stromrichters

erhalten. In Abbildung 3.32 ist der Raumvektor $\underline{u}^k$ der Spannung und der Raumvektor $^1\underline{i}^k$ der Grundwelle des Stromes in der komplexen Ebene dargestellt.

Mit $\underline{u}^k = u_\alpha^k + ju_\beta^k$ im Koordinatensystem k kann der Betrag der Spannung u aus den α,β-Komponenten bestimmt werden, und zwar

$$u = \sqrt{(u_\alpha^k)^2 + (u_\beta^k)^2}. \tag{3.54a}$$

Der Raumzeiger der Spannung ist gegenüber der reellen Achse um den Winkel ϑ_{k0} verdreht. Für den letzteren gelten die Beziehungen

$$\sin \vartheta_{k0} = \frac{u_\beta^k}{u} \qquad \cos \vartheta_{k0} = \frac{u_\alpha^k}{u}. \tag{3.54b}$$

Damit kann man für u auch

$$u = u_\alpha^k \cos \vartheta_{k0} + u_\beta^k \sin \vartheta_{k0} \tag{3.54c}$$

schreiben.

Der Raumvektor $^1\underline{i}^k$ der Grundwelle des Stromes ist gegenüber dem Raumvektor $\underline{u}^k$ der Spannung um den Winkel φ_1 verdreht (siehe auch Abschnitt 3.325). Somit gilt für $^1\underline{i}^k$ der folgende Ansatz, wenn beachtet wird, dass nach Abbildung 3.32 $^1\underline{i}^k$ gegenüber der rellen Achse um den Winkel $\varphi_1 - \vartheta_{k0}$ verdreht ist

$$^1\underline{i}^k = {}^1i\, e^{-j(\varphi_1 - \vartheta_{k0})}. \tag{3.55a}$$

Ersetzt man darin $\varphi_1 = \alpha_{II} + \varphi_{1k}$ entsprechend den Untersuchungen in

Abschnitt 3.325, so folgt

$$ {}^1\underline{i}^{\mathrm{k}} = {}^1 i\, e^{-j\alpha_{\mathrm{II}}} e^{-j\varphi_{1\mathrm{k}}} e^{j\vartheta_{\mathrm{k0}}}. \tag{3.55b} $$

α_{II} ist dabei der Zündverzögerungswinkel des maschinengeführten Stromrichters gegenüber der Spannung u. Der Winkel $\varphi_{1\mathrm{k}}$, der die zusätzliche Verschiebung der Grundwelle des Stromes infolge der Kommutierung berücksichtigt, kann wie folgt berechnet werden. Nach (3.45a) ist

$$ \cos\varphi_1 = \frac{\cos\alpha_{\mathrm{II}} + \cos(\alpha_{\mathrm{II}} + \mu)}{2} = \cos\alpha_{\mathrm{II}} - \frac{\cos\alpha_{\mathrm{II}} - \cos(\alpha_{\mathrm{II}} + \mu)}{2}. \tag{3.56a} $$

Führt man die Beziehung (3.41a) ein, so folgt

$$ \cos(\alpha_{\mathrm{II}} + \varphi_{1\mathrm{k}}) = \cos\alpha_{\mathrm{II}} - r_{\mathrm{iII}} i_{\mathrm{z}} \tag{3.56b} $$

oder

$$ \varphi_{1\mathrm{k}} = \operatorname{arc\,cos}(\cos\alpha_{\mathrm{II}} - r_{\mathrm{iII}} i_{\mathrm{z}}) - \alpha_{\mathrm{II}}. \tag{3.56c} $$

Der Winkel $\varphi_{1\mathrm{k}}$ hängt somit vom zu kommutierenden Strom i_{z} im Zwischenkreis ab, wobei zu beachten ist, dass nach (3.39c) $i_{\mathrm{z}} = {}^1 i$ ist. Diese Beziehung gilt auch für ohmisch-induktive Kommutierung, wobei der Innenwiderstand r_{iII} vom Strom i_{z} abhängig ist (siehe Abschnitt 3.324).

Der Winkel $\varphi_{1\mathrm{k}}$ ist in Abbildung 3.33 in Abhängigkeit von $r_{\mathrm{iII}} i_{\mathrm{z}}$ aufgetragen, wobei α_{II} als Parameter vorkommt. In der gleichen Abbildung sind noch die Kurven von zwei Näherungsausdrücken dargestellt, die wie folgt abgeleitet werden können. Vorerst wird $\cos(\alpha_{\mathrm{II}} + \varphi_{1\mathrm{k}})$ nach dem Additionstheorem entwickelt und $\cos\varphi_{1\mathrm{k}} \approx 1$ sowie $\sin\varphi_{1\mathrm{k}} \approx \varphi_{1\mathrm{k}}$ gesetzt. Damit folgt

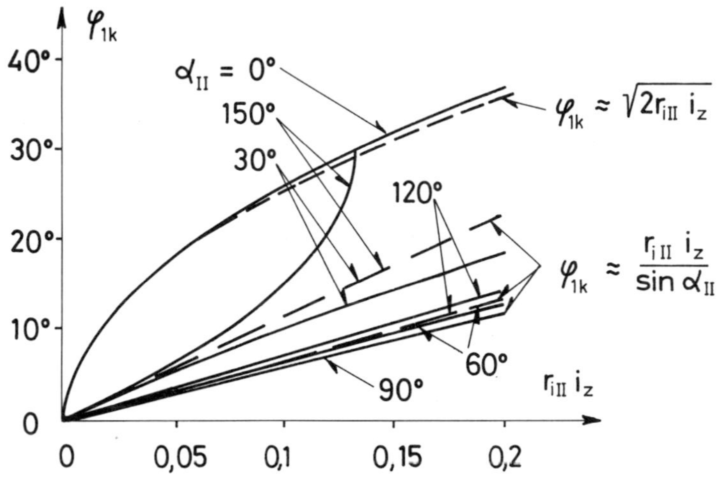

Abbildung 3.33
Zusätzlicher Phasenverschiebungswinkel $\varphi_{1\mathrm{k}}$ der Grundwelle des Stromes infolge Kommutierung des Stromes i_{z}

aus (3.56b)

$$\varphi_{1k} \approx \frac{r_{iII} i_z}{\sin \alpha_{II}}. \tag{3.56d}$$

Dieser Ausdruck gibt im Bereich $\alpha_{II} = 30° \cdots 150°$ relativ gut brauchbare Näherungswerte, insbesondere für $\alpha_{II} = 90°$ ist die Uebereinstimmung sehr gut. Dagegen ist die Näherung für $\alpha_{II} = 0°$ unbrauchbar. In diesem Fall ist in (3.56b) $\cos(\alpha_{II} + \varphi_{1k}) = \cos \varphi_{1k} \approx 1 - \varphi_{1k}^2/2$ zu setzen und man erhält dann den Näherungsausdruck

$$\varphi_{1k} \approx \sqrt{2 r_{iII} i_z}. \tag{3.56e}$$

Wie aus Abbildung 3.33 hervorgeht, ergeben sich damit sehr gute Näherungswerte.

Die hier aufgestellten Beziehungen, insbesondere für die komplexen Raumvektoren gelten auch für den bereits in Abschnitt 3.325 untersuchten Fall der Steuerung des maschinengeführten Stromrichters mit einem konstanten Zündverzögerungswinkel α_p gegenüber dem Polrad einer Synchronmaschine. Dabei ist ϑ_{k0} gleich dem Polradwinkel δ zu setzen. Ueberdies ist zu beachten, dass $i_d + j i_q = \underline{i}_s^r = -{}^1\underline{i}^k$ ist.

3.336 *Das Strukturdiagramm des Zwischenkreisumrichters*

Für die Aufstellung des Strukturdiagramms des Zwischenkreisumrichters wird Gleichung (3.48b) unter Berücksichtigung von (3.49a) auf die Form

$$r_z T_z \frac{di_z}{dt} = u_{di\alpha I} + u_{di\alpha II} - r_{iI} i_z - f r_{iII} i_z \tag{3.57a}$$

gebracht. Aus (3.49d) und (3.50e) folgt

$$r_z T_z = \frac{\pi}{3\omega_N} \left(x_k u_{di0I} + \frac{\pi}{3} x_z \right). \tag{3.57b}$$

Die Differentialgleichung (3.57a) bildet den Kern des in Abbildung 3.34a dargestellten Strukturdiagramms für den Leistungsteil. Darüber hinaus sind noch die Zusammenhänge mit den komplexen Raumvektoren für Spannung und Strom eingetragen, wie sie in Abschnitt 3.335 abgeleitet wurden. Der Zündverzögerungswinkel α_{II} des maschinengeführten Stromrichters tritt als interne Grösse in Erscheinung. Wird mit konstantem Zündverzögerungswinkel α_p gegenüber dem Polrad einer Synchronmaschine gearbeitet, so muss das Strukturdiagramm in Abbildung 3.34a modifiziert werden. In diesem Fall ist es zweckmässiger die Spannung $u_{di\alpha II}$ direkt aus den Spannungen in Längs- und Querachse der Synchronmaschine abzuleiten, wie dies in Abschnitt 5.223 gezeigt werden wird.

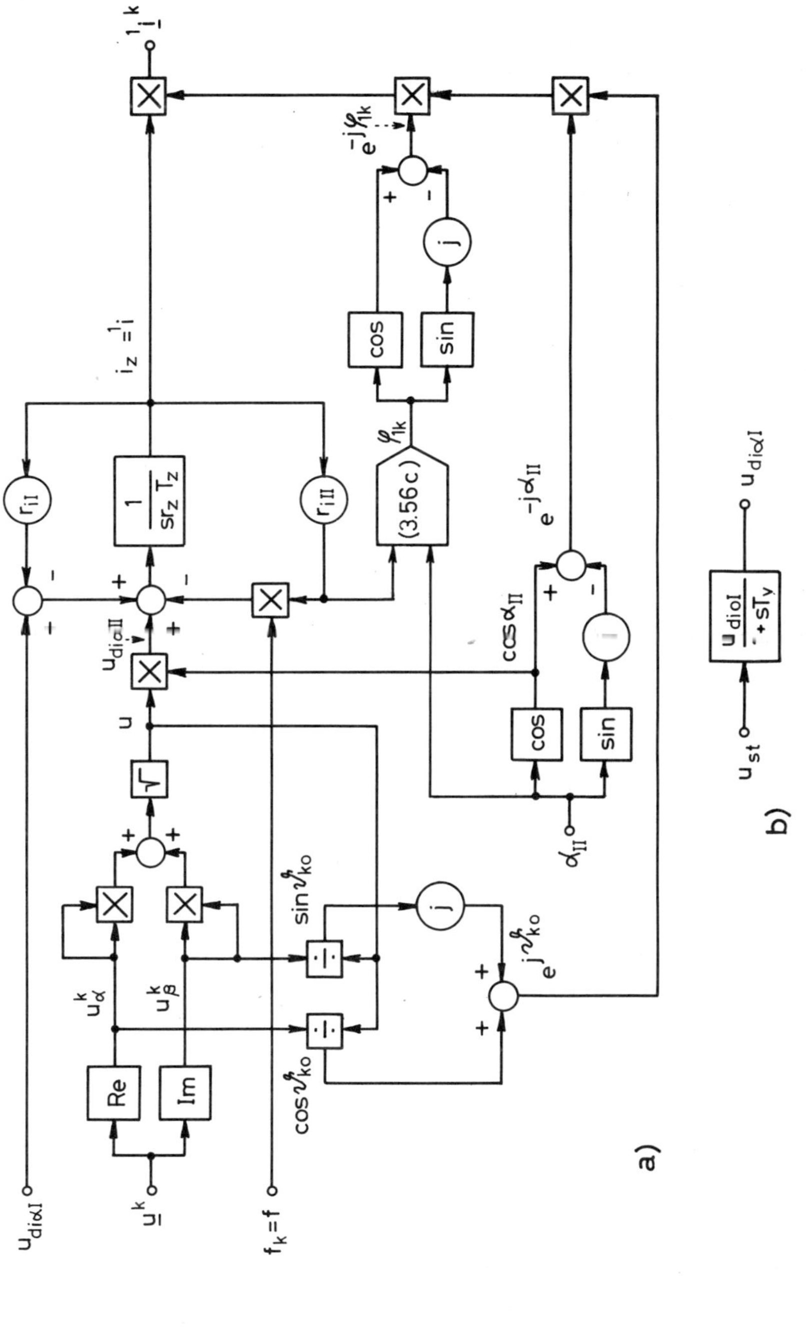

Abbildung 3.34
Strukturdiagramm eines Zwischenkreisumrichters mit natürlicher Kommutierung
a) Leistungsteil; b) Steuerteil

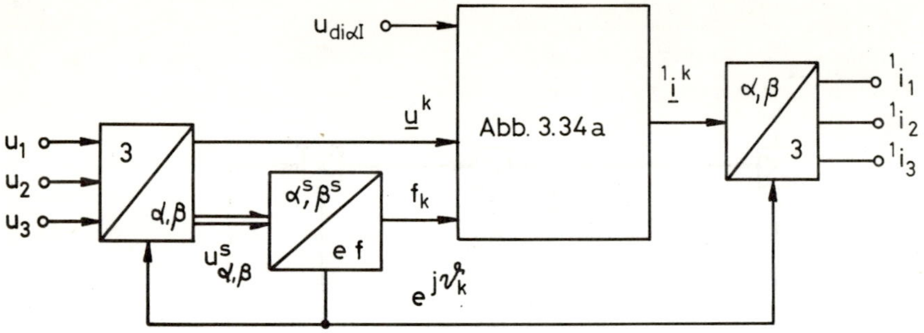

Abbildung 3.35
Blockschaltbild eines Zwischenkreisumrichters mit natürlicher Kommutierung

Als Eingangsgrössen treten die ideelle Spannung $u_{di\alpha I}$ des netzgeführten Stromrichters, der komplexe Raumvektor $\underline{u}^k$ der Spannung auf der Drehstromseite des maschinengeführten Stromrichters sowie deren Frequenz $f = f_k$ auf, während der Raumvektor $^1\underline{i}^k$ des Stromes auf der Drehstromseite des maschinengeführten Stromrichters als Ausgangsgrösse in Erscheinung tritt.

Das Strukturdiagramm des Steuerteiles ist sehr einfach (siehe Abbildung 3.34b). Es besteht aus einem einzigen Block mit der Steuerspannung u_{st} des netzgeführten Stromrichters als Eingangsgrösse und dessen ideeller Gleichspannung $u_{di\alpha I}$ als Ausgangsgrösse.

Das Blockschaltbild in Abbildung 3.35 zeigt schliesslich noch den Zusammenhang zwischen den komplexen Raumvektoren und den entsprechenden dreiphasigen Spannungen und Ströme. Der Aufbau der Blöcke zur Umwandlung der Dreiphasengrössen in Raumvektoren und umgekehrt sowie zur Bildung des Einheitsraumvektors $e^{j\vartheta_k}$ und der Frequenz f_k wurde in Abschnitt 2.432 beschrieben (siehe Abbildungen 2.23, 2.24 und 2.26). Bei der Kombination dieses Blockschaltbildes mit demjenigen der Drehstrommaschine ist zu beachten, dass die Ströme $^1i_1$, $^1i_2$ und $^1i_3$ von der Maschine zum Stromrichter gerichtet sind (siehe Abbildung 3.22) und somit umgekehrt zur positiven Zählrichtung bei Motorbezugssinn orientiert sind.

3.4 Der Zwischenkreisumrichter mit Zwangskommutierung

3.41 Schaltung und Funktionsweise

3.411 *Prinzipieller Aufbau*

Der in Abschnitt 3.3 untersuchte Zwischenkreisumrichter mit natürlicher Kommutierung benötigt zur Führung des maschinenseitigen Stromrichters ein aktives Dreiphasen-Spannungssystem. Seine Anwendung ist daher auf Synchronmaschinen beschränkt. Ueberdies wurde festgestellt, dass bei kleinen Frequenzen infolge ohmisch-induktiver Kommutierung kein Wechselrichterbetrieb mehr möglich ist. Ferner ist es mit Rücksicht auf das Wechselrichterkippen nicht zulässig, mit jeder beliebigen Phasenverschiebung zwischen Strom und Spannung auf der Drehstromseite des maschinengeführten Stromrichters zu arbeiten. Diese Nachteile können umgangen werden, wenn der maschinenseitige Stromrichter mit einer Zwangskommutierung versehen wird.

Abbildung 3.36 zeigt eine Anordnung, die ähnlich dem vorstehend beschriebenen Zwischenkreisumrichter aufgebaut ist und sich durch einen relativ geringen schaltungsmässigen Aufwand auszeichnet. Der netzseitige Stromrichter I ist wie bisher ein netzgeführter Stromrichter, der dem Gleichstromzwischenkreis den Strom I_z aufdrückt. Der maschinenseitige Stromrichter besteht jetzt aus einem Hauptstromrichter IIa in Drehstrom-Brückenschaltung, der durch einen Hilfsstromrichter IIb, ebenfalls in Drehstrom-Brückenschaltung ergänzt ist. Die Wechselstromausgänge sind über die Löschkondensatoren C miteinander verbunden, während die Stromrichterbrücken auf der Gleichstromseite parallelgeschaltet sind (siehe Möltgen [41]).

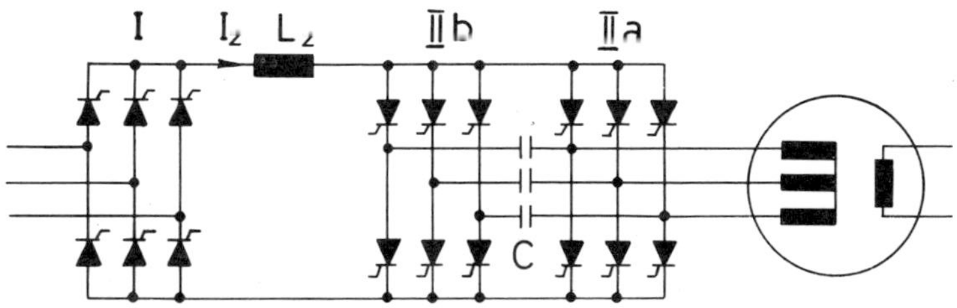

Abbildung 3.36
Schaltung eines Zwischenkreisumrichters mit zwangskommutiertem Stromrichter

Ein ähnlich arbeitender Stromrichter mit Zwangskommutierung, basierend auf dem Prinzip der Phasenfolgelöschung ist beispielsweise von Heumann und Stumpe [22], Schröder [72] sowie Klautschek [73] beschrieben.

3.412 *Das Prinzip der Zwangskommutierung*

Um den Zwischenkreisstrom I_z von einer Phase auf die andere zu kommutieren, wird vorerst dasjenige Ventil des Hilfsstromrichters IIb gezündet, welches dem zu löschenden Ventil im Hauptstromrichter entspricht. Durch den Entladestrom des Löschkondensators wird das Hauptventil sehr rasch gesperrt. Der Maschinenstrom fliesst vorerst über den Hilfsstromrichter und den Löschkondensator weiter, da der Zwischenkreisstrom I_z durch die Drossel L_z eingeprägt ist. Der Löschkondensator lädt sich um, und zwar solange bis sich die Spannungsverhältnisse am Hauptstromrichter so geändert haben, dass der Zwischenkreisstrom vom neu gezündeten Ventil des Hauptstromrichters entsprechend der folgenden Maschinenphase übernommen werden kann. Dieser Kommutierungsvorgang wird in Abschnitt 3.421 näher untersucht werden.

Die Kommutierung des maschinenseitigen Stromrichters ist nun nicht mehr an die Maschinenspannung gebunden, so dass eine einwandfreie Kommutierung auch bei kleinen Frequenzen, ja selbst im Stillstand gewährleistet ist. Die Wechselrichtertrittgrenze braucht nicht mehr beachtet zu werden. Es ist Wechselrichterbetrieb mit einer Phasenverschiebung zwischen Strom und Spannung auf der Drehstromseite von 180° möglich. Dieser Zwischenkreisumrichter mit Zwangskommutierung kann nicht nur zusammen mit einer Synchronmaschine eingesetzt werden, sondern es ist auch ein Betrieb auf den Stator einer Asynchronmaschine möglich. Allerdings ist zu beachten, dass die Kommutierung immer über die Last, d. h. über die angeschlossene Drehstrommaschine erfolgt. Wie noch gezeigt werden wird, ist immer ein minimaler Laststrom notwendig, damit die Zwangskommutierung einwandfrei abläuft.

3.42 Der zwangskommutierte Stromrichter

3.421 *Zwangskommutierung*

Die Untersuchung des Kommutierungsvorganges erfolgt mit Hilfe der Abbildung 3.37. Vom Haupt- und Hilfsstromrichter sind nur diejenigen Teile herausgezeichnet, die beim betrachteten Vorgang an der Stromführung beteiligt sind. Dabei wird vorausgesetzt, dass der Strom von der Phase 3 auf Phase 1 kommutiert werden soll. Die Drehstrommaschine wurde dabei wiederum durch drei Wechselspannungsquellen U_1, U_2 und U_3 sowie durch drei Streureaktanzen L_σ ersetzt. Bei der Synchronmaschine ist diese Ersatzschaltung ohne weiteres gerechtfertigt. Bei der Asychronmaschine ist zu beachten, dass diese keine aktiv induzierten Spannungen aufweist. Im vorliegenden Fall bildet sich die Klemmenspannung der Asynchronmaschine durch den aufgedrückten Statorstrom aus. Wie noch gezeigt werden wird, besitzt der Statorstrom praktisch eine Rechteckform. Dagegen weicht die Klemmenspannung der Asynchronmaschine nicht wesentlich von der Sinusform ab. Man kann daher mit guter Annäherung mit diesem einfachen Ersatzschaltbild arbeiten. Dabei hängt die Amplitude der Spannungen U_1, U_2 und U_3 vom Statorstrom und somit vom Gleichstrom im Zwischenkreis ab. Vorerst wird dieses spezielle Verhalten der Asynchronmaschine nicht

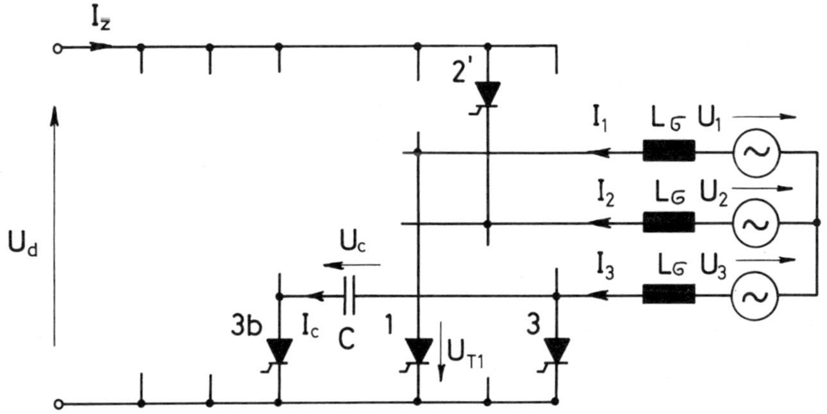

Abbildung 3.37
Zwangskommutierter Stromrichter. Von den beiden Drehstrombrücken sind nur diejenigen Thyristoren eingezeichnet, die an der Stromführung bei der Kommutierung des Stromes von der Maschinenphase 3 auf Maschinenphase 1 beteiligt sind

weiter berücksichtigt. Eine Anpassung an die tatsächlichen Verhältnisse wird in Abschnitt 7.41 gemacht werden.

Vor der Kommutierung ist $I_1 = 0$, $I_2 = -I_z$ und $I_3 = I_z$, d. h. die Thyristoren 2′ und 3 sind leitend, während die Thyristoren 1 und 3b (wie alle übrigen, in Abbildung 3.37 nicht dargestellten Thyristoren) gesperrt sind. Der Kommutierungskondensator C ist negativ auf eine Spannung $U_c = -U_{c0}$ aufgeladen.

Im Zeitpunkt $\omega t = -\pi/3 + \alpha'$ wird der Hilfsthyristor 3b gezündet, wobei der Zündverzögerungswinkel α' wie beim netz- oder maschinengeführten Stromrichter vom Schnittpunkt zweier Phasenspannungen aus gemessen wird, wie dies in Abbildung 3.38 dargestellt ist. Infolge der negativen Aufladung des Kondensators C fliesst ein Entladestrom über 3b und 3, der dem Laststrom im Thyristor 3 entgegengesetzt gerichtet ist. Unter Vernachlässigung der Streuinduktivitäten in den Zuleitungen sperrt der Thyristor 3 praktisch augenblicklich. In Wirklichkeit benötigt dieser Sperrvorgang einige μs, vor allem auch mit Rücksicht auf die zulässige Stromänderung in den Thyristoren. Dieser Vorgang mit endlicher Dauer kann für die vorliegenden Untersuchungen vernachlässigt werden.

Während des Kommutierungsvorganges darf der Strom I_z im Zwischenkreis als konstant vorausgesetzt werden. Er fliesst über den Thyristor 2′, die Phase 2 und Phase 3 über den Kondensator C und den Thyristor $3b$ zum Gleichstromzwischenkreis zurück. Der Kondensatorstrom I_c ist somit gleich I_z = konst. und für die Spannung U_c gilt

$$U_c = \frac{1}{C} \int I_c \, dt' = \frac{1}{C} I_z t' - U_{c0}. \qquad (3.58)$$

Die Zeit t' wird vom Moment des Zündens des Hilfsthyristors 3b an gemessen (siehe auch Abbildung 3.38). Die Anfangsspannung U_{c0} ist vorerst noch unbekannt und wird später bestimmt werden.

Gleichzeitig mit dem Hilfsthyristor 3b wird auch der Hauptthyristor 1 mit einem Zündimpuls beaufschlagt. Dieser kann aber noch nicht leiten, da normalerweise die Spannung zwischen Anode und Katode U_{T1} noch negativ ist (insbesondere für Zündverzögerungswinkel $\alpha' > 180°$). Es gilt

$$U_{T1} = U_1 - U_3 + U_c + L_\sigma \frac{dI_3}{dt} = U_1 - U_3 + U_c \tag{3.59a}$$

da $I_3 = I_z = \text{const.}$ ist. Mit $U_1 = \hat{U}_y \cos \omega t$ und $U_3 = \hat{U}_y \cos(\omega t - 4\pi/3)$ folgt, wenn $\omega t = -\pi/3 + \alpha' + \omega t'$ gesetzt wird

$$U_1 - U_3 = -\sqrt{3}\,\hat{U}_y \sin(\omega t - 2\pi/3) = \sqrt{3}\,\hat{U}_y \sin(\omega t' + \alpha'). \tag{3.59b}$$

Im Zeitpunkt $\omega t' = \alpha_v$ wird $U_{T1} = 0$ und aus den bisher aufgestellten Beziehungen folgt

$$\sqrt{3}\,\hat{U}_y \sin(\alpha_v + \alpha') + \frac{1}{\omega C} I_z \alpha_v - U_{c0} = 0. \tag{3.59c}$$

Der Thyristor 1 wird jetzt leitend, vorausgesetzt natürlich, dass der Zündimpuls immer noch ansteht. Der eigentliche Kommutierungsvorgang des Maschinenstromes beginnt erst in diesem Zeitpunkt. In Anlehnung an den maschinengeführten Stromrichter wird dazu der Zündverzögerungswinkel α definiert (siehe Abbildung 3.38). Es ist

$$\alpha = \alpha_v + \alpha'. \tag{3.60a}$$

In diesem Moment ist die Spannung am Kondensator C

$$U_{c1} = \frac{1}{\omega C} I_z \alpha_v - U_{c0} = -\sqrt{3}\,\hat{U}_y \sin \alpha. \tag{3.60b}$$

Da nun die Thyristoren 1 und 3b leitend sind, so bildet sich ein Kommutierungskreis, für den die Differentialgleichung

$$-L_\sigma \frac{dI_1}{dt} + U_1 - U_3 + L_\sigma \frac{dI_3}{dt} + U_c = 0 \tag{3.61a}$$

massgebend ist. Für den Kondensator C gilt

$$I_c = C \frac{dU_c}{dt}. \tag{3.61b}$$

Der Strom I_c ist gleich dem Strom I_3. Anderseits muss die Summe der drei Maschinenströme $I_1 + I_2 + I_3 = 0$ sein. Da nach wie vor $I_2 = -I_z$ ist, so folgt

$$I_1 = I_z - I_3. \tag{3.61c}$$

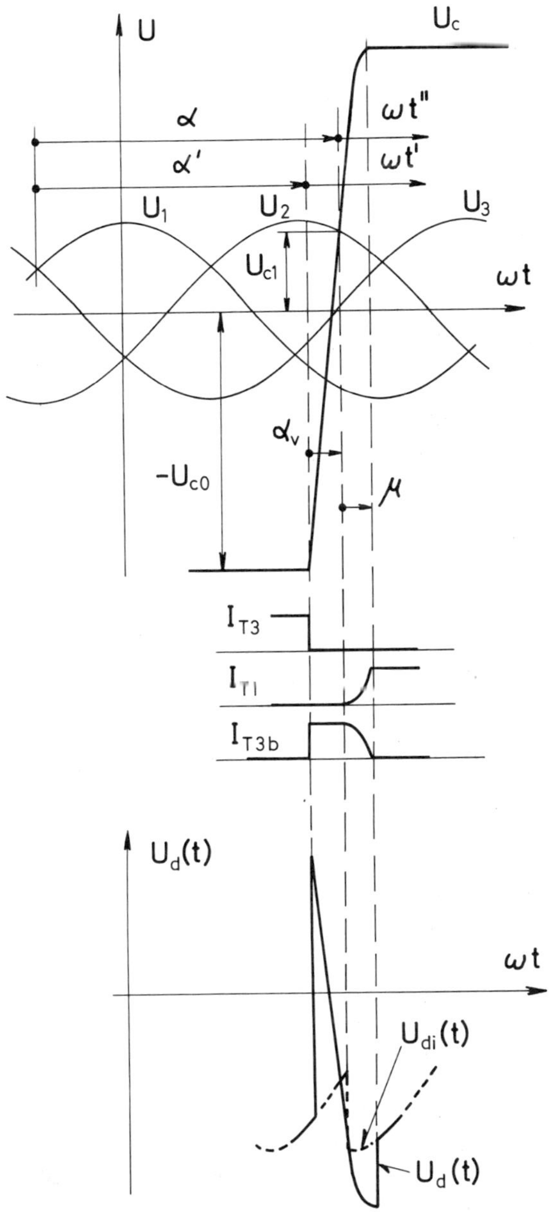

Abbildung 3.38
Zeitlicher Verlauf der Spannungen und Ströme bei der Zwangskommutierung des Stromes von der Maschinenphase 3 auf 1

Da jetzt $\omega t = -\pi/3 + \alpha + \omega t''$ gesetzt werden kann, so lassen sich die beiden Differentialgleichungen auf die Form

$$2L_\sigma \frac{dI_3}{dt''} + \sqrt{3}\,\hat{U}_y \sin(\omega t'' + \alpha) + U_c = 0 \tag{3.62a}$$

und

$$U_c = \frac{1}{C}\int_0^{t''} I_3\, dt'' + U_{c1} \tag{3.62b}$$

bringen. Die Anfangsbedingung für den Strom I_3 ist dabei $I_{30} = I_z$, während die Anfangsbedingung für die Spannung $U_c = U_{c1}$ bereits in Gleichung (3.62b) berücksichtigt ist.

Die Lösung dieser beiden Gleichungen erhält man z. B. mit Hilfe der Laplace-Transformation. Die Ableitung soll hier nicht im einzelnen wiedergegeben werden. Nach einer längeren Umformung erhält man für den Strom I_3 die Lösung

$$I_3 = I_z \cos\omega_c t'' - \frac{\sqrt{3}\,\hat{U}_y}{2L_\sigma}\frac{\omega}{\omega_c^2 - \omega^2} \times \left[\cos(\omega t'' + \alpha) + \frac{\omega}{\omega_c}\sin\alpha \sin\omega_c t'' - \cos\alpha\cos\omega_c t''\right]. \tag{3.63a}$$

Hier ist die Eigenkreisfrequenz ω_c des Kommutierungs-*LC*-Kreises

$$\omega_c = \frac{1}{\sqrt{2CL_\sigma}}. \tag{3.63b}$$

Die Kondensatorspannung U_c erhält man durch Einsetzen von I_3 in (3.62b) und anschliessender Integration. Es folgt

$$U_c = \frac{I_z}{\omega_c C}\sin\omega_c t'' - \sqrt{3}\,\hat{U}_y \frac{\omega_c^2}{\omega_c^2 - \omega^2} \times \left[\sin(\omega t'' + \alpha) - \frac{\omega^2}{\omega_c^2}\sin\alpha\cos\omega_c t'' - \frac{\omega}{\omega_c}\cos\alpha\sin\omega_c t''\right]. \tag{3.63c}$$

Die Kommutierung von der Phase 3 auf Phase 1 ist dann beendet, wenn $I_3 = 0$ ist. Wird wiederum der Ueberlappungswinkel μ eingeführt, so gilt am Ende der Kommutierung $\omega t'' = \mu$. Aus (3.63a) ergibt sich dann die Beziehung

$$I_z \cos\mu_c = \frac{\sqrt{3}\,\hat{U}_y}{2L_\sigma}\frac{\omega}{\omega_c^2 - \omega^2}\left[\cos(\alpha + \mu) + \frac{\omega}{\omega_c}\sin\alpha\sin\mu_c - \cos\alpha\cos\mu_c\right]. \tag{3.64a}$$

Dabei wurde zur Vereinfachung der Schreibweise der Winkel

$$\mu_c = \frac{\omega_c}{\omega}\,\mu \tag{3.64b}$$

eingeführt. μ_c lässt sich als Ueberlappungswinkel bezogen auf die Eigenschwingung des Kommutierungskreises interpretieren. Aus (3.64a) kann implizit der Ueberlappungswinkel μ bestimmt werden. In Abschnitt 3.424 wird für μ eine sehr einfache Näherungsbeziehung angegeben.

Am Ende der Kommutierung sperrt der Hilfsthyristor 3b. Der Kondensatorstrom I_c ist somit Null. Die Spannung, auf die sich der Kondensator C aufgeladen hat, kann aus (3.63c) bestimmt werden, wenn darin $\omega t'' = \mu$ gesetzt wird. Diese Spannung steht dann in einem späteren Zeitpunkt zur Löschung des Hauptthyristors 3′ zur Verfügung und entspricht somit gleich dem Anfangswert U_{c0} der Spannung am Löschkondensator. Wird in (3.63c) noch

$$\frac{1}{\omega_c C} = \frac{2L_\sigma}{\omega_c 2L_\sigma C} = 2L_\sigma\omega_c \tag{3.64c}$$

gesetzt, so folgt

$$U_{c0} = 2\omega_c L_\sigma I_L \sin\mu_c - \sqrt{3}\,\hat{U}_y \frac{\omega_c^2}{\omega_c^2 - \omega^2} \times \left[\sin(\alpha+\mu) - \frac{\omega^2}{\omega_c^2}\sin\alpha\cos\mu_c - \frac{\omega}{\omega_c}\cos\alpha\sin\mu_c\right]. \tag{3.64d}$$

3.422 *Der Mittelwert der Gleichspannung*

Als nächstes soll nun der Mittelwert der Gleichspannung U_d bestimmt werden. Dabei erfolgt wiederum eine Aufteilung in den ideellen Mittelwert $U_{di\alpha}$ und einen Anteil U_{dk}, der durch die Kommutierung hervorgerufen wird. Für den ideellen Mittelwert gilt wie beim maschinengeführten Stromrichter

$$U_{di\alpha} = U_{di0}\cos\alpha \tag{3.65a}$$

mit

$$U_{di0} = \frac{3\sqrt{3}}{\pi}\,\hat{U}_y. \tag{3.65b}$$

Es wird somit mit dem Zündverzögerungswinkel α gerechnet, bei dem die Kommutierung von der Phase 3 auf Phase 1 tatsächlich beginnt, und nicht mit dem Zündverzögerungswinkel $\alpha' < \alpha$, bei dem der Zündimpuls an den Hilfsthyristor 3b gegeben wird.

Zur Bestimmung von U_{dk} ist der Mittelwert der Differenz zwischen dem Momentanwert $U_d(t)$ und dem ideellen Momentanwert $U_{di}(t)$ (bei Vernachlässigung des Kommutierungsvorganges) über eine Zeitspanne $\omega t = \pi/3$ zu bilden, d. h. es ist

$$U_{dk} = \frac{3}{\pi} \int_0^{\pi/3} [U_d(t) - U_{di}(t)] \, d\omega t. \tag{3.66a}$$

Vor der Zündung des Hilfsthyristors 3b ist $U_d(t) = U_{di}(t) = U_3 - U_2$. Nach der Zündung des Hilfsthyristors 3b kann aus Abbildung 3.37

$$U_d(t) = -U_c - L_\sigma \frac{dI_3}{dt} + U_3 - U_2 + L_\sigma \frac{dI_2}{dt} \tag{3.66b}$$

entnommen werden. Da $I_3 = I_z$ und $I_2 = -I_z$ mit $I_z = \text{konst.}$ ist, so reduziert sich diese Beziehung auf

$$U_d(t) = -U_c + U_3 - U_2 = -U_c + U_{di}(t) \tag{3.66c}$$

da der ideelle Momentanwert der Gleichspannung $U_{di}(t)$ immer noch $U_3 - U_2$ ist. In diesem Zeitabschnitt ergibt sich ein erster Anteil U_{dk1}, indem die Kondensatorspannung U_c von $\omega t' = 0$ bis α_v integriert wird, d. h.

$$U_{dk1} = -\frac{3}{\pi} \int_0^{\alpha_v} U_c \, d\omega t' = -\frac{3}{\pi} \left[\frac{1}{\omega C} I_z \frac{\alpha_v^2}{2} - U_{c0} \alpha_v \right] \tag{3.66d}$$

wobei U_c durch (3.58) ersetzt wurde.

Sobald der Hauptthyristor 1 zu leiten beginnt, gilt für den Momentanwert der Gleichspannung

$$U_d(t) = -L_\sigma \frac{dI_1}{dt} + U_1 - U_2 + L_\sigma \frac{dI_2}{dt} = -L_\sigma \frac{dI_1}{dt} + U_{di}(t) \tag{3.66e}$$

da einerseits $I_2 = I_z = \text{konst.}$ ist und anderseits jetzt der ideelle Momentanwert der Gleichspannung $U_{di}(t) = U_1 - U_2$ ist. Man erhält nun einen zweiten Anteil U_{dk2}, indem dI_1/dt zwischen $\omega t'' = 0$ bis μ zu integrieren ist. Beachtet man, dass sich dabei der Strom I_1 von 0 auf I_z ändert, so folgt

$$U_{dk2} = -\frac{3}{\pi} L_\sigma \int_0^{\mu} \frac{dI_1}{dt''} \, d\omega t'' = -\frac{3}{\pi} \omega L_\sigma I_z. \tag{3.66f}$$

Dieser Anteil an U_{dk} ist somit gleich wie beim maschinengeführten Stromrichter bei rein induktiver Kommutierung, vergleiche mit (3.35).

Nach beendeter Kommutierung ist der Momentanwert der Gleichspannung $U_d(t)$ gleich dem ideellen Momentanwert $U_{di}(t) = U_1 - U_2$. Der totale Mittelwert der Spannung U_{dk} setzt sich somit aus der Summe von (3.66d) und (3.66f) zusammen, d. h. es ist

$$U_{dk} = -\frac{3}{\pi}\left[\omega L_\sigma I_z + \frac{1}{\omega C} I_z \frac{\alpha_v^2}{2} - U_{c0}\alpha_v\right]. \tag{3.67a}$$

Diese Beziehung soll unter Verwendung von (3.59c) umgeformt werden. Da $\alpha_v + \alpha' = \alpha$ ist, so folgt

$$U_{dk} = -\frac{3}{\pi}\left[\omega L_\sigma I_z - (\sqrt{3}\,\hat{U}_y \sin\alpha + U_{c0})\frac{\alpha_v}{2}\right]. \tag{3.67b}$$

Der Winkel α_v kann ebenfalls aus (3.59c) bestimmt werden. Wird überdies noch die Beziehung (3.64c) verwendet, so folgt nach einer kleinen Umformung

$$\alpha_v = \left(\frac{\omega}{\omega_c}\right)^2 \frac{U_{c0} - \sqrt{3}\,\hat{U}_y \sin\alpha}{2\omega L_\sigma I_z}. \tag{3.67c}$$

Die Auswertung dieser Beziehungen wird später erfolgen, nachdem wie üblich, bezogene Grössen eingeführt wurden. Es soll aber bereits hier darauf hingewiesen werden, dass die obigen Gleichungen nur gültig sind, wenn $\alpha_v + \mu \leq \pi/3$ ist. Andernfalls würde die Kommutierung gleichzeitig in beiden Brückenhälften stattfinden, so dass einige der getroffenen Voraussetzungen nicht mehr zutreffend sind.

3.423 *Bezogene Grössen*

Beim Uebergang zu bezogenen Grössen werden als Bezugswerte für Gleichspannung und Gleichstrom die gleichen Grössen wie beim maschinengeführten Stromrichter gewählt. Nach Abschnitt 3.323 ist

$$U_{dn} = \frac{3\sqrt{3}}{\pi}\hat{U}_n \tag{3.68a}$$

$$I_{zn} = \frac{\pi}{2\sqrt{3}}\hat{I}_n \tag{3.68b}$$

wobei $\hat{U}_n$ und $\hat{I}_n$ die Nennwerte der Drehstrommaschine sind.

Damit folgt aus (3.65a) und (3.65b)

$$u_{di\alpha} = u \cos\alpha \tag{3.69a}$$

mit $u = \hat{U}_y/\hat{U}_n$. Aus (3.67b) ergibt sich, wenn $\omega = f\omega_n$ gesetzt wird

$$u_{dk} = -f r_{iL} i_z + (u \sin\alpha + u_{c0})\frac{\alpha_v}{2}. \tag{3.69b}$$

Dabei wurde nach (3.40a) der Innenwiderstand bei rein induktiver Kommutierung

$$r_{\mathrm{iL}} = \frac{3}{\pi}\,\omega_{\mathrm{n}} L_{\sigma} \frac{I_{\mathrm{zn}}}{U_{\mathrm{dn}}} \tag{3.69c}$$

eingeführt und die Kondensatorspannung U_{c0} auf $\sqrt{3}\,\hat{U}_{\mathrm{n}}$ bezogen, d. h.

$$u_{\mathrm{c0}} = \frac{U_{\mathrm{c0}}}{\sqrt{3}\,\hat{U}_{\mathrm{n}}}. \tag{3.69d}$$

Ferner gilt (3.39c), d. h.

$$i_{\mathrm{z}} = {}^{1}i. \tag{3.69e}$$

Im vorliegenden Fall ist es zweckmässig, auch die übrigen Gleichungen in bezogenen Grössen auszudrücken. Dazu wird die bezogene Eigenfrequenz f_{c} des Kommutierungs-Schwingkreises gemäss

$$f_{\mathrm{c}} = \frac{\omega_{\mathrm{c}}}{\omega_{\mathrm{n}}} \tag{3.70a}$$

verwendet. Damit folgt aus (3.64a) nach einer kleinen zusätzlichen Umformung

$$2 r_{\mathrm{iL}} i_{\mathrm{z}} \cos\mu_{\mathrm{c}} = u \frac{f}{f_{\mathrm{c}}^2 - f^2} \times \left[\cos\alpha(\cos\mu - \cos\mu_{\mathrm{c}}) - \sin\alpha\left(\sin\mu - \frac{f}{f_{\mathrm{c}}}\sin\mu_{\mathrm{c}}\right)\right]. \tag{3.70b}$$

Daraus lässt sich der Ueberlappungswinkel μ in Abhängigkeit von $r_{\mathrm{iL}} i_{\mathrm{z}}$ berechnen, wenn man beachtet, dass nach (3.64b) $\mu_{\mathrm{c}} = (f_{\mathrm{c}}/f)\mu$ ist.

Für den Anfangswert der Kondensatorspannung folgt aus (3.64d) der bezogene Wert durch Division der ganzen Gleichung mit $\sqrt{3}\,\hat{U}_{\mathrm{n}}$, und es ergibt sich nach einer kleinen zusätzlichen Umformung

$$u_{\mathrm{c0}} = f_{\mathrm{c}} 2 r_{\mathrm{iL}} i_{\mathrm{z}} \sin\mu_{\mathrm{c}} - u \frac{f_{\mathrm{c}}^2}{f_{\mathrm{c}}^2 - f^2} \times \left[\sin\alpha\left(\cos\mu - \frac{f^2}{f_{\mathrm{c}}^2}\cos\mu_{\mathrm{c}}\right) + \cos\alpha\left(\sin\mu - \frac{f}{f_{\mathrm{c}}}\sin\mu_{\mathrm{c}}\right)\right]. \tag{3.70c}$$

Schliesslich kann auch noch Gleichung (3.67c) zur Bestimmung des Winkels α_{v} mit bezogenen Grössen ausgedrückt werden, wobei sich

$$\alpha_{\mathrm{v}} = \frac{f}{f_{\mathrm{c}}^2} \cdot \frac{u_{\mathrm{c0}} - u\sin\alpha}{2 r_{\mathrm{iL}} i_{\mathrm{z}}} \tag{3.70d}$$

ergibt.

3.421 *Das Ersatzschaltbild des zwangskommutierten Stromrichters als stetiges System*

Die Aufstellung eines Ersatzschaltbildes des zwangskommutierten Stromrichters als stetiges System ist nicht so offensichtlich, wie bei einem Stromrichter mit natürlicher Kommutierung. Im praktischen Betriebsbereich lassen sich für die obenstehenden genauen Ausdrücke Näherungsbeziehungen aufstellen, die sehr gut brauchbare Werte geben und aus denen ein relativ einfaches Ersatzschaltbild abgeleitet werden kann.

Wie MÖLTGEN [41] zeigt, muss für einen einwandfreien Ablauf der Kommutierungsvorgänge $\omega_c/\omega \geq 7$ sein. In bezogenen Grössen ausgedrückt, bedeutet dies, dass $f_c \geq 7$ sein muss. Eine numerische Durchrechnung der Beziehung (3.70b) zeigt, dass dann der Ueberlappungswinkel μ_c immer ganz in der Nähe von $\pi/2 = 90°$ ist. Somit folgt für den Ueberlappungswinkel μ

$$\mu = \frac{f}{f_c}\frac{\pi}{2}. \tag{3.71a}$$

Er ist praktisch unabhängig vom zu kommutierenden Strom i_z und nur durch die bezogenen Frequenzen f und f_c bestimmt. Da der Ueberlappungswinkel μ proportional der bezogenen Frequenz ist und der Winkel auf $f\omega_n t$ bezogen ist, so erkennt man, dass die Zeitdauer der Ueberlappung praktisch konstant ist und durch die Eigenfrequenz des Kommutierungskreises gegeben ist.

Setzt man diesen Wert in (3.70c) ein, so kann $\cos\mu \approx 1$ und $\sin\mu \approx \mu$ gesetzt werden. Da überdies $f_c \gg f$ ist, so vereinfacht sich (3.70c) auf

$$u_{c0} = f_c 2 r_{iL} i_z - u \sin\alpha. \tag{3.71b}$$

Für die Bestimmung eines Näherungsausdruckes für u_{dk} führt man α_v nach (3.70d) in (3.69b) ein und erhält vorerst die genaue Beziehung für u_{dk} in der Form

$$u_{dk} = -f r_{iL} i_z + \frac{1}{4 r_{iL} i_z} \cdot \frac{f}{f_c^2} \cdot (u \sin\alpha + u_{c0})(u_{c0} - u \sin\alpha). \tag{3.71c}$$

Ersetzt man nun u_{c0} durch den Näherungsausdruck (3.71b), so folgt

$$u_{dk} = -\frac{f}{f_c} u \sin\alpha. \tag{3.71d}$$

Damit lässt sich ein relativ einfaches Ersatzschaltbild angeben. Wie aus Abbildung 3.39 hervorgeht, besteht dieses ausser der Spannungsquelle mit der ideellen Spannung $u_{di\alpha}$ noch aus einer zweiten Spannungsquelle

$$u_{dk0} = \frac{f}{f_c} u \sin\alpha. \tag{3.71e}$$

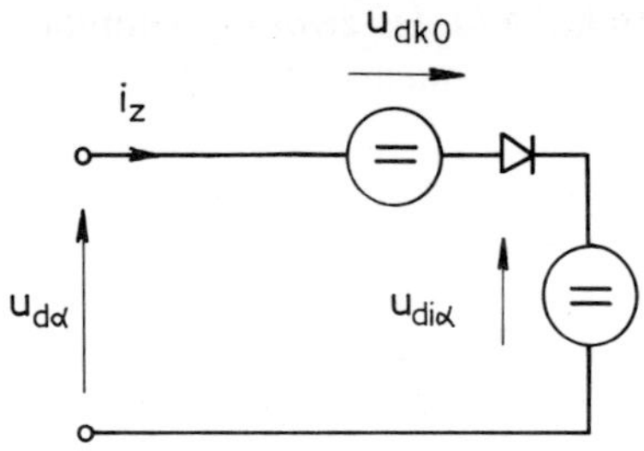

Abbildung 3.39
Ersatzschaltbild eines zwangskommutierten Stromrichters als stetiges System

Der innere Widerstand ist Null. Die zusätzliche Spannung u_{dk0} ist proportional f^2, da normalerweise $u = f$ ist. Sie nimmt somit sehr rasch mit der Frequenz f ab und braucht nur für $f \approx 1$ berücksichtigt zu werden. Für den bei der Synchronmaschine interessierenden Betriebsfall mit $\alpha = 180°$ verschwindet diese Spannung ganz. Man kann daher oft mit einem einfacheren Ersatzschaltbild rechnen, indem die zusätzliche Spannungsquelle u_{dk0} vernachlässigt wird. In diesem Fall ist $u_{d\alpha} = u_{di\alpha}$.

3.425 *Die Steuerung des zwangskommutierten Stromrichters*

Arbeitet der zwangskommutierte Stromrichter auf eine Synchronmaschine, so kann die Steuerung wie bei einem maschinengeführten Stromrichter vorgenommen werden, d. h. entweder in Abhängigkeit von der Klemmenspannung oder in Abhängigkeit der Polradlage der Synchronmaschine (siehe Abschnitt 3.312). Dabei ist allerdings zu beachten, dass die Zündung des Hilfsthyristors gegenüber dem für die Kommutierung des Stromes von einer Maschinenphase auf die andere massgebenden Zündverzögerungswinkel α um den Winkel α_v vorzuverlegen ist. Dieser Winkel kann aus (3.70d) berechnet werden. Setzt man darin für u_{c0} den Näherungsausdruck nach (3.71b) ein, so erbigt sich

$$\alpha_v = \left(1 - \frac{u \sin \alpha}{f_c r_{iL} i_z}\right)\frac{f}{f_c}. \tag{3.72}$$

Dieser Winkel ist in Abbildung 3.40a für $f = u = 1$ und $f_c = 7{,}5$ in Abhängigkeit von $r_{iL} i_z$ aufgetragen, wobei α als Parameter eingeführt wurde. Für $\alpha > 180°$ ist eine starke Abhängigkeit vom Strom i_z zu erkennen. Dabei steigt α_v bei kleinen Werten von $r_{iL} i_z$ sehr stark an. Da $\alpha_v + \mu \leq \pi/3$ sein muss, so darf der zu kommutierende Strom nicht unter einen bestimmten Minimalwert absinken. Für $\alpha = 180°$ bleibt α_v konstant, was eine besonders einfache Korrektur zur Vorverschiebung der Zündimpulse für die Hilfsthyristoren ermöglicht. Für $\alpha < 180°$ wird dagegen bei einem gewissen

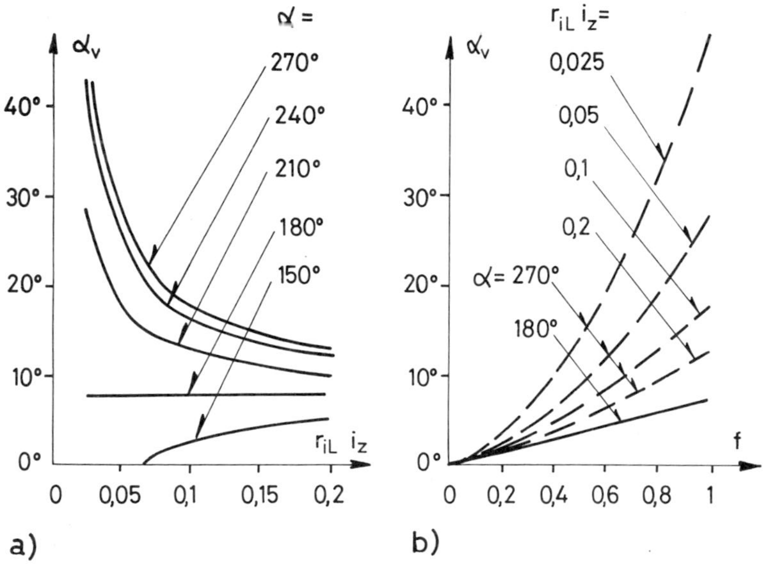

Abbildung 3.40
Steuerung des zwangskommutierten Stromrichters. Vorverschiebung der Zündimpulse für die Thyristoren des Hilfsstromrichters um den Winkel α_v gegenüber dem wirksamen Zündverzögerungswinkel α.
a) Abhängigkeit von $r_{iL} i_z$ mit α als Parameter;
b) Abhängigkeit von der Frequenz f, mit α und $r_{iL} i_z$ als Parameter

Strom i_z der Winkel $\alpha_v = 0$. Dies bedeutet, dass in diesem Fall der Hauptthyristor gleichzeitig mit dem Hilfsthyristor zu leiten beginnt, da in diesem Zeitpunkt seine Spannung zwischen Anode und Katode bereits positiv ist. Der Kommutierungsvorgang beginnt somit sofort mit der Kommutierung des Stromes von einer Maschinenphase auf die andere. In diesem Bereich sind die aufgestellten Näherungsausdrücke nicht mehr gültig. Zur Bestimmung der Spannung u_{dk} ist in (3.69b) $\alpha_v = 0$ zu setzen, womit $u_{dk} = -f r_{iL} i_z$ folgt. Das Ersatzschaltbild geht dann auf dasjenige eines maschinengeführten Stromrichters über.

Abbildung 3.40b zeigt schliesslich die Abhängigkeit des Winkels α_v von der bezogenen Frequenz f, wobei $u = f$ vorausgesetzt wurde. Während für $\alpha = 180°$ der Winkel α_v wiederum vom Strom i_z unabhängig ist, erkennt man für $\alpha = 270°$ eine grosse Abhängigkeit von i_z. Diese Zusammenhänge sind bei der Korrektur der Steuerung des zwangskommutierten Stromrichters zu beachten.

Speist der zwangskommutierte Stromrichter eine Asynchronmaschine, so genügt es die Hilfsthyristoren mit Zündimpulsen entsprechend der gewünschten Maschinenfrequenz f zu beaufschlagen. Nach Ablauf des Winkels

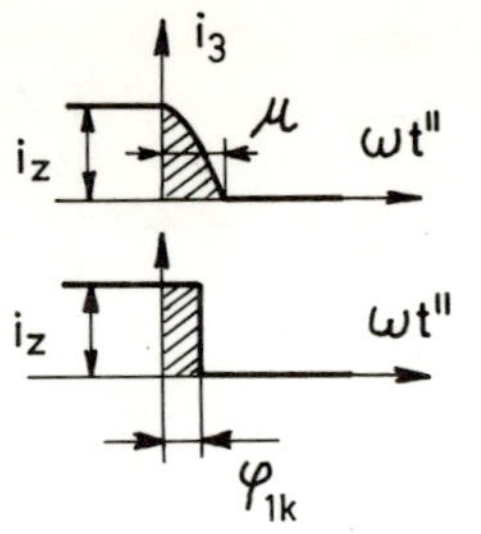

Abbildung 3.41
Zur Bestimmung des zusätzlichen Phasenverschiebungswinkels φ_{1k} der Grundwelle des Stromes auf der Drehstromseite des zwangskommutierten Stromrichters gegenüber dem wirksamen Zündverzögerungswinkel α

α_v setzt dann die Kommutierung des Stromes von einer Maschinenphase auf die andere ein. Eine Korrektur um den Winkel α_v ist nur dann vorzunehmen, wenn eine bestimmte Phasenbeziehung zwischen der Grundwelle des Maschinenstromes und dem von der Regeleinrichtung vorgegebenen Sollwert einzuhalten ist, wie dies bei der feldorientierten Regelung der Fall ist (siehe Abschnitt 7.225).

Die Grundwelle des Stromes auf der Drehstromseite des Stromrichters ist gegenüber dem Zündverzögerungswinkel α infolge des zweiten Kommutierungsabschnittes noch zusätzlich verzögert. Wie in Abschnitt 3.325 abgeleitet wurde, kann man näherungsweise voraussetzen, dass $\varphi_1 \approx \alpha + \mu/2$ ist [siehe (3.45c)]. Für den vorliegenden Fall lässt sich eine noch etwas bessere Näherung ableiten. Dazu wird der Strom in der Phase 3 während des Kommutierungsvorganges zwischen den beiden Maschinenphasen betrachtet. Unter Voraussetzung $f_c \gg f$ kann man in Gleichung (3.63a) das zweite Glied vernachlässigen. Für den Strom i_3 gilt dann in bezogenen Grössen ausgedrückt

$$i_3 = i_z \cos f_c \omega_n t''. \tag{3.73a}$$

Dieser reelle Stromverlauf wird durch einen rechteckförmigen Stromverlauf ersetzt, der um $\omega t'' = \varphi_{k1}$ verschoben ist, wie dies in Abbildung 3.41 dargestellt ist. Unter Voraussetzung gleichen Inhaltes der schraffierten Flächen gilt

$$i_z \varphi_{1k} = \int_0^{\mu} i_z \cos (f_c \omega_n t'')\, d\omega t''. \tag{3.73b}$$

Mit $\mu = \pi f/2f_c$ folgt

$$\varphi_{1k} = \frac{f}{f_c} = \frac{2}{\pi}\,\mu. \tag{3.73c}$$

φ_{1k} ist somit beim zwangskommutierten Stromrichter etwas grösser als $\mu/2$. Ueberdies ist diese zusätzliche Phasenverschiebung φ_{1k} proportional der Frequenz f und, was besonders hervorzuheben ist, vom zu kommutierenden Strom unabhängig.

3.43 Der Zwischenkreisumrichter

3.431 *Allgemeines*

Der Zwischenkreisumrichter, bestehend aus einem netzgeführten Stromrichter und einem zwangskommutierten Stromrichter nach der Schaltung in Abbildung 3.36, unterscheidet sich hinsichtlich des Verhaltens bei Regelvorgängen nicht wesentlich von dem in Abschnitt 3.33 untersuchten Zwischenkreisumrichter mit maschinengeführtem Stromrichter. Die nachstehenden Ausführungen beschränken sich daher auf einige Hinweise betreffend des unterschiedlichen Verhaltens. Inbesondere ist das Ersatzschaltbild leicht zu modifizieren, was auch einen Einfluss auf einen Teil des Strukturdiagramms hat. Dagegen bleibt die Definition der Bezugsgrössen gegenüber Abschnitt 3.33 unverändert. Ebenso ist die Steuerung des Zwischenkreisumrichters praktisch gleich wie früher, wobei lediglich die Vorverlegung des Zündwinkels der Hilfsthyristoren um den Winkel α_v zu berücksichtigen ist, wie dies in Abschnitt 3.425 beschrieben wurde. Die Kennlinien des Zwischenkreisumrichters im stationären Betrieb unterscheiden sich nicht wesentlich von denjenigen in Abschnitt 3.334, so dass darauf nicht näher eingegen wird. Gegebenenfalls lassen sich diese Kennlinien leicht aus dem in Abschnitt 3.432 angeführten Ersatzschaltbild ableiten. Schliesslich ist die Einführung von komplexen Raumvektoren gleich wie beim maschinengeführten Stromrichter.

3.432 *Das Ersatzschaltbild des Zwischenkreisumrichters als stetiges System*

Vergleicht man das Ersatzschaltbild des zwangskommutierten Stromrichters in Abbildung 3.39 mit demjenigen des maschinengeführten Stromrichters in Abbildung 3.25, so erkennt mann, dass im ersteren eine zusätzliche Spannungsquelle u_{dk0} vorhanden ist, abgesehen davon, dass der Innenwiderstand jetzt $r_i = 0$ ist. Man erhält somit das Ersatzschaltbild des vorliegenden Zwischenkreisumrichters dadurch, dass in Abbildung 3.30 eine weitere Spannungsquelle hinzugefügt wird. Es resultiert dann das in Abbildung 3.42 dargestellte Ersatzschaltbild.

Es gilt nun die folgende Beziehung

$$-u_{\mathrm{di}\alpha\mathrm{I}} + r_z i_z + r_z T_z \frac{\mathrm{d}i_z}{\mathrm{d}t} + u_{\mathrm{dk0}} - u_{\mathrm{di}\alpha\mathrm{II}} = 0 \qquad (3.74\mathrm{a})$$

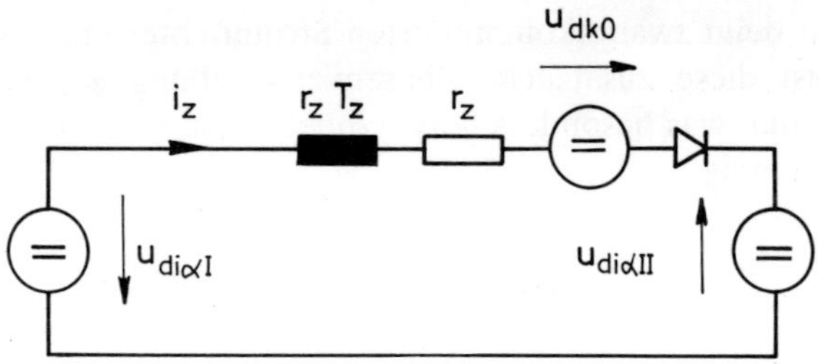

Abbildung 3.42
Ersatzschaltbild des Zwischenkreisumrichters mit zwangskommutiertem Stromrichter

dabei ist

$$r_z = r_{iI} \tag{3.74b}$$

wobei r_{iI} durch (3.49b) gegeben ist. Danach folgt für r_z auch

$$r_z = \tfrac{1}{2} x_k u_{di0I}. \tag{3.74c}$$

Die Zeitkonstante T_z kann aus (3.50e) abgeleitet werden, wobei zu beachten ist, dass der zwangskommutierte Stromrichter einen Innenwiderstand $r_{iII} = 0$ besitzt. Es gilt dann

$$T_z = \frac{2\pi}{3\omega_N} \frac{x_k u_{di0I} + \frac{\pi}{3} x_z}{x_k u_{di0I}}. \tag{3.74d}$$

x_z ist durch (3.50d) gegeben.

3.433 *Das Strukturdiagramm*

Zur Aufstellung des Strukturdiagramms, bzw. desjenigen Teiles, der beim zwangskommutierten Stromrichter gegenüber dem maschinengeführten Stromrichter abweichend ist, wird (3.74b) in (3.74a) eingesetzt und die letztere Gleichung in der Form

$$r_z T_z \frac{di_z}{dt} = u_{di\alpha I} + u_{di\alpha II} - u_{dk0} - r_{iI} i_z \tag{3.75}$$

geschrieben. Dabei ist u_{dk0} durch (3.71e) gegeben, während für $r_z T_z$ nach wie vor die Beziehung (3.57b) gültig ist.

Abbildung 3.43 zeigt das Strukturdiagramm, wobei noch gemäss (3.73c) $\varphi_{1k} = f/f_c$ ergänzt wurde. Dieses Strukturdiagramm bildet den Kern des vollständigen Strukturdiagramms für den Zwischenkreisumrichter, wobei die übrigen Teile mit dem Strukturdiagramm von Abbildung 3.34 übereinstimmen und von dort übernommen werden können.

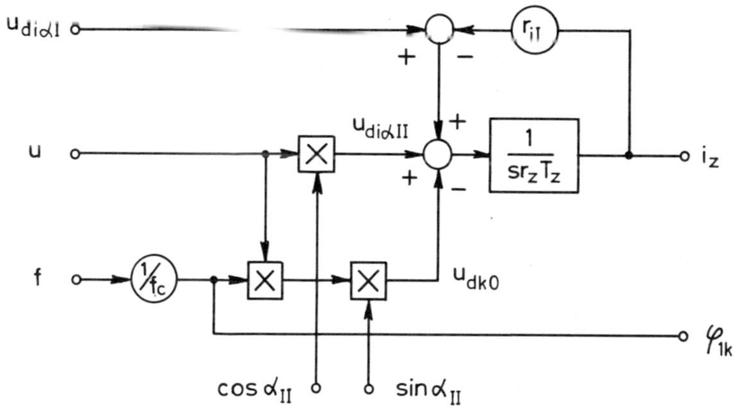

Abbildung 3.43
Strukturdiagramm eines Zwischenkreisumrichters mit zwangskommutiertem Stromrichter. Abweichender Teil gegenüber dem Strukturdiagramm in Abbildung 3.34a eines Zwischenkreisumrichters mit natürlicher Kommutierung

3.5 Zwangskommutierter Frequenzumrichter mit Gleichspannungszwischenkreis

3.51 Schaltung und Funktionsweise

3.511 *Prinzipieller Aufbau*

Der prinzipielle Aufbau eines zwangskommutierten Frequenzumrichters mit Gleichspannungszwischenkreis ist in Abbildung 3.44 dargestellt.

Der netzseitige Stromrichter besteht aus einem ungesteuerten Gleichrichter Ia in Drehstrombrückenschaltung und einem dazu gegenparallelgeschalteten, netzgeführten Wechselrichter Ib. Dieser arbeitet mit einem fest eingestellten Zündverzögerungswinkel α an der Wechselrichtertrittgrenze. Er wird über einen Autotransformator mit einer etwas höheren Wechselspannung gespeist, so dass der Mittelwert der beiden Gleichspannungen gleich ist. Damit wird ein Kreisstrom infolge unterschiedlicher Gleichspannung der gegenparallelgeschalteten Stromrichter vermieden. Zur Begrenzung des Kreisstromes infolge unterschiedlicher Wechselspannungskomponenten werden Kreisstromdrosseln eingesetzt.

Die Spannung U_z im Gleichspannungszwischenkreis ist somit konstant. Ein Kondensator C_z dient einerseits zur Glättung der gleichgerichteten Spannung und anderseits als Pufferkondensator, um die durch den zwangskommutierten Wechselrichter II bedingten raschen Stromänderungen aufzunehmen.

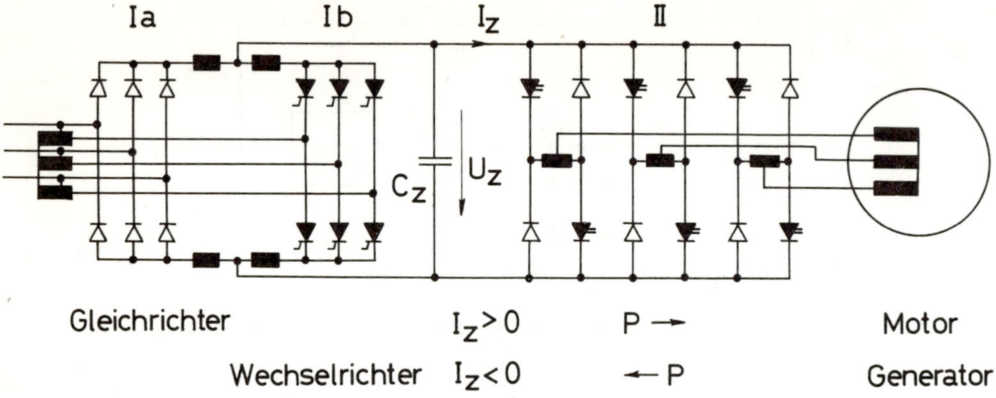

Abbildung 3.44
Schaltung eines zwangskommutierten Frequenzumrichters mit Gleichspannungszwischenkreis

Der maschinenseitige Wechselrichter II besteht beispielsweise aus drei Zweigen, die als Brückenschaltung aus zwei statischen Gleichstromschaltern und zwei antiparallelgeschalteten Dioden aufgebaut sind. Die statischen Gleichstromschalter bestehen aus Thyristoren mit den entsprechenden Löschkreisen für die Zwangskommutierung. Sie sind in Abbildung 3.44 schematisch durch ein Thyristorsymbol mit zwei Eingängen dargestellt. Die Dioden werden einerseits für den Ablauf der Zwangskommutierung benötigt und übernehmen anderseits den Laststrom, wenn die statischen Gleichstromschalter gesperrt sind (Nulldioden). Die Löschkreise für die Zwangskommutierung sind sehr vielseitig. Zwei der grundlegenden Schaltungen werden in den Abschnitten 3.52 und 3.53 näher beschrieben, wobei der Zwangskommutierungsvorgang untersucht werden wird.

Die konstante Zwischenkreisspannung wird durch periodisches Ein- und Ausschalten der einzelnen Zweige in eine zerhackte Spannung übergeführt, deren Mittelwert je nach dem Verhältnis Einschalt- zu Ausschaltdauer veränderbar ist. Dieser Mittelwert wird normalerweise sinusförmig verändert, womit die Grundwelle der Speisespannung gebildet wird, deren Frequenz durch eine entsprechende Steuerung angepasst werden kann (siehe Abschnitt 3.514). Wegen dieser pulsförmigen Arbeitsweise wird der Wechselrichter auch als Pulswechselrichter bezeichnet.

Dieser zwangskommutierte Wechselrichter arbeitet praktisch immer auf eine Asynchronmaschine. Bei Motorbetrieb fliesst die Energie vom Speisenetz über den Gleichrichter Ia, den Zwischenkreis und den Pulswechselrichter II zur Asychronmaschine (siehe Abbildung 3.44). Beim Abbremsen (Generatorbetrieb) kehrt die Energierichtung um und wird über den netzgeführten Wechselrichter Ib ins Speisenetz zurückgeliefert. Der Strom I_z im Zwischenkreis kehrt seine Richtung um. Dies ist ohne weiteres möglich, da der zwangskommutierte Wechselrichter II den Strom gleichstromseitig in beiden Richtungen führen kann.

3.512 *Der Dreiphasen-Wechselrichter in Brückenschaltung*

In Abbildung 3.45a ist der zwangskommutierte Wechselrichter von Abbildung 3.44 nochmals herausgezeichnet. An Hand dieses Schaltbildes soll die Bildung der Phasenspannungen U_1, U_2 und U_3 an der in Stern geschalteten Last untersucht werden.

Die Spannung U_{10}, U_{20} oder U_{30} jedes Wechselrichterzweiges kann entweder gleich der Spannung U_z des Zwischenkreises sein oder Null, und zwar je nach dem Schaltzustand des betreffenden Zweiges. Für einen voll ausgesteuerten Wechselrichter ist deren Verlauf in Abbildung 3.45b dargestellt. Entsprechend der gewünschten Periodendauer T muss diese Zweigspannung während einer Halbperiode, d. h. während $T/2$ gleich U_z bzw. 0 sein. Zwischen jedem Zweig ist eine Verschiebung von $T/3$ einzuhalten, damit ein symmetrisches Dreiphasensystem gebildet wird.

Die verketteten Spannungen an den Klemmen des Wechselrichters sind gleich den verketteten Spannungen an der Dreiphasenlast. Aus Abbildung 3.45a lassen sich dafür die folgenden Beziehungen ablesen, die für die Momentanwerte gültig sind

$$U_{12} = U_{10} - U_{20} \tag{3.76a}$$

$$U_{23} = U_{20} - U_{30} \tag{3.76b}$$

$$U_{31} = U_{30} - U_{10}. \tag{3.76c}$$

Die daraus resultierende Spannung U_{12} ist in Abbildung 3.45b dargestellt. Es ergibt sich eine rechteckförmige Wechselspannung, die während je $\frac{1}{3}$ der Halbperiode gleich Null ist. Die übrigen Spannungen U_{23} und U_{31} besitzen die gleiche Kurvenform, sind aber je um $T/3$ verschoben.

Für die drei Phasenspannungen U_1, U_2 und U_3 an der Last gelten die Zusammenhänge mit den verketteten Spannungen

$$U_{12} = U_1 - U_2 \tag{3.76d}$$

$$U_{23} = U_2 - U_3 \tag{3.76e}$$

$$U_{31} = U_3 - U_1. \tag{3.76f}$$

Da der Sternpunkt der Last frei ist, muss die Summe der drei Phasenströme gleich Null sein. Bei symmetrischer Last gilt dann die gleiche Bedingung auch für die Phasenspannungen, d. h.

$$U_1 + U_2 + U_3 = 0. \tag{3.76g}$$

Aus den obigen Gleichungen erhält man für die Phasenspannungen die

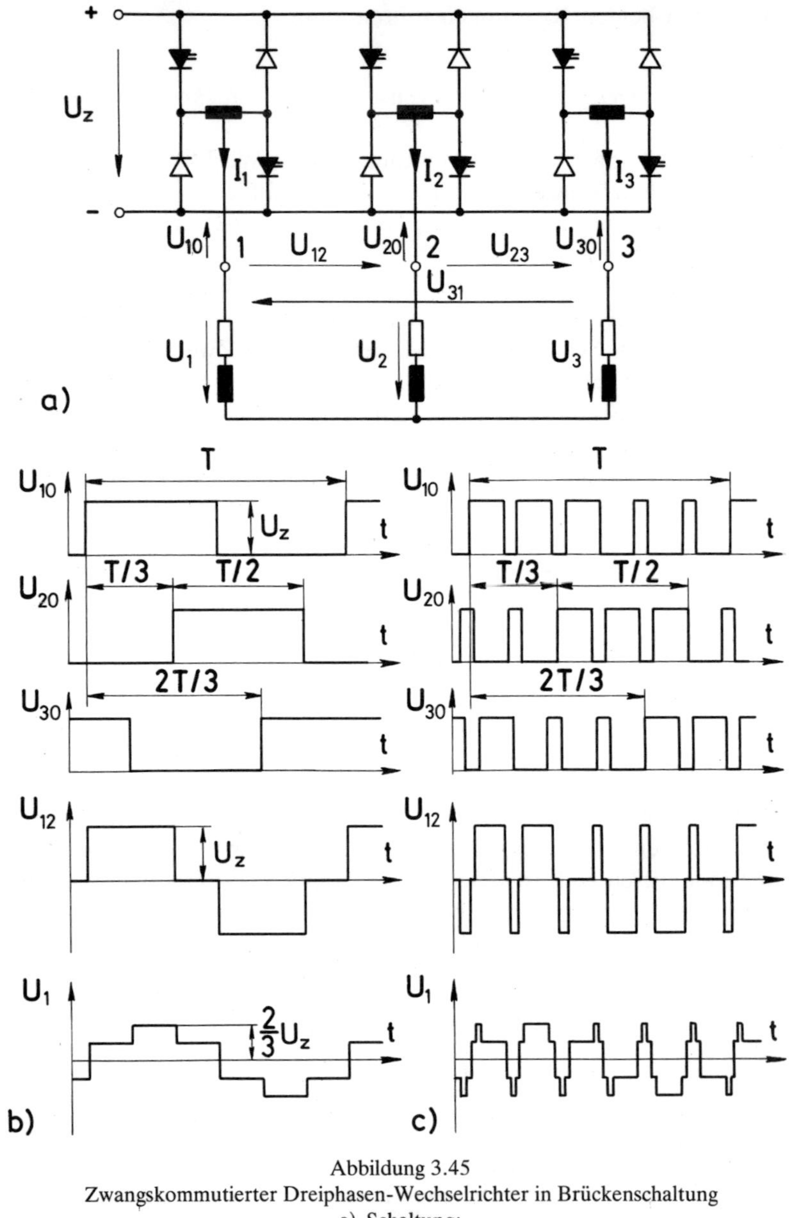

Abbildung 3.45
Zwangskommutierter Dreiphasen-Wechselrichter in Brückenschaltung
a) Schaltung;
b) Zeitlicher Verlauf verschiedener Spannungen bei Vollaussteuerung;
c) Zeitlicher Verlauf verschiedener Spannungen bei Pulsbetrieb

folgenden Beziehungen

$$U_1 = \tfrac{1}{3}(U_{12} - U_{31}) = \tfrac{1}{3}(2U_{10} - U_{20} - U_{30}) \qquad (3.77a)$$

$$U_2 = \tfrac{1}{3}(U_{23} - U_{12}) = \tfrac{1}{3}(2U_{20} - U_{10} - U_{30}) \qquad (3.77b)$$

$$U_3 = \tfrac{1}{3}(U_{31} - U_{23}) = \tfrac{1}{3}(2U_{30} - U_{10} - U_{20}). \qquad (3.77c)$$

Der Verlauf der Phasenspannung U_1 ist in Abbildung 3.45b dargestellt. Die beiden andern Phasenspannungen U_2 und U_3 sind wiederum um $T/3$ verschoben. Die Phasenspannung ist treppenförmig und schmiegt sich dem sinusförmigen Verlauf relativ gut an.

Die Verhältnisse bei Pulsbetrieb sind schematisch in Abbildung 3.45c dargestellt. Die Spannungen U_{10}, U_{20} und U_{30} jedes Wechselrichterzweiges sind dabei in den zwei aufeinanderfolgenden Halbperioden symmetrisch zu pulsen, derart, dass der Mittelwert über eine Periode gleich $U_z/2$ ist.

Sowohl die verkettete Spannung U_{12}, wie auch die Phasenspannung U_1 weisen eine gepulste Form auf. Nähere Hinweise auf die praktische Steuerung der Pulsung werden in Abschnitt 3.514 gegeben. Aus Abbildung 3.45c erkennt man deutlich die Spannungsreduktion gegenüber der Vollaussteuerung.

3.513 *Der Dreiphasen-Wechselrichter aufgebaut aus drei Einphasen-Wechselrichtern*

Eine weitere Möglichkeit, einen Dreiphasen-Wechselrichter aufzubauen, ist in Abbildung 3.46a dargestellt. Jeder Zweig des Dreiphasen-Wechselrichters besteht aus einem Einphasen-Wechselrichter. Dieser besitzt seinerseits zwei Zweige bestehend aus einer Brückenschaltung von je zwei statischen Gleichstromschaltern und antiparallelgeschalteten Dioden, entsprechend den einzelnen Zweigen eines Dreiphasen-Wechselrichters in Brückenschaltung. Im vorliegenden Fall weist der gesamte Wechselrichter somit sechs Zweige auf, die in Abbildung 3.46a schematisch durch ein Thyristorsymbol mit zwei Eingängen angedeutet sind. Da bei grösseren Leistungen ohnehin zwei oder mehr Ventile parallel und in Serie zu schalten sind, so benötigt diese Schaltung nicht unbedingt einen höheren Aufwand an Stromrichterelementen. Da die drei Einphasen-Wechselrichter gleichstromseitig parallelgeschaltet sind, so ist es nicht mehr möglich die Last in Stern zu schalten, da sonst einzelne Wechselrichterzweige kurzgeschlossen würden. Die drei Phasen der Last (Asynchronmaschine) müssen somit galvanisch getrennt an die drei Einphasen-Wechselrichter angeschlossen werden.

Um aber trotzdem den Vorteil der in Stern geschalteten Dreiphasensysteme ausnutzen zu können, der darin besteht, dass die dritten Harmonischen und ihre Vielfache aufgehoben werden, so werden die drei

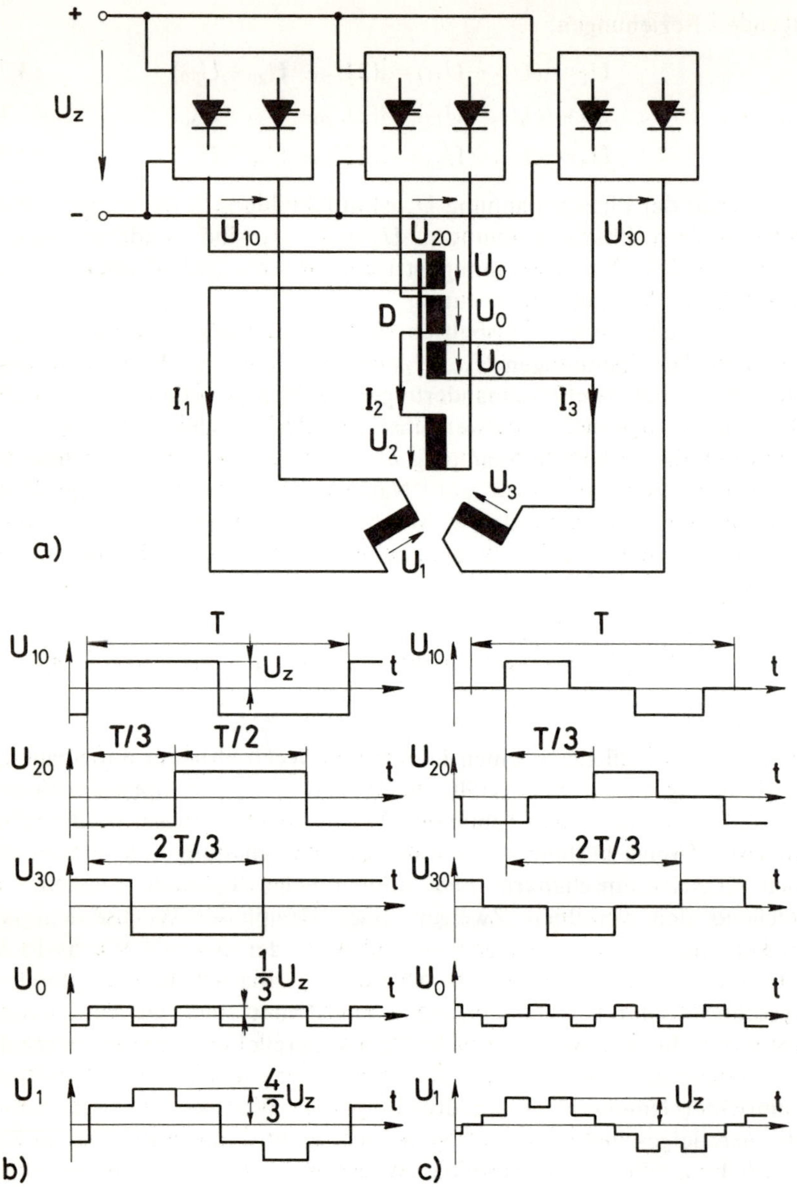

Abbildung 3.46
Zwangskommutierter Dreiphasen-Wechselrichter aufgebaut aus drei Einphasen-Wechselrichtern
a) Prinzipielle Schaltung;
b) Zeitlicher Verlauf verschiedener Spannungen bei Vollaussteuerung;
c) Zeitlicher Verlauf verschiedener Spannungen bei Rechtecksteuerung der Einphasen-Wechselrichter

Phasen induktiv über eine Drossel D gekoppelt. Diese Drossel besitzt drei gleiche Wicklungen mit einem gemeinsamen magnetischen Kreis. Vernachlässigt man den Magnetisierungsstrom dieser Drossel, so muss die Gesamtdurchflutung gleich Null sein. Da die drei Wicklungen gleiche Windungszahl aufweisen, so bedeutet dies, dass die Summe der Momentanwerte der drei Ströme I_1, I_2 und I_3 gleich Null sein muss, d. h.

$$I_1 + I_2 + I_3 = 0. \tag{3.78a}$$

Bei symmetrischer ohmisch-induktiver Last sind die Spannungen U_1, U_2 und U_3 proportional den entsprechenden Phasenströmen, bzw. deren zeitlichen Ableitungen. Somit kann man an Stelle von (3.78a) auch

$$U_1 + U_2 + U_3 = 0 \tag{3.78b}$$

setzen.

In jeder der drei Wicklungen der Drossel D wird die gleiche Spannung U_0 induziert, die überdies gleichphasig sind. Aus Abbildung 3.46a kann man die folgenden Beziehungen zwischen den Spannungen U_{10}, U_{20}, U_{30} der drei Einphasen-Wechselrichter und den drei Phasenspannungen U_1, U_2, U_3 an der Last ablesen

$$U_1 = U_{10} - U_0 \tag{3.79a}$$

$$U_2 = U_{20} - U_0 \tag{3.79b}$$

$$U_3 = U_{30} - U_0. \tag{3.79c}$$

Addiert man diese drei Gleichungen, so folgt unter Beachtung der Beziehung (3.78b)

$$U_0 = \tfrac{1}{3}(U_{10} + U_{20} + U_{30}) \tag{3.79d}$$

und somit

$$U_1 = \tfrac{1}{3}(2U_{10} - U_{20} - U_{30}) \tag{3.80a}$$

$$U_2 = \tfrac{1}{3}(2U_{20} - U_{10} - U_{30}) \tag{3.80b}$$

$$U_3 = \tfrac{1}{3}(2U_{30} - U_{10} - U_{20}). \tag{3.80c}$$

Die Phasenspannungen berechnen sich nach den gleichen Beziehungen wie bei einem Dreiphasen-Wechselrichter in Brückenschaltung. Ein Unterschied besteht allerdings darin, dass beim vollausgesteuerten Einphasen-Wechselrichter die Spannungen U_{10}, U_{20}, U_{30} periodisch zwischen $+U_z$ und $-U_z$ ändern.

In Abbildung 3.46b ist der zeitliche Verlauf der Spannungen U_{10}, U_{20} und U_{30} bei voll ausgesteuertem Wechselrichter dargestellt sowie die Spannung U_0 an der Drossel D und die Spannung U_1 an der Last. Die letztere weist den gleichen treppenförmigen Verlauf auf, wie bei einer Dreiphasenbrückenschaltung nach Abbildung 3.45.

Zur Spannungsreduktion können die drei Einphasen-Wechselrichter auch gepulst werden, wie dies bereits schematisch in Abbildung 3.45c gezeigt wurde. Im vorliegenden Fall ist jedoch eine weitere Möglichkeit vorhanden, welche in Abbildung 3.46c dargestellt ist. Durch geeignete Steuerung der einzelnen Zweige der Einphasen-Wechselrichter wird erreicht, dass deren Ausgangsspannung während einer gewissen Zeit der Halbperiode gleich Null ist. Es entsteht dann eine rechteckförmige Spannungsform, wobei die Dauer der Spannungsblöcke kleiner als die halbe Periodendauer ist. Man spricht in diesem Fall auch von Rechtecksteuerung. Die drei Spannungen U_{10}, U_{20} und U_{30} sind so zu steuern, dass sie wiederum je um $T/3$ gegeneinander verschoben sind. Aus (3.79d) kann dann die Spannung U_0, bzw. aus (3.80a) die Phasenspannung U_1 konstruiert werden. Die beiden andern Phasenspannungen U_2 und U_3 weisen die gleiche Form auf, sind aber je um $T/3$ verschoben. Dank der induktiven Kopplung der drei Phasen über die Drossel D weist die Phasenspannung der Last wesentlich geringere Harmonische auf, als die Ausgangsspannung der einzelnen Einphasen-Wechselrichter.

Vielfach werden die Steuerung durch Pulsung und die Rechtecksteuerung miteinander kombiniert, indem zwischen 0 und etwa $\frac{2}{3}$ der vollen Wechselrichterspannung die Spannungsreduktion durch das Pulsverfahren bewerkstelligt wird, während zwischen $\frac{2}{3}$ und der vollen Wechselrichterspannung die Breite der Rechteckspannung stetig verändert wird.

3.514 *Die Steuerung des Pulswechselrichters*

Nachstehend soll noch näher die Steuerung eines Pulswechselrichters besprochen werden. Diese kann entweder über einen Dreipunktregler erfolgen (siehe Leonhard [4]) oder über eine Pulsregelung nach dem Unterschwingungsverfahren (siehe Schönung und Stemmler [9]). Die nachfolgenden Ausführungen beziehen sich auf die zweite Methode.

Abbildung 3.47a zeigt schematisch die Schaltung zur Steuerung eines dreiphasigen Wechselrichters. Drei sinusförmig veränderliche Steuerspannungen U_{st1}, U_{st2} und U_{st3}, welche ein symmetrisches Dreiphasensystem bilden, werden je mit einer gemeinsamen, dreieckförmigen Hilfsspannung U_h verglichen, welche im Oszillator 1 erzeugt wird und eine konstante Frequenz besitzt. Die Differenz zwischen den Steuerspannungen und der Hilfsspannung wird je einem Grenzwertmelder 2a, 2b oder 2c zugeführt. Die digitalen Signale d_1, d_2 und d_3 geben an, welche Spannung der betreffende Wechselrichterzweig annehmen muss. Für $d_1 = 1$ muss $U_{10} = U_z$ sein, während $d_1 = 0$ bedeutet, dass $U_{10} = 0$ sein muss. Entsprechendes gilt für die übrigen Wechselrichterzweige. Eine logische Schaltung 3, als Impulsverteiler, entscheidet, welcher der statischen Gleichstromschalter des betreffenden Wechselrichterzweiges einzuschalten ist und

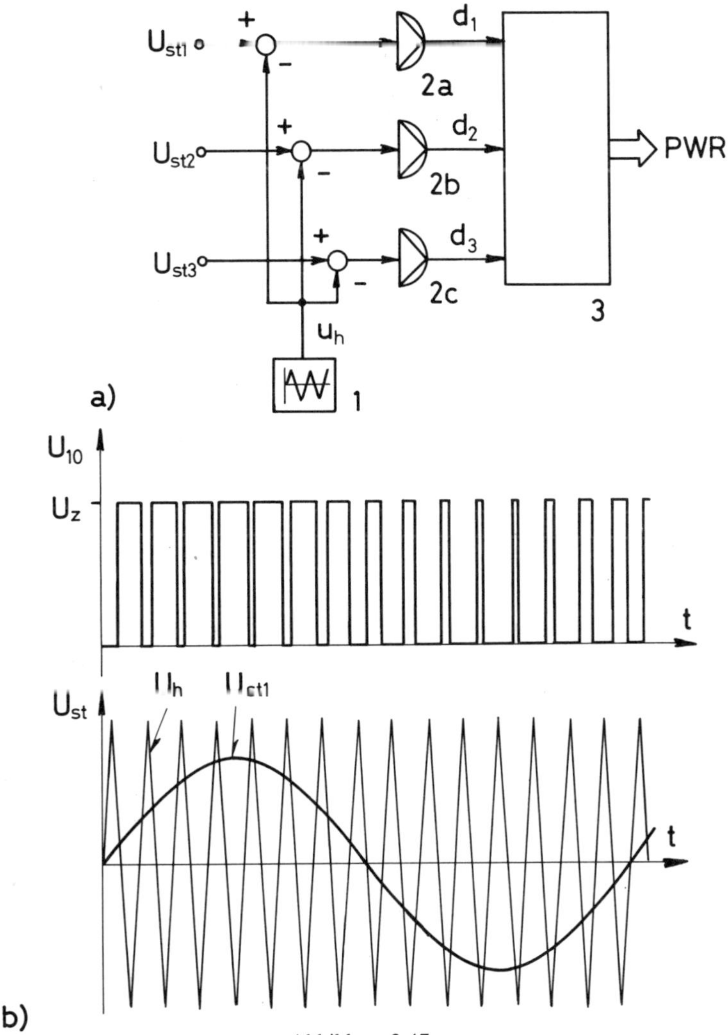

Abbildung 3.47
Steuerung eines dreiphasigen Pulswechselrichters
a) Prinzipielle Schaltung;
b) Zeitlicher Verlauf verschiedener Spannungen bei sinusförmiger Aussteuerung (Unterschwingungsverfahren)

liefert die Zündimpulse an den Pulswechselrichter PWR (Stromrichter II in Abbildung 3.44).

Abbildung 3.47b zeigt den zeitlichen Verlauf der Steuerspannung U_{st1} sowie der Hilfsspannung U_h. Die Schnittpunkte zwischen U_{st1} und U_h bestimmen die Umschaltpunkte für die Spannung U_{10} des Wechselrichterzweiges. Man erkennt, dass diese eine sinusförmige Modulation aufweist,

d. h. dass der zeitliche Mittelwert sinusförmig um $U_z/2$ variiert. Die Grundschwingung dieser Modulation ist durch die Frequenz der Steuerspannungen gegeben, während die Frequenz der dreieckförmigen Hilfsspannung die Pulsfrequenz bestimmt.

Wie STEMMLER [42] zeigt, kann mit der Form der Hilfsspannung sowie verschiedenartiger Phasenbeziehung in den drei Phasen der Oberwellengehalt des Phasenstromes in einer Asynchronmaschine wesentlich beeinflusst werden. Die günstigste Form hängt überdies von der genauen Schaltung des Pulswechselrichters ab. Für die einfachste Schaltung gemäss Abbildung 3.45a eines Dreiphasen-Wechselrichters in Brückenschaltung ist eine gleichschenklige, für alle drei Phasen gemeinsame Hilfsspannung am vorteilhaftesten, wie dies bereits in Abbildung 3.47 vorausgesetzt wurde. Für den Fall eines Wechselrichters, der wie in Abbildung 3.46a dargestellt, aus drei Einphasen-Wechselrichtern aufgebaut ist, zeigt es sich, dass es zweckmässig ist, eine nahezu sägezahnförmige Hilfsspannung anzuwenden, die ebenfalls auf alle drei Phasen des Wechselrichters einwirkt.

3.515 *Die Rechtecksteuerung*

Wie bereits erwähnt, kann bei dem aus drei Einphasen-Wechselrichtern aufgebauten Dreiphasen-Wechselrichter nach Abbildung 3.46a die Spannung nicht nur nach dem Pulsverfahren, sondern auch mit der Rechtecksteuerung verändert werden. Eine mögliche Schaltung zur Steuerung des Dreiphasen-Wechselrichters ist in Abbildung 3.48a dargestellt, während die prinzipielle Funktionsweise aus Abbildung 3.48b hervorgeht (siehe BRAUN [67]).

Die Steuerung erfolgt mit einer einzigen, gemeinsamen Steuerspannung U_{st}. Diese wird je mit einer dreieckförmigen Hilfsspannung U_{h1}, U_{h2} und U_{h3} verglichen. Diese Hilfsspannungen werden je in einem Oszillator 1a, 1b und 1c erzeugt. Die Hilfsspannungen sind in ihrer Amplitude konstant und bestimmen mit ihrer Frequenz die Ausgangsfrequenz des Wechselrichters. Dabei muss die Frequenz der Hilfsspannungen gleich der doppelten Ausgangsfrequenz des Wechselrichters sein. Um ein symmetrisches Dreiphasensystem zu erzeugen, müssen die dreieckförmigen Hilfsspannungen entsprechend gegeneinander verschoben werden. Bei veränderlicher Wechselrichterfrequenz werden die Oszillatoren mit einem der Ausgangsfrequenz f_s proportionalen Signal beaufschlagt.

Die Differenz zwischen Hilfsspannung und Steuerspannung wird je einem Steuerglied 2a, 2b und 2c zugeführt. Dieses besteht aus einem Grenzwertmelder und zwei bistabilen Kippstufen mit dynamischem Eingang, wobei die eine auf die ansteigende Flanke und die andere auf die abfallende Flanke des vom Grenzwertmelder gelieferten digitalen Signales anspricht. Die digitalen Ausgangssignale d_{1a}, d_{1b} sowie d_{2a}, d_{2b} und d_{3a}, d_{3b} werden im

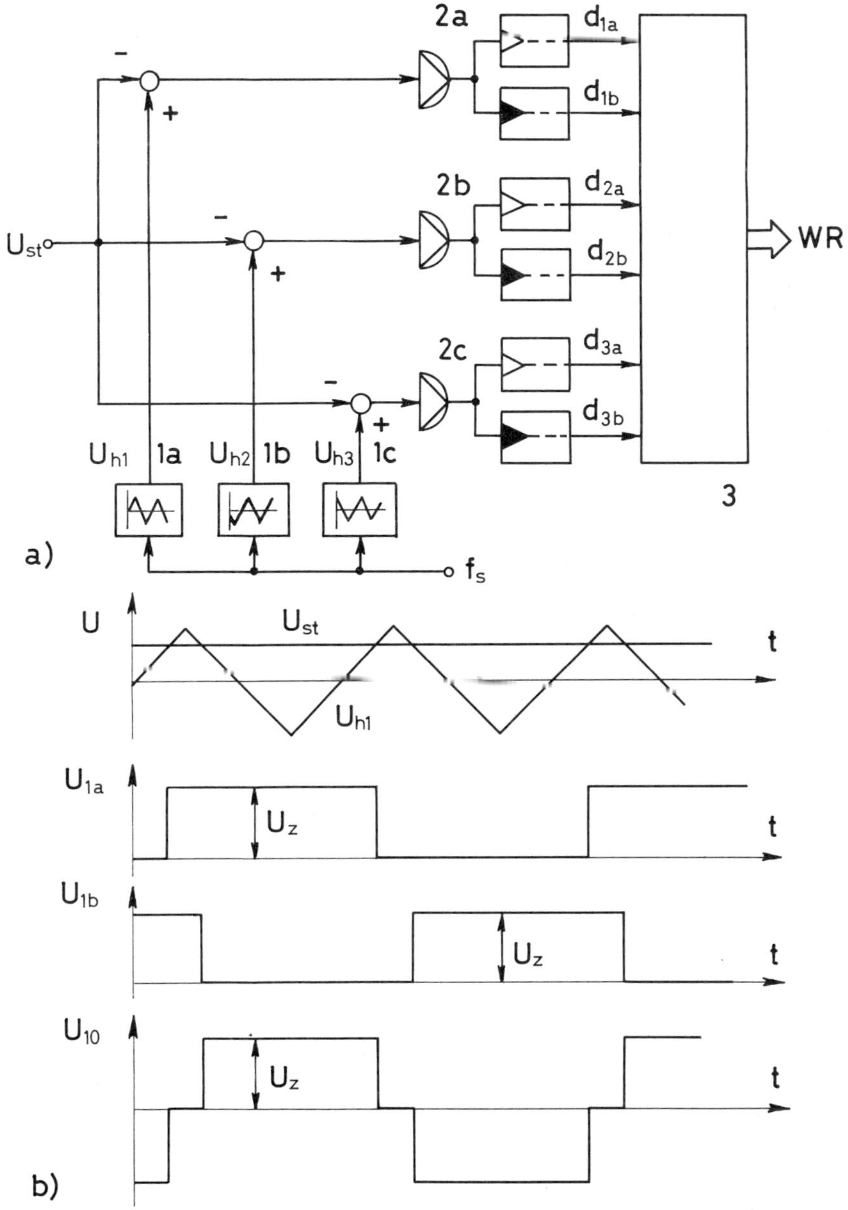

Abbildung 3.48

Rechtecksteuerung eines Dreiphasen-Wechselrichters (aus drei Einphasen-Wechselrichtern aufgebaut)

a) Prinzipielle Schaltung;

b) Zeitlicher Verlauf verschiedener Spannungen

Impulsverteiler 3 verarbeitet, der alsdann die Steuerimpulse an den aus drei Einphasen-Wechselrichtern aufgebauten Wechselrichter abgibt.

Wie aus Abbildung 3.48b für die Phase 1 hervorgeht, wird beim Schnitt der Steuerspannung U_{st} mit dem ansteigenden Ast der Hilfsspannung U_{h1} die Spannung U_{1a} des ersten Zweiges des Einphasenwechselrichters umgeschaltet, während die Spannung U_{1b} des andern Zweiges beim Schnitt der Steuerspannung mit dem absteigenden Ast der Hilfsspannung U_{h1} umgeschaltet wird. Die Ausgangsspannung des Einphasenwechselrichters $U_{10} = U_{1a} - U_{1b}$ ist dann entweder $+U_z$, 0 oder $-U_z$. Bei einer Aenderung der Steuerspannung verschieben sich die Rechteckblöcke der Spannungen U_{1a} und U_{1b} gegeneinander, womit auch die Spannungsform der Spannung U_{10} insbesondere aber deren Grundwelle geändert wird.

3.52 Der Wechselrichterzweig mit Einzellöschung

3.521 *Zwangskommutierung*

Abbildung 3.49 zeigt die Schaltung eines Wechselrichterzweiges mit Einzellöschung (siehe Heumann und Stumpe [22]). Es ist dies eine der vielen möglichen Schaltungen, die mit Zwangskommutierung arbeiten. Die Einzellöschung gestattet eine unabhängige und individuelle Löschung der

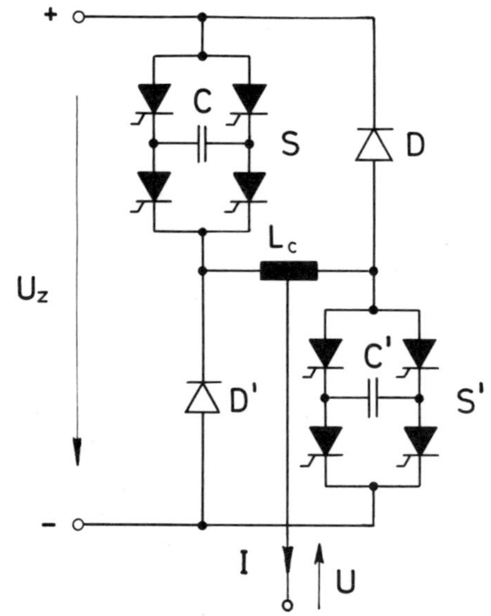

Abbildung 3.49
Schaltung eines Wechselrichterzweiges mit Einzellöschung

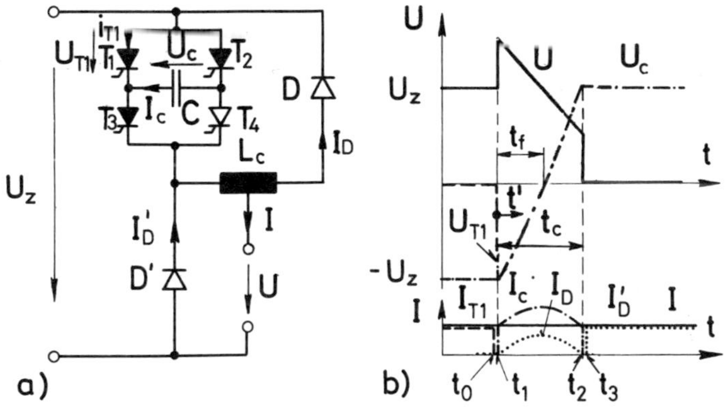

Abbildung 3.50
Zwangskommutierung eines Wechselrichterzweiges mit Einzellöschung
a) Ersatzschaltbild der bei positivem Laststrom an der Zwangskommutierung beteiligten Elemente;
b) Zeitlicher Verlauf verschiedener Spannungen und Ströme während der Zwangskommutierung

beiden statischen Gleichstromschalter *S* und *S'*. Diese bestehen im vorliegenden Fall aus vier Thyristoren und einem Löschkondensator C. Die beiden linken bzw. rechten Thyristoren leiten abwechslungsweise den Laststrom, während einer der andern Thyristoren zur Zwangskommutierung herbeigezogen wird.

Je nach der Polarität des Ausgangsstromes *I* ist entweder der obere oder der untere Gleichstromschalter zu pulsen, d. h. periodisch mit der Pulsfrequenz ein- und auszuschalten. Die bei der Zwangskommutierung beteiligten Elemente sowie der zeitliche Verlauf der Spannung U_c am Löschkondensator und der Ausgangsspannung *U* sowie derjenige der verschiedenen Ströme sind in Abbildung 3.50 dargestellt, und zwar für positiven Ausgangsstrom *I*. Während der Dauer der Zwangskommutierung, kann der Ausgangsstrom (= Laststrom) als konstant vorausgesetzt werden.

Der Löschkondensator lädt sich abwechslungsweise positiv oder negativ auf und zwar auf eine Spannung, die gleich der Spannung U_z des Zwischenkreises ist. Es soll vorausgesetzt werden, dass der positive Laststrom *I* durch die beiden linken Thyristoren T_1 und T_3 des statischen Schalters in Abbildung 3.50a fliesse. Zur Einleitung der Zwangskommutierung wird auf den rechten oberen Thyristor T_2 ein Zündimpuls gegeben. War die Spannung U_c am Löschkondensator negativ, so fliesst vorerst ein Entladestrom über den Thyristor T_1, und zwar entgegengesetzt dessen Leitrichtung. Deshalb sperrt dieser Thyristor fast augenblicklich. Der Strom I_c fliesst dann über den Thyristor T_2, den Löschkondensator *C*, den Thyristor T_3, die Drosselspule L_c und die Diode D. Ein Teil des Stromes I_c fliesst dabei als Laststrom *I* ab.

Da $I = \text{konst.}$ ist, so gelten die folgenden Gleichungen

$$U_c + L_c \frac{dI_D}{dt'} = 0 \tag{3.81a}$$

$$C \frac{dU_c}{dt'} = I_c \tag{3.81b}$$

$$I_c = I + I_D. \tag{3.81c}$$

Die Zeit t' wird dabei vom Zeitpunkt der Einleitung der Zwangskommutierung an gemessen. Mit den Anfangsbedingungen $U_c = -U_z$ und $I_c = I$ für $t' = 0$ erhält man die folgende Lösung, deren Ableitung hier nicht im einzelnen angegeben werden soll

$$U_c = \frac{U_z}{\sin\varphi} \sin(\omega_c t' - \varphi) \tag{3.82a}$$

$$I_c = \frac{I}{\cos\varphi} \cos(\omega_c t' - \varphi). \tag{3.82b}$$

Dabei ist die Eigenkreisfrequenz des LC-Kommutierungskreises

$$\omega_c = \frac{1}{\sqrt{CL_c}} \tag{3.82c}$$

und der Winkel φ folgt aus

$$\operatorname{tg}\varphi = \frac{U_z}{I} \sqrt{\frac{C}{L_c}}. \tag{3.82d}$$

Das Ende der Zwangskommutierung ist mit $t' = t_c$ dann erreicht, wenn $U_c = +U_z$ ist. Aus (3.82a) folgt $\sin(\omega_c t_c - \varphi) = \sin\varphi$ oder $\omega_c t_c = 2\varphi$. Mit (3.82c) und (3.82d) ergibt sich dann

$$t_c = 2\sqrt{CL_c}\, \operatorname{arc\,tg}\left(\frac{U_z}{I} \sqrt{\frac{C}{L_c}}\right). \tag{3.82e}$$

Am Ende der Zwangskommutierung ist der Strom I_D in der Diode D gleich Null und der Laststrom wird von der Diode D′ übernommen. Damit ist die Ausgangsspannung $U = 0$. Der Kondensatorstrom I_c klingt sehr rasch auf Null ab, so dass auch die beiden Thyristoren T_2 und T_3 in den Sperrzustand übergehen. Der statische Schalter ist gesperrt.

3.522 *Der Mittelwert der Ausgangsspannung*

Für die Aufstellung eines Ersatzschaltbildes als stetiges System ist es notwendig den Mittelwert der Ausgangsspannung U über eine Periodendauer

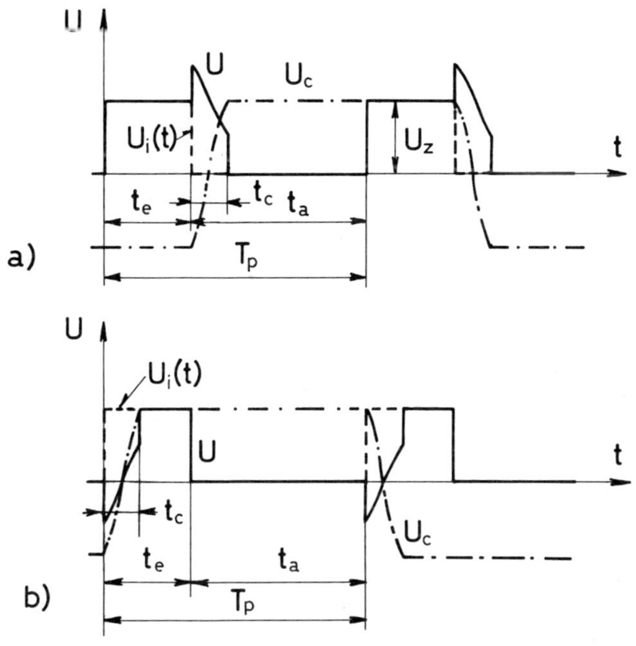

Abbildung 3.51
Zeitlicher Verlauf der Ausgangsspannung U, der Kondensatorspannung U_c und der ideellen Spannung $U_i(t)$ während der Ein- und Ausschaltdauer t_e, bzw. t_a des Wechselrichterzweiges mit Einzellöschung
a) Laststrom I positiv; b) Laststrom I negativ

T_p der Pulsung zu bilden. Analog zu den bisher betrachteten Stromrichtern wird der Ansatz

$$U_{med} = U_i + U_k \tag{3.83a}$$

gemacht. Dabei ist U_i der ideelle Mittelwert ohne Berücksichtigung der Zwangskommutierung und U_k der Anteil am Mittelwert, der durch die Zwangskommutierung bedingt ist.

Mit der Einschaltdauer t_e und der Ausschaltdauer t_a folgt mit $T_p = t_e + t_a$ (siehe Abbildung 3.51)

$$U_i = \frac{t_e}{T_p} U_z. \tag{3.83b}$$

Bei positivem Laststrom $I > 0$ erfolgt die Zwangskommutierung am Anfang der Ausschaltdauer und während der Dauer der Zwangskommutierung ist $U = U_z - U_c/2$, da die Drosselspule L_c als induktiver

Spannungsteiler wirkt. Damit folgt

$$U_k = \frac{1}{T_p} \int_0^{t_c} \left(U_z - \frac{U_c}{2} \right) dt' = \frac{U_z t_c}{T_p} \qquad I > 0 \tag{3.83c}$$

da wie bereits erwähnt $\omega_c t_c - \varphi = \varphi$ ist und somit nach (3.82a)

$$\int_0^{t_c} U_c \, dt' = \frac{U_z}{\omega_c \sin \varphi} [\cos(-\varphi) - \cos(\omega_c t_c - \varphi)] = 0 \tag{3.83d}$$

ist. Die während der Kommutierung auftretende Spannungsform ergibt eine Erhöhung des Mittelwertes der Ausgangsspannung.

Während der folgenden Pulsperiode ist der Anfangswert der Spannung U_c positiv (siehe Abbildung 3.51a). Der Laststrom ist jetzt durch die Thyristoren T_2 und T_4 zu übernehmen und zur Einleitung der Zwangskommutierung der Thyristor T_1 zu zünden, wodurch der Thyristor T_2 praktisch augenblicklich gelöscht wird. Der Ausgleichsstrom fliesst dann über die Thyristoren T_1 und T_4 mit $I_c < 0$. Während der Zwangskommutierung ist nun der Momentanwert der Ausgangsspannung $U = U_z + U_c/2$. Am Mittelwert U_k infolge der Zwangskommutierung ändert sich dabei nichts, da nach wie vor das Integral der Spannung U_c über den Zeitabschnitt der Kommutierung nach (3.83d) verschwindet.

Bei negativem Lasstrom $I < 0$ wird der untere statische Schalter S' in Abbildung 3.49 periodisch ein- und ausgeschaltet. Bei leitendem Schalter ist die Ausgangsspannung $U = 0$. Es ist jetzt $I_c = -I + I_D$. Die vorstehend abgeleitete Beziehung für die Dauer t_c des Kommutierungsvorganges behält ihre Gültigkeit, wenn darin I durch $-I$ ersetzt wird, bzw. mit dem Absolutwert gerechnet wird. Dagegen erfolgt jetzt die Zwangskommutierung am Anfang der Einschaltdauer t_e, wobei nach Abbildung 3.51b als Einschaltdauer derjenige Zeitabschnitt definiert wird, bei dem die Ausgangsspannung $U = U_z$ ist, in Uebereinstimmung mit dem Schaltzustand bei positivem Laststrom. Während der Zwangskommutierung ist $U = U_c/2$ und in der nächsten Pulsperiode $U = -U_c/2$. Hier wird nun der Mittelwert der Spannung U_{med} gegenüber dem ideellen Wert U_i infolge der Kommutierung reduziert. Somit geht der Mittelwert des Kommutierungsbeitrages mit negativem Vorzeichen ein. Der Betrag ist gleich wie vorher, so dass aus (3.83c) jetzt

$$U_k = -\frac{U_z t_c}{T_p} \qquad I < 0 \tag{3.83e}$$

folgt.

Die Kommutierungsdauer t_c, von der die Spannungskomponente U_k abhängt, ist durch die Elemente C und L_c des Kommutierungsschwingkreises sowie den zu kommutierenden Strom gegeben. Für die Auslegung der

Elemente C und L_c ist die Schonzeit t_f sowie der zulässige Scheitelwert $\hat{I}_c$ des Stromes im Kommutierungskondensator C massgebend. Die Schonzeit t_f ist diejenige Zeit während der am zuerst gesperrten Thyristor eine negative Spannung zwischen Anode und Katode ansteht. Sie muss grösser sein als die Freiwerdezeit t_q des Thyristors. Mit $t_f = t_c/2$ (siehe Abbildung 3.50b) folgt aus (3.82e)

$$t_f = \sqrt{CL_c}\,\operatorname{arc\,tg}\left(\frac{U_z}{I}\sqrt{\frac{C}{L_c}}\right). \tag{3.84a}$$

Der Scheitelwert $\hat{I}_c$ des Kondensatorstromes ergibt sich aus (3.82b) mit $\cos(\omega_c t' - \varphi) = 1$, d. h.

$$\hat{I}_c = \frac{I}{\cos\varphi} = I\sqrt{1 + \operatorname{tg}^2\varphi} = \sqrt{I^2 + U_z^2\frac{C}{L_c}}. \tag{3.84b}$$

Bei Leerlauf ist $I = 0$ und somit

$$\hat{I}_{c0} = U_z\sqrt{\frac{C}{L_c}}. \tag{3.84c}$$

Zweckmässigerweise führt man noch den Leerlaufüberschwingfaktor

$$\beta_0 = \frac{\hat{I}_{c0}}{I_{max}} = \frac{U_z}{I_{max}}\sqrt{\frac{C}{L_c}} \tag{3.84d}$$

ein, wobei I_{max} der maximal zu kommutierende Laststrom ist. Aus (3.84a) erkennt man, dass bei diesem maximalen Strom die Schonzeit minimal wird. Aus (3.84a) folgt

$$t_{f\,min} = \sqrt{CL_c}\,\operatorname{arc\,tg}\left(\frac{U_z}{I_{max}}\sqrt{\frac{C}{L_c}}\right) = \sqrt{CL_c}\,\operatorname{arc\,tg}\,\beta_0. \tag{3.84e}$$

Bei einem beliebigen Laststrom I ergibt sich dann die Schonzeit

$$t_f = t_{f\,min}\frac{\operatorname{arc\,tg}\left(\beta_0\dfrac{I_{max}}{I}\right)}{\operatorname{arc\,tg}\,\beta_0}. \tag{3.84f}$$

Damit folgt aus (3.83c) und (3.83e) mit $t_c = 2t_f$

$$U_k = 2U_z\frac{t_{f\,min}}{T_p}\,\frac{\operatorname{arc\,tg}\left(\beta_0\dfrac{I_{max}}{I}\right)}{\operatorname{arc\,tg}\,\beta_0}. \tag{3.85a}$$

Für eine optimale Auslegung des Löschkreises wird normalerweise $\beta_0 = 1$ gewählt (siehe HEUMANN und STUMPE [22]). Damit ergibt sich

$$U_k = \frac{8}{\pi} U_z \frac{t_{f\,min}}{T_p} \operatorname{arc\,tg}\left(\frac{I_{max}}{I}\right). \tag{3.85b}$$

Die beiden Beziehungen für U_k gelten sowohl für positiven, wie auch für negativen Laststrom, da mit I auch U_k das Vorzeichen wechselt.

Für den Mittelwert der Ausgangsspannung kann auch der folgende Ansatz gemacht werden

$$U_{med} = U_z(\tau_e + d_k) \tag{3.86a}$$

mit der relativen Einschaltdauer

$$\tau_e = \frac{t_e}{T_p} \tag{3.86b}$$

und dem relativen Anteil infolge Zwangskommutierung

$$d_k = \frac{8}{\pi} \frac{t_{f\,min}}{T_p} \operatorname{arc\,tg}\left(\frac{I_{max}}{I}\right). \tag{3.86c}$$

Gleichung (3.86a) weist einen ähnlichen Aufbau auf, wie sie zur Berechnung des Mittelwertes der Gleichspannung eines Stromrichters mit natürlicher Kommutierung verwendet wird. Hier ist $U_{d\alpha} = U_{di0}(\cos\alpha - d_x)$, wo d_x der relative induktive Spannungsabfall bedeutet (siehe Abschnitt 3.222).

Unmittelbar nach Beendigung der Zwangskommutierung, d.h. nach Ablauf der Zeit t_c ist die Löscheinrichtung in der Lage eine neue Zwangskommutierung einzuleiten. Die minimale Ausschaltdauer t_a bei positivem Laststrom ist somit auf t_c begrenzt, während bei negativem Laststrom die Einschaltdauer nicht kleiner als t_c sein darf (siehe Abbildung 3.51). Dabei ist für t_c mit dem grösstmöglichen Wert zu rechnen. Wegen $t_c = 2t_f$ folgt aus (3.84f), dass t_c im Leerlauf, d.h. für $I = 0$ maximal ist. Mit $\beta_0 = 1$ folgt

$$t_{c\,max} = 4\,t_{f\,min}. \tag{3.87a}$$

Die relative Einschaltdauer muss somit innerhalb der Grenzen

$$\frac{t_{c\,max}}{T_p} \leq \tau_e \leq 1 - \frac{t_{c\,max}}{T_p} \tag{3.87b}$$

liegen.

Je nach der verwendeten Löscheinrichtung ist unter Umständen eine Umladung des Löschkondensators erforderlich, was einen Einfluss auf die minimale Ein- oder Ausschaltdauer haben kann. Demnach ist die Bedingung (3.87b) von Fall zu Fall zu überprüfen.

3.523 *Bezogene Grössen*

Zum Uebergang auf bezogene Grössen sind wiederum geeignete Bezugswerte einzuführen. Da der Wechselrichterzweig einen Baustein des dreiphasigen Wechselrichters darstellt, so ist es angezeigt, Ausgangsspannung und Ausgangsstrom des Wechselrichterzweiges auf die Bezugswerte der Dreiphasenlast zu beziehen, und zwar auf die Nennspannung $\hat{U}_n$ und den Nennstrom $\hat{I}_n$ der Drehstrommaschine. Die Gleichspannung U_z im Zwischenkreis soll dagegen auf den Nennwert U_{zn} bezogen werden. Dessen Zusammenhang mit $\hat{U}_n$ wird später in Abschnitt 3.541 angegeben werden.

Mit diesen Bezugswerten folgt für den ideellen Mittelwert, in bezogenen Grössen ausgedrückt

$$u_i = \frac{t_e}{T_p} \frac{U_{zn}}{\hat{U}_n} u_z = \tau_e \ddot{u}_z u_z. \tag{3.88a}$$

Dabei wurde mit

$$\ddot{u}_z = \frac{U_{zn}}{\hat{U}_n} \tag{3.88b}$$

das Uebersetzungsverhältnis der Spannungsnennwerte eingeführt.

Für den Anteil am Mittelwert infolge der Zwangskommutierung ergibt sich aus (3.85a)

$$u_k = \ddot{u}_z u_z \frac{t_{f\,min}}{T_p} 2 \frac{\operatorname{arc\,tg}\left(\beta_0 \frac{i_{max}}{i}\right)}{\operatorname{arc\,tg} \beta_0} \tag{3.88c}$$

bzw. für den Normalfall $\beta_0 = 1$

$$u_k = \ddot{u}_z u_z \frac{t_{f\,min}}{T_p} \frac{8}{\pi} \operatorname{arc\,tg}\left(\frac{i_{max}}{i}\right). \tag{3.88d}$$

3.524 *Das Ersatzschaltbild des Wechselrichterzweiges*

Das statische und dynamische Verhalten eines Wechselrichterzweiges kann durch das in Abbildung 3.52a dargestellte Blockschaltbild in Form eines Abtastsystems beschrieben werden. Die Spannung u_z des Gleichspannungszwischenkreises wird mit dem Abtaster 1 mit einer rechteckförmigen Abtastfunktion abgetastet, welche von der Einschaltdauer t_e abhängt und den zeitlichen, rechteckförmigen Verlauf der ideellen Spannung $u_i(t)$ liefert, welche die Abtastperiode T_p entsprechend der Pulsperiode besitzt. Der trapezähnliche Verlauf der Spannung infolge Zwangskommutierung wird durch einen Dirac-Impuls mit gleicher Spannungs-Zeitfläche ersetzt (Abtaster 2). Die Spannungs-Zeitfläche $u_z t_c$ ist eine nichtlineare Funktion des

Stromes i. Da $u_z t_c = u_k T_p$ ist, so folgt aus (3.88c)

$$u_z t_c = \ddot{u}_z u_z t_{f\,min} 2 \frac{\operatorname{arc\,tg}\left(\beta_0 \frac{i_{max}}{i}\right)}{\operatorname{arc\,tg}\beta_0}. \tag{3.89}$$

Ferner ist zu beachten, dass der Kommutierungsimpuls je nach Polarität des Stromes i um $T_r = t_e$, bzw. 0 verschoben ist (siehe Abbildung 3.51). Dies soll mit dem nichtlinearen Glied 4 und dem Totzeitglied 5 berücksichtigt werden. Der zeitliche Verlauf der Ausgangsspannung $u(t)$ setzt sich aus $u_i(t)$ (Rechteckspannung) und $u_k(t)$ (Dirac-Impuls) zusammen.

Mit Hilfe dieses Ersatzsystems kann man unter Berücksichtigung des Lastkreises den zeitlichen Verlauf des Stromes i analytisch berechnen, wobei man insbesondere die durch den pulsförmigen Betrieb bedingte Welligkeit erhält. Die praktische Berechnung ist jedoch relativ mühsam, insbesondere infolge der auftretenden Nichtlinearitäten ($u_z t_c$ und T_r). Bei Regelvorgängen ändert überdies die Einschaltdauer t_e, infolge der sinusförmigen Aussteuerung des Pulswechselrichters.

Bei der Untersuchung von Regelvorgängen kann man sich mit dem zeitlichen Verlauf des Mittelwertes für Spannung und Strom begnügen und den Einfluss der Welligkeit vernachlässigen, wie dies bereits bei den Stromrichtern mit natürlicher Kommutierung vorausgesetzt wurde (siehe Abschnitt 3.224). Das Abtastsystem nach Abbildung 3.52a kann dann in ein stetiges System übergeführt werden, dessen Blockschaltbild in Abbildung 3.52b dargestellt ist. Die Spannung u_z des Gleichspannungszwischenkreises wird mit der relativen Einschaltdauer $\tau_e = t_e / T_p$ multipliziert, womit sich nach (3.88a) der ideelle Mittelwert u_i ergibt. Die Spannungskomponente u_k infolge Zwangskommutierung hängt gemäss (3.88c), bzw. (3.88d) in nichtlinearer Form vom Strom i ab.

Dieses Blockschaltbild soll noch weiter umgeformt werden, so dass ein

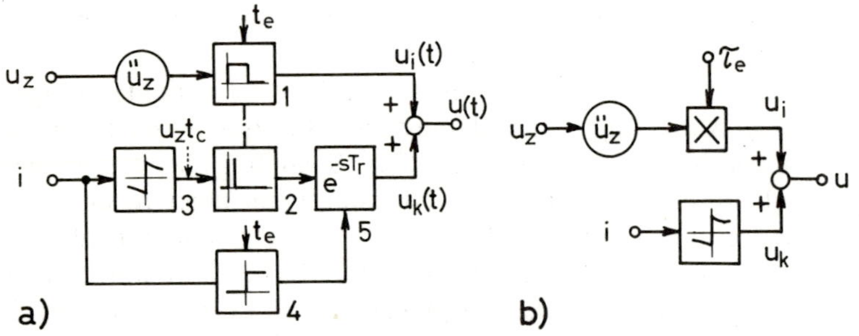

Abbildung 3.52
Blockschaltbild eines Wechselrichterzweiges mit Einzellöschung
a) Abtastsystem; b) Stetiges System

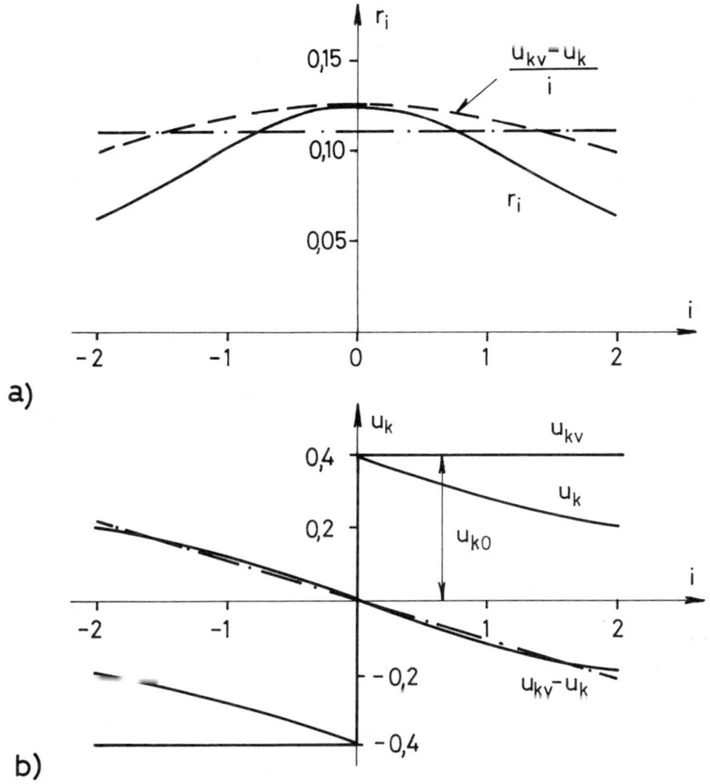

Abbildung 3.53
Zwangskommutierung bei einem Wechselrichterzweig mit Einzellöschung. $\ddot{u}_z=2$; $u_z=1{,}25$; $i_{max}=2$; $t_{fmin}=40\ \mu s$; $T_p=1$ ms ($f_p=1$ kHz); $\beta_0=1$
a) Innerer Widerstand r_i;
b) Spannungsanteil u_k infolge Zwangskommutierung

physikalisch interpretierbares Ersatzschaltbild aufgestellt werden kann. Vorerst wird der innere Widerstand des Wechselrichterzweiges eingeführt. Aus (3.88c) folgt

$$r_i = -\frac{du_k}{di} = \frac{\ddot{u}_z u_z}{i_{max}\beta_0 \operatorname{arctg}\beta_0} \frac{t_{f\,min}}{T_p} 2 \frac{1}{1+\left(\frac{i}{\beta_0 i_{max}}\right)^2} \tag{3.90a}$$

bzw. für $\beta_0 = 1$

$$r_i = \frac{\ddot{u}_z u_z}{i_{max}} \frac{t_{f\,min}}{T_p} \frac{8}{\pi} \frac{1}{1+\left(\frac{i}{i_{max}}\right)^2}. \tag{3.90b}$$

Der Innenwiderstand ist eine nichtlineare Funktion des Stromes i, wie aus Abbildung 3.53a hervorgeht. Meistens darf man mit genügender

Näherung mit einem konstanten Mittelwert rechnen, entsprechend der strichpunktierten Geraden in Abbildung 3.53a. Dieser Mittelwert kann aus

$$r_i = 2{,}2\,\frac{\ddot{u}_z u_z}{i_{max}}\,\frac{t_{f\,min}}{T_p} \tag{3.90c}$$

berechnet werden. Damit wird die nichtlineare Kennlinie $u_{kv} - u_k$ sehr gut angenähert (siehe Abbildung 3.53b, strichpunktierte Gerade).

Die Unstetigkeit von $u_k(i)$, die beim Nulldurchgang des Stromes i auftritt, kann als Vorspannung u_{kv} betrachtet werden, die vom Vorzeichen des Stromes i abhängt und entweder u_{k0} oder $-u_{k0}$ ist (siehe Abbildung 3.53b). u_{k0} folgt aus (3.88c) mit $i = +0$, und zwar

$$u_{k0} = \ddot{u}_z u_z\,\frac{t_{f\,min}}{T_p}\,\pi\,\frac{1}{\operatorname{arc\,tg}\beta_0} \tag{3.91a}$$

bzw. für $\beta_0 = 1$

$$u_{k0} = \ddot{u}_z u_z 4\,\frac{t_{f\,min}}{T_p}\,. \tag{3.91b}$$

Aendert sich der Strom i sinusförmig mit der Grundfrequenz f, so weist die Vorspannung u_{kv} einen rechteckförmigen, periodischen Verlauf mit der gleichen Grundfrequenz wie der Strom i auf.

Bei der Untersuchung von Regelvorgängen ist zu beachten, dass immer eine Hälfte der Drosselspule L_c in Abbildung 3.49 vom Strom i durchflossen ist. Im noch zu bestimmenden Ersatzschaltbild ist daher bei einer Drosselspule mit Mittelanzapfung noch die Induktivität $L_c/4$ aufzunehmen. Aus (3.84d) und (3.84e) folgt

$$L_c = \frac{U_z t_{f\,min}}{I_{max}\beta_0 \operatorname{arc\,tg}\beta_0}\,. \tag{3.92a}$$

Die Induktivität $L_c/4$ liegt in Serie zum Wechselstromlastkreis und es ist zweckmässig die bezogene Reaktanz

$$x_c = \frac{\omega_n \frac{L_c}{4}\hat{I}_n}{\hat{U}_n} \tag{3.92b}$$

einzuführen, wobei ω_n die Nennkreisfrequenz der Drehstrommaschine ist. Aus (3.92a) folgt, wenn darin $U_z = u_z U_{zn}$ gesetzt wird

$$x_c = \frac{\omega_n \ddot{u}_z u_z t_{f\,min}}{4 i_{max}\beta_0 \operatorname{arc\,tg}\beta_0} \tag{3.92c}$$

bzw. für den Normalfall $\beta_0 = 1$

$$x_c = \frac{\omega_n \ddot{u}_z u_z t_{fmin}}{\pi i_{max}}\,. \tag{3.92d}$$

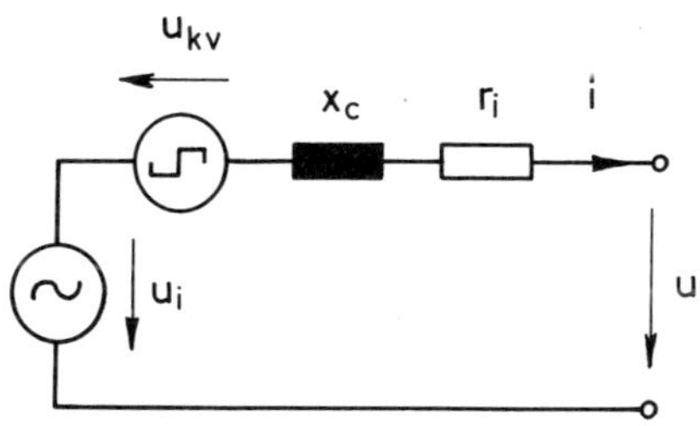

Abbildung 3.54
Ersatzschaltbild eines Wechselrichterzweiges mit Einzellöschung als stetiges System

Für die gleichen Zahlenwerte, die in Abbildung 3.53 zugrunde gelegt wurden, ergibt sich für eine Nennfrequenz $f_n = 50$ Hz ($\omega_n = 314\ s^{-1}$) $x_c = 0{,}005$.

Damit kann das in Abbildung 3.54 dargestellte Ersatzschaltbild eines Wechselrichterzweiges als stetiges System angegeben werden. Die ideelle Spannung u_i ändert sich normalerweise sinusförmig mit der Grundfrequenz f. Sie ist daher im Ersatzschaltbild durch eine Wechselspannungsquelle dargestellt. Ebenso wird u_{kv} durch eine Spannungsquelle wiedergegeben, die jedoch eine rechteckförmige Spannung mit der gleichen Grundfrequenz f liefert, deren Nulldurchgänge durch die Nulldurchgänge des Stromes i gegeben sind. Im Ersatzschaltbild erscheint ferner noch der innere Widerstand r_i und die Reaktanz x_c.

3.525 *Die Steuerung des Wechselrichterzweiges*

Das Prinzip der Steuerung eines Wechselrichterzweiges im Pulsbetrieb nach dem Unterschwingungsverfahren wurde in Abbildung 3.47 dargestellt. Demnach wird eine Steuerspannung U_{st} mit einer dreieckförmigen Hilfsspannung U_h verglichen. Die Steuerspannung U_{st} wird zweckmässigerweise auf die Amplitude $\hat{U}_h$ der dreieckförmigen Hilfsspannung bezogen, d. h.

$$u_{st} = \frac{U_{st}}{\hat{U}_h}. \tag{3.93a}$$

Der gleiche Bezugswert wird auch für die dreieckförmige Hilfsspannung verwendet, so dass deren bezogener Wert u_h zwischen +1 und −1 ändert. Mit Hilfe der Abbildung 3.55 soll der Zusammenhang zwischen der Steuerspannung u_{st} und der Einschaltdauer t_e abgeleitet werden, wobei der besseren Uebersicht halber vorausgesetzt wird, dass die Steuerspannung u_{st} konstant sei. Aus Abbildung 3.55 lässt sich dann die Beziehung

$$t_e = \frac{T_P}{2}(1 + u_{st}) \tag{3.93b}$$

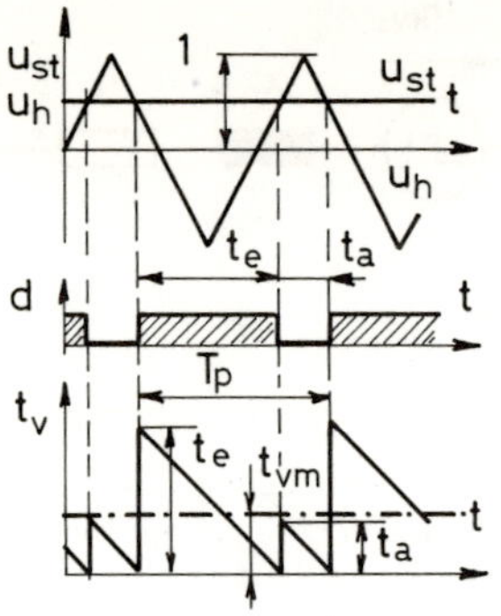

Abbildung 3.55
Steuerung eines Wechselrichterzweiges, Ein- und Ausschaltdauer t_e und t_a sowie Verzögerung t_v. d: digitales Signal zum Einschalten des Wechselrichterzweiges

ablesen. Die Pulsfrequenz des Wechselrichterzweiges $f_p = 1/T_p$ ist durch die Frequenz der dreieckförmigen Hilfsspannung vorgegeben.

Setzt man diesen Zusammenhang in (3.88a) ein, so folgt für die ideelle Spannung

$$u_i = \frac{t_e}{T_p} \ddot{u}_z u_z = \frac{\ddot{u}_z}{2} u_z(1 + u_{st}). \tag{3.93c}$$

Für $u_{st} = 1$ wird $u_i = \ddot{u}_z u_z$ und für $u_{st} = -1$ ist $u_i = 0$.

Bei einer Aenderung des Steuersignales u_{st} vergeht eine gewisse Zeit bis zum nächsten Schnitt mit der dreieckförmigen Hilfsspannung, was sich wiederum als eine Zeitverzögerung t_v in Form einer Totzeit auswirkt. Für kleine Aenderungen von u_{st} hängt t_v vom Zeitpunkt des Auftretens der Aenderung ab, wie dies in Abbildung 3.55 dargestellt ist. Daraus folgt die mittlere Verzögerung

$$t_{vm} = \frac{t_e^2 + (T_p - t_e)^2}{2T_p}. \tag{3.94a}$$

Diese hängt von t_e und somit auch von u_{st} ab. Unter Voraussetzung, dass sich t_e gleichmässig zwischen 0 und T_p verändern kann, so ergibt sich im statistischen Mittel eine über den ganzen Betriebsbereich gültige Totzeit

$$T_v = \frac{1}{T_p} \int_0^{T_p} \frac{t_e^2 + (T_p - t_e)^2}{2T_p} \, dt_e = \frac{T_p}{3}. \tag{3.94b}$$

Diese Totzeit T_v wirkt sich auf u_i aus und an Stelle von (3.93c) ist im Falle eines Ausgleichsvorganges

$$u_i = \frac{\ddot{u}_z}{2} u_z(1 + e^{-sT_v} u_{st}) \tag{3.94c}$$

zu setzen. Da T_v eine kleine Totzeit darstellt, so kann diese wiederum mit guter Näherung durch ein Verzögerungsglied erster Ordnung ersetzt werden, so dass gilt

$$u_i = \frac{\ddot{u}_z}{2} u_z \left(1 + \frac{u_{st}}{1 + sT_v}\right). \tag{3.94d}$$

3.526 *Die Kennlinien im stationären Betrieb*

Die Kennlinien eines Wechselrichterzweiges im stationären Betrieb können unter der Voraussetzung gebildet werden, dass der Strom i sehr langsam veränderlich ist, so dass der induktive Spannungsabfall über der Reaktanz x_c im Ersatzschaltbild der Abbildung 3.54 vernachlässigt werden kann. Die Ausgangsspannung u des Wechselrichterzweiges ist dann $u = u_i + u_k$, wobei u_i gemäss (3.93c) von der Steuerspannung u_{st} abhängt, während u_k nach (3.88c), bzw. (3.88d) eine Funktion des Stromes i ist.

Die entsprechenden Kennlinien sind in Abbildung 3.56 enthalten, und

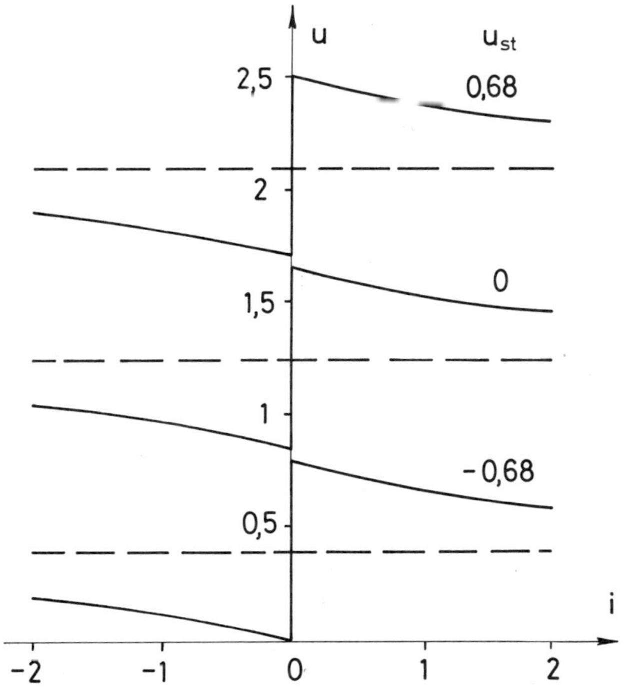

Abbildung 3.56
Kennlinien eines Wechselrichterzweiges mit Einzellöschung im stationären Betrieb. Daten wie in Abbildung 3.53

zwar Ausgangsspannung u des Wechselrichterzweiges in Abhängigkeit des Stromes i mit der Steuerspannung u_{st} als Parameter. Man erkennt eine sehr ausgeprägte Unstetigkeit der Kennlinien im Nulldurchgang des Stromes i, die durch die Zwangskommutierung (Spannungskomponente u_k) bedingt ist. Im Leerlauf ($i = +0$) wird die Spannung u maximal und gleich $\ddot{u}_z u_z = 2{,}5$ für eine Steuerspannung $u_{st} = 0{,}68$. Aus (3.93b) erhält man eine relative Einschaltdauer $\tau_e = t_e/T_p = 0{,}84$. Es ist dies der gleiche Wert, der aus (3.87b) berechnet werden kann, da im vorliegenden Fall $t_{c\,max} = 160\ \mu s$ ist. Umgekehrt wird, immer bei Leerlauf, aber für $i = -0$, die Spannung $u = 0$ für $u_{st} = -0{,}68$, wiederum in Uebereinstimmung mit der Grenze der relativen Einschaltdauer nach (3.87b).

Im Gegensatz zu den Stromrichtern mit natürlicher Kommutierung wird die Spannung u gegenüber der ideellen Spannung u_i (gestrichelte Gerade in Abbildung 3.56) infolge der Kommutierung bei positivem Strom erhöht und bei negativem Strom erniedrigt, wobei die Abweichung bei Leerlauf am grössten ist. Man erkennt aus diesen Kennlinien, dass der Einfluss der Zwangskommutierung keineswegs vernachlässigbar ist, trotzdem man in der Literatur normalerweise keinen Hinweis in dieser Richtung findet. Es soll noch darauf hingewiesen werden, dass die Abweichung der Spannung u gegenüber der ideellen Spannung u_i, d.h. die Spannungskomponente u_k umgekehrt proportional zur Pulsperiodendauer T_p ist, d. h. proportional der Pulsfrequenz f_p [siehe Gleichung (3.88c)]. Bei der Auslegung des Wechselrichterzweiges ist diesem Umstand Rechnung zu tragen.

3.53 Der Wechselrichterzweig mit Phasenlöschung

3.531 *Zwangskommutierung*

In Abbildung 3.57 ist die Schaltung eines Wechselrichterzweiges mit Phasenlöschung dargestellt (siehe Heumann und Stumpe [22]). Diese Anordnung wird oft auch als McMurray-Schaltung bezeichnet (Bedford und Hoft [34]). Die beiden statischen Schalter bestehen nur noch aus einem einzigen Thyristor T_p bzw. T_p' für die eine gemeinsame Löscheinrichtung vorhanden ist, die aus den beiden Hilfsthyristoren T_a und T_a' besteht sowie dem Löschkondensator C und der Drosselspule L_c.

Je nach der Polarität des Ausgangsstromes I ist entweder der obere oder der untere Hauptthyristor T_p oder T_p' zu pulsen. Die bei der Zwangskommutierung beteiligten Elemente im Falle eines positiven Laststromes sind in Abbildung 3.58a dargestellt, während der zeitliche Verlauf der interessierenden Spannungen und Ströme aus Abbildung 3.58b hervorgeht.

Es sei vorausgesetzt, dass der Hauptthyristor T_p leitend sei, und dass der Löschkondensator C auf eine negative Spannung aufgeladen sei. Im Zeitpunkt t_0 wird der Hilfsthyristor T_a gezündet. Der Löschkondensator C

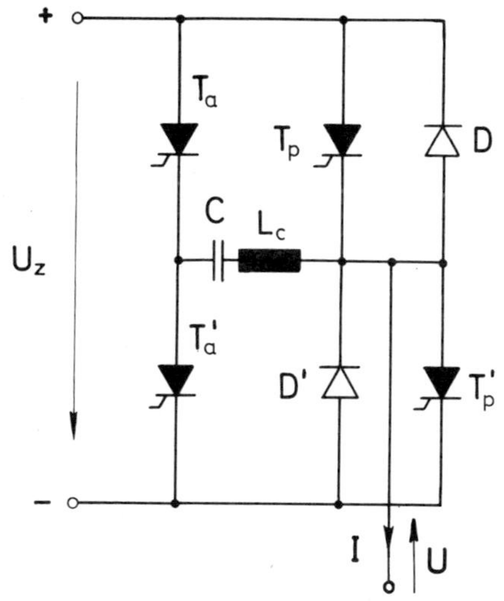

Abbildung 3.57
Schaltung eines Wechselrichterzweiges mit Phasenlöschung

entlädt sich in Form einer Schwingung, wobei vorerst der Strom I_{Tp} im Hauptthyristor auf Null absinkt, womit dieser gesperrt wird. Der Kondensatorstrom I_c weicht alsdann auf die Diode D aus, bis der Strom I_D auf Null absinkt. Anschliessend kommutiert der Laststrom I auf die Diode D', unter Voraussetzung, dass im Zeitpunkt t_2 die Spannung U_c grösser als die Spannung U_z ist. Der weitere Umladevorgang des Löschkondensators erfolgt dann über die Spannung U_z des Zwischenkreises und die Diode D'. Ist jedoch im Zeitpunkt t_2 die Spannung $U_c < U_z$, so muss der zweite Hauptthyristor T_p' gezündet werden (in Abbildung 3.58a gestrichelt dargestellt), damit der Umladevorgang des Löschkondensators über die Spannung U_z des Zwischenkreises erfolgen kann. Ueber den Thyristor T_p' fliesst nur kurzzeitig ein Strom, da anschliessend der Laststrom I ebenfalls durch die Diode D' übernommen wird.

Bei der Berechnung der Ausgleichsvorgänge ist dabei die Schwingungsgleichung des Löschkreises unter verschiedenen Anfangsbedingungen zu lösen. Es ist daher zweckmässig, diese Differentialgleichung vorerst in allgemeiner Form zu lösen, wobei vorausgesetzt wird, dass der Serieschwingkreis bestehend aus C, L_c und R_c an einer Gleichspannung U_d liege und dass für Kondensatorspannung und Kondensatorstrom die Anfangsbedingungen U_{ca} und I_{ca} vorhanden sind. Im vorliegenden Fall ist es notwendig den ohmschen Widerstand R_c im Schwingkreis zu berücksichtigen, da sonst die Kondensatorspannung U_c im Verlauf des Pulsbetriebes unendlich gross würde. Für den Schwingkreis gelten die

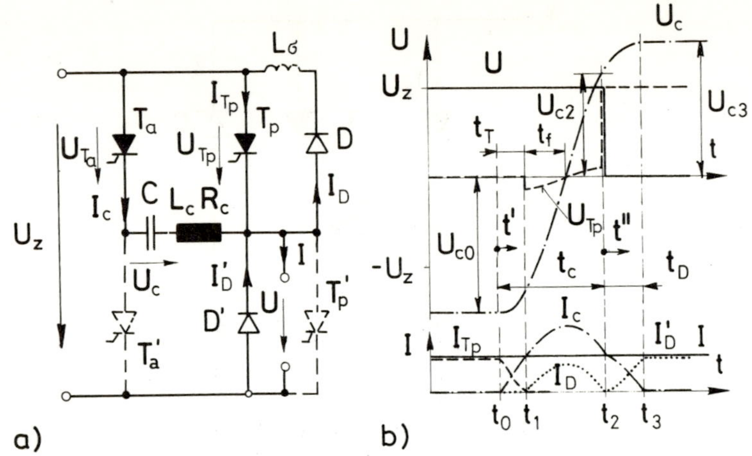

Abbildung 3.58
Zwangskommutierung eines Wechselrichterzweiges mit Phasenlöschung
a) Ersatzschaltbild der bei positivem Laststrom an der Zwangskommutierung beteiligten Elemente;
b) Zeitlicher Verlauf verschiedener Spannungen und Ströme während der Zwangskommutierung

beiden Differentialgleichungen

$$-U_d + U_c + R_c I_c + L_c \frac{dI_c}{dt} = 0 \tag{3.95a}$$

$$I_c = C \frac{dU_c}{dt}. \tag{3.95b}$$

Dieses Gleichungssystem kann z.B. mit Hilfe der Laplace-Transformation gelöst werden. Unter Berücksichtigung der Anfangsbedingungen erhält man dann für den Kondensatorstrom

$$I_c = \frac{U_d - U_{ca}}{\omega L_c} e^{-\alpha t} \sin \omega t - I_{ca} \frac{\omega_c}{\omega} e^{-\alpha t} \sin(\omega t - \varphi) \tag{3.96a}$$

dabei ist

$$\omega^2 = \omega_c^2 - \alpha^2 \tag{3.96b}$$

$$\omega_c^2 = \frac{1}{CL_c} \tag{3.96c}$$

$$\alpha = \frac{R_c}{2L_c} \tag{3.96d}$$

$$\operatorname{tg} \varphi = \frac{\omega}{\alpha}. \tag{3.96e}$$

Für einen praktisch brauchbaren Löschkreis muss der ohmsche Widerstand R_c klein sein. Damit ist $\alpha \ll \omega_c$. Unter diesen Voraussetzungen gilt $\omega \approx \omega_c$ und für die Phasenverschiebung $\varphi \approx \pi/2$, so dass $\sin(\omega t - \varphi)$ mit $-\cos \omega_c t$ angenähert werden darf. Für den Dämpfungsfaktor α kann man

$$\alpha = \frac{\omega_c}{2Q} \tag{3.97a}$$

setzen, wobei die Güte des Serieschwingkreises

$$Q = \frac{1}{R_c}\sqrt{\frac{L_c}{C}} \tag{3.97b}$$

eingeführt wurde. Die Gleichung (3.96a) für den Strom I_c lässt sich dann auf die Form

$$I_c = \left[(U_d - U_{ca})\sqrt{\frac{C}{L_c}}\sin \omega_c t + I_{ca}\cos \omega_c t\right] e^{-\omega_c t/2Q} \tag{3.98a}$$

vereinfachen.

Nach Gleichung (3.95b) erhält man die Kondensatorspannung U_c durch Integration des Stromes I_c. Unter den oben getroffenen Vereinfachungen ist $1/2Q \ll 1$. Man erhält dann für U_c den folgenden Näherungsausdruck

$$U_c = U_d + \left[I_{ca}\sqrt{\frac{L_c}{C}}\sin \omega_c t - (U_d - U_{ca})\cos \omega_c t\right] e^{-\omega_c t/2Q}. \tag{3.98b}$$

Mit Hilfe dieser vorbereitenden Rechnungen kann nun der Löschvorgang durch Zwangskommutierung untersucht werden. Im Zeitpunkt t_0 soll der Hilfsthyristor T_a gezündet werden (siehe Abbildung 3.58). Der Schwingkreis, der anfänglich stromlos ist, wird dann über den Hilfsthyristor T_a und den Hauptthyristor T_p kurzgeschlossen. Es ist daher im allgemeinen Ausdruck $U_d = 0$ und $I_{ca} = 0$ zu setzen. Als Anfangsbedingung für die Kondensatorspannung wird $U_{ca} = -U_{c0}$ gewählt, wobei die Spannung U_{c0} vorerst noch unbekannt ist und später so bestimmt werden muss, dass bei Pulsbetrieb des Wechselrichterzweiges ein periodischer Vorgang entsteht. Wird die ab t_0 laufende Zeit noch mit t' bezeichnet, so erhält man aus den allgemeinen Beziehungen (3.98a) und (3.98b)

$$I_c = U_{c0}\sqrt{\frac{C}{L_c}}\sin \omega_c t' e^{-\omega_c t'/2Q} \tag{3.99a}$$

$$U_c = -U_{c0}\cos \omega_c t' e^{-\omega_c t'/2Q}. \tag{3.99b}$$

Der Kondensatorstrom I_c fliesst vorerst über den Hauptthyristor T_p entgegengesetzt seiner Durchlassrichtung. Der Strom I_{Tp} nimmt daher ab, da der Laststrom $I = I_{Tp} + I_c$ während der Zeit der Zwangskommutierung als konstant vorausgesetzt wird. Im Zeitpunkt t_1 wird $I_{Tp} = 0$ (siehe Abbildung 3.58b) und der Hauptthyristor T_p sperrt. Für den Ausgleichsvorgang des Schwingkreises ändert sich jedoch nichts, da der Kondensatorstrom, genauer ausgedrückt die Differenz $I_c - I$ durch die Diode D fliesst. Im Zeitpunkt t_2 wird der Strom $I_D = 0$. Dies ist dann der Fall, wenn $I_c = I$ ist. Für die Zeit $t' = t_c$ ergibt sich dann aus (3.99a) die folgende transzendente Gleichung

$$\sin \omega_c t_c e^{-\omega_c t_c/2Q} = \sqrt{\frac{L_c}{C}} \frac{I}{U_{c0}} . \tag{3.99c}$$

Die Lösung muss dabei im Bereich

$$\frac{\pi}{2} \leq \omega_c t_c \leq \pi \tag{3.99d}$$

liegen, wie aus Abbildung 3.58b entnommen werden kann. In diesem Zeitpunkt hat die Kondensatorspannung den Wert

$$U_{c2} = -U_{c0} \cos \omega_c t_c e^{-\omega_c t_c/2Q} \tag{3.99e}$$

erreicht. Sie ist inzwischen positiv geworden, da $\cos \omega_c t_c < 0$ ist.

Ist $U_{c2} > U_z$, so leitet die Diode D', wobei deren Strom $I'_D = I - I_c$ ist. Der Ausgleichsvorgang im Löschkreis geht nun über die Diode D' und die Spannung U_z des Gleichspannungszwischenkreises weiter. Die Ausgangsspannung des Wechselrichterzweiges wird $U = 0$. Ist dagegen $U_{c2} < U_z$, so kann die Diode D' nicht leiten und die Ausgangsspannung ist $U > 0$. Die Umladung des Löschkondensators C erfolgt dann mit dem konstanten Laststrom I. Da dieser im vorliegenden Fall relativ klein ist, so kann der Umladevorgang ziemlich lange dauern. Um eindeutige Verhältnisse zu erhalten, so ist es angebracht, den Hauptthyristor T'_p zu zünden. Der Ausgleichsvorgang im Löschkreis geht in diesem Fall über den Thyristor T'_p und die Spannung U_z. Der Kondensatorstrom I_c steigt dann vorübergehend nochmals an, bis I_c erneut gleich dem Laststrom I ist. In diesem Moment beginnt die Diode D' zu leiten, während T'_p sperrt, was aber am Ausgleichsvorgang des Schwingkreises nichts ändert, bis im Zeitpunkt t_3 der Strom $I_c = 0$ ist und der Zwangskommutierungsvorgang beendigt ist. (Der beschriebene Vorgang mit der vorübergehenden Stromführung durch T'_p ist in Abbildung 3.58b nicht dargestellt).

Wird der Strom durch die Diode D' oder den Thyristor T'_p übernommen, so gelten für den Schwingkreis in bezug auf die allgemeinen Beziehungen in (3.98a) und (3.98b) die Voraussetzungen $U_d = U_z$, $U_{ca} = U_{c2}$ und $I_{ca} = I$. Wird vom Zeitpunkt t_2 an die laufende Zeit mit t'' bezeichnet, so erhält man aus (3.98a) und (3.98b)

$$I_c = \left[(U_z - U_{c2}) \sqrt{\frac{C}{L_c}} \sin \omega_c t'' + I \cos \omega_c t'' \right] e^{-\omega_c t''/2Q} \tag{3.100a}$$

$$U_c = U_z + \left[I \sqrt{\frac{L_c}{C}} \sin \omega_c t'' + (U_{c2} - U_z) \cos \omega_c t'' \right] e^{-\omega_c t''/2Q}. \tag{3.100b}$$

Dieser Ausgleichsvorgang dauert solange, bis für $t'' = t_D$ der Strom $I_c = 0$ geworden ist. Damit folgt aus (3.100a) die Bestimmungsgleichung

$$\operatorname{tg} \omega_c t_D = \frac{I}{U_{c2} - U_z} \sqrt{\frac{L_c}{C}}. \tag{3.100c}$$

Demnach ist für $U_{c2} > U_z$ (es leitet nur Diode D') $\omega_c t_D \leq \pi/2$ und für $U_{c2} < U_z$ (es leitet vorerst T_p' und dann D') $\omega_c t_D \geq \pi/2$. In diesem Zeitpunkt t_3 ist der Umladevorgang beendigt, da der Hilfsthyristor T_a sperrt. Der Löschkondensator hat sich dabei auf die Spannung U_{c3} umgeladen, wobei aus (3.100b)

$$U_{c3} = U_z + \left[I \sqrt{\frac{L_c}{C}} \sin \omega_c t_D + (U_{c2} - U_z) \cos \omega_c t_D \right] e^{-\omega_c t_D/2Q} \tag{3.100d}$$

folgt. Drückt man darin $\sin \omega_c t_D$ und $\cos \omega_c t_D$ durch $\operatorname{tg} \omega_c t_D$ nach (3.100c) aus, so erhält man für U_{c3} den Ausdruck

$$U_{c3} = U_z + \sqrt{(U_{c2} - U_z)^2 + \left(I \sqrt{\frac{L_c}{C}} \right)^2} \; e^{-\omega_c t_D/2Q}. \tag{3.100e}$$

Der Löschkondensator hat sich somit auf eine positive Spannung $U_c = U_{c3}$ umgeladen. Damit im Pulsbetrieb erneut der Hauptthyristor T_p gelöscht werden kann, so ist es notwendig, den Löschkondensator auf eine negative Spannung umzuladen. Dazu wird, bevor der Hauptthyristor T_p gezündet wird, vorerst der Hilfsthyristor T_a' gezündet (in Abbildung 3.58a gestrichelt eingezeichnet). Der Löschschwingkreis wird dann über T_a' und D' (in diesem Zeitpunkt immer noch leitend) kurzgeschlossen. In diesem Fall ist $U_d = 0$, $U_{ca} = U_{c3}$ und $I_{ca} = 0$. Wird die laufende Zeit mit t''' bezeichnet, so folgt aus den allgemeinen Beziehungen (3.98a) und (3.98b)

$$I_c = -U_{c3} \sqrt{\frac{C}{L_c}} \sin \omega_c t''' e^{-\omega_c t'''/2Q} \tag{3.101a}$$

$$U_c = U_{c3} \cos \omega_c t''' e^{-\omega_c t'''/2Q}. \tag{3.101b}$$

Der Umladevorgang ist mit $t''' = t_u$ beendet, wenn der Strom $I_c = 0$ ist. Aus

(3.101a) folgt unmittelbar

$$\omega_c t_u = \pi \tag{3.101c}$$

und die Spannung am Löschkondensator ist jetzt negativ, und zwar

$$U_c = -U_{c3} e^{-\pi/2Q}. \tag{3.101d}$$

Der Betrag dieser Spannung muss gleich dem Anfangswert U_{c0} sein, der der Berechnung des Zwangskommutierungsvorganges zugrunde gelegt wurde. Es gilt somit

$$U_{c0} = U_{c3} e^{-\pi/2Q}. \tag{3.101e}$$

Da U_{c3} von U_{c2} abhängt und U_{c2} wiederum von U_{c0}, so kann die gesuchte Anfangsspannung U_{c0} nur durch Iteration gelöst werden. Um allgemein gültige Resultate zu erhalten, so ist es zweckmässig mit normierten Grössen zu rechnen (nicht zu verwechseln mit den bezogenen Grössen). Dazu wird der Spannungfaktor k_u gemäss

$$k_u = \frac{U_c}{U_z} \tag{3.102a}$$

eingeführt, sowie der Stromfaktor

$$k_i = \sqrt{\frac{L_c}{C}} \frac{I}{U_z}. \tag{3.102b}$$

Die vorstehend abgeleiteten Beziehungen, die zur Bestimmung von U_{c0} notwendig sind, können dann auf die folgende Form gebracht werden

$$\sin \omega_c t_c e^{-\omega_c t_c/2Q} = \frac{k_i}{k_{u0}} \tag{3.102c}$$

$$k_{u2} = -k_{u0} \cos \omega_c t_c e^{-\omega_c t_c/2Q} \tag{3.102d}$$

$$\operatorname{tg} \omega_c t_D = \frac{k_i}{k_{u2} - 1} \tag{3.102e}$$

$$k_{u3} = 1 + \sqrt{(k_{u2} - 1)^2 + k_i^2}\, e^{-\omega_c t_D/2Q} \tag{3.102f}$$

$$k'_{u0} = k_{u3} e^{-\pi/2Q}. \tag{3.102g}$$

In diesen normierten Beziehungen treten die Daten des Löschkreises nur noch in Form der Eigenfrequenz ω_c und der Güte Q des Schwingkreises in Erscheinung. Für einen bestimmten Stromfaktor k_i ist ein Wert für k_{u0} anzunehmen und die Iteration solange durchzuführen, bis k'_{u0} genügend genau mit k_{u0} übereinstimmt.

In Abbildung 3.59 sind die interessierenden Grössen, d. h. k_{u0}, $\omega_c t_c$ und $\omega_c t_D$ in Abhängigkeit von k_i dargestellt, und zwar für zwei verschiedene Werte

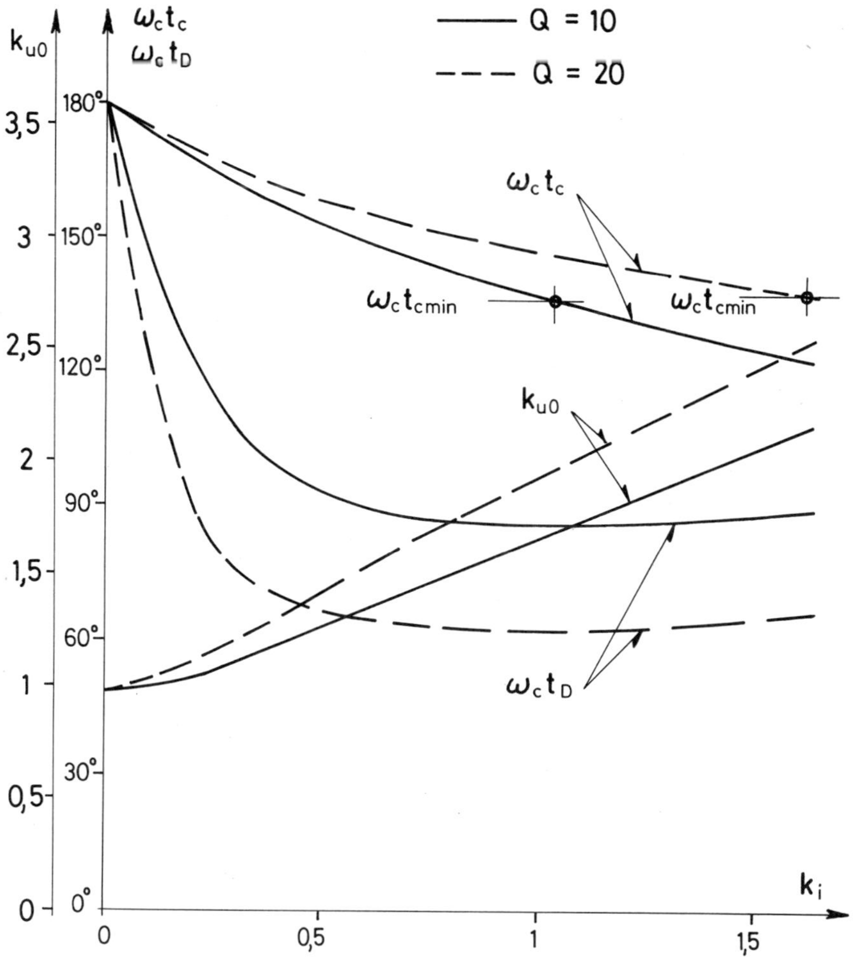

Abbildung 3.59
Charakteristische Grössen für den Wechselrichterzweig mit Phasenlöschung

der Güte Q des Löschschwingkreises. Man erkennt, dass mit zunehmender Güte des Schwingkreises der Spannungsfaktor k_{u0} ansteigt, was eine erhöhte Belastung der Thyristoren in Sperrichtung sowie des Löschkondensators ergibt. Im folgenden wird mit $Q = 10$ gerechnet werden.

3.532 *Der Mittelwert der Ausgangsspannung*

Es soll auch hier wiederum der Mittelwert der Ausgangsspannung U über eine Pulsperiode T_p bestimmt werden, welche für das Ersatzschaltbild als stetiges System benötigt wird. Dabei sind für U_{med} und U_i die Beziehungen in (3.83a) und (3.83b) gültig, d. h. es ist der Mittelwert

$$U_{\text{med}} = U_{\text{i}} + U_{\text{k}} \tag{3.103a}$$

mit U_{i} dem ideellen Mittelwert ohne Berücksichtigung der Zwangskommutierung, wobei mit der Einschaltdauer t_{e}

$$U_{\text{i}} = \frac{t_{\text{e}}}{T_{\text{p}}}\, U_{\text{z}} \tag{3.103b}$$

ist.

Zur Bestimmung des Anteiles U_{k} infolge Zwangskommutierung wird Abbildung 3.60 betrachtet, in der der zeitliche Verlauf der Spannungen U, $U_{\text{i}}(t)$ sowie U_{c} dargestellt sind.

Bei positivem Laststrom I (Abbildung 3.60a) tritt die Zwangskommutierung (Zeitdauer t_{c}) am Ende der Einschaltdauer t_{e} auf. Damit ergibt sich eine Erhöhung des Spannungsmittelwertes gegenüber dem ideellen Mittelwert U_{i}. Weiter ist zu beachten, dass zu Beginn der Einschaltdauer der Löschkondensator während der Zeitdauer t_{u} umgeladen wird. In diesem

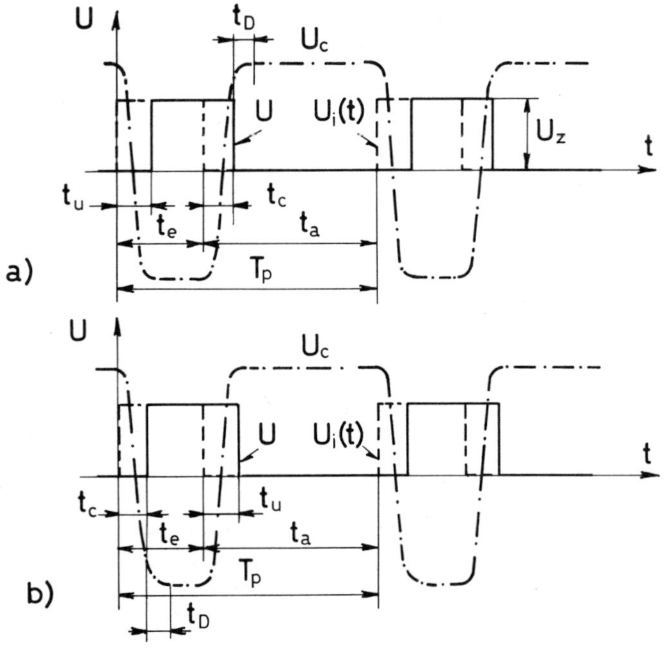

Abbildung 3.60
Zeitlicher Verlauf der Ausgangsspannung U, der Kondensatorspannung U_{c} und der ideellen Spannung $U_{\text{i}}(t)$ während der Ein- und Ausschaltdauer t_{e}, bzw. t_{a} des Wechselrichterzweiges mit Phasenlöschung
a) Laststrom I positiv; b) Laststrom I negativ

Zeitabschnitt ist die Spannung $U=0$ und dadurch ergibt sich eine Erniedrigung des Spannungsmittelwertes gegenüber dem ideellen Wert. Für den Anteil am Mittelwert infolge der Zwangskommutierung (inklusive der zusätzlichen Umladung) ergibt sich

$$U_k = U_z \frac{t_c - t_u}{T_p} = -U_z \frac{t_u - t_c}{T_p} \qquad I>0. \tag{3.103c}$$

Da gemäss (3.101c) $\omega_c t_u = \pi$ ist und aus Abbildung 3.59 $\omega_c t_c \leq \pi$ entnommen werden kann, so erkennt man, dass im vorliegenden Fall die Zwangskommutierung einen Spannungsabfall gegenüber dem ideellen Wert U_i bewirkt.

Bei negativem Laststrom I (Abbildung 3.60b) erfolgt die Zwangskommutierung am Anfang der Einschaltdauer t_e, während die Kondensatorumladung zu Beginn der Ausschaltdauer t_a einzuleiten ist. Da jetzt während t_c der Mittelwert erniedrigt und während t_u erhöht wird, so folgt für U_k

$$U_k = U_z \frac{t_u - t_c}{T_p} \qquad I<0 \tag{3.103d}$$

d. h. das Vorzeichen von U_k ist gegenüber demjenigen für positiven Laststrom geändert. Diese beiden Beziehungen können zu

$$U_k = \mp U_z \frac{t_u - t_c}{T_p} \tag{3.103e}$$

zusammengefasst werden, wobei das obere Vorzeichen für positiven Laststrom und das untere Vorzeichen für negativen Laststrom gilt.

Die Zeiten t_c und t_u hängen von der Eigenkreisfrequenz ω_c des Löschschwingkreises ab, d.h. von den Elementen C und L_c. Die Zeit t_c hängt überdies noch vom zu kommutierenden Laststrom I ab. Für die Auslegung von C und L_c ist wiederum die Schonzeit t_f massgebend sowie der zulässige Scheitelwert $\hat{I}_c$ des Stromes im Kommutierungskondensator. Zum gesperrten Hauptthyristor T_p liegt die Diode D antiparallel (siehe Abbildung 3.58a). Solange diese Diode leitend ist, so liegt an T_p eine kleine negative Spannung entsprechend der Durchlasspannung der Diode. Nun darf aber die Streuinduktivität L_σ der Verbindungen nicht vernachlässigt werden. Diese bewirkt, dass infolge der Stromänderung dI_D/dt eine zusätzliche Spannungskomponente zwischen Anode und Katode des Hauptthyristors wirksam wird, die zur Folge hat, dass am gesperrten Hauptthyristor nur von t_1 bis zum Erreichen des Scheitelwertes von I_c eine negative Spannung vorhanden ist, wie dies in Abbildung 3.58b dargestellt ist. Für die Schonzeit t_f gilt dann

$$t_f = \frac{1}{\omega_c}\left(\frac{\pi}{2} - \omega_c t_T\right). \tag{3.104a}$$

Dabei ist t_T die Zeit während der der Strom im Hauptthyristor T_p auf Null absinkt. Diese Zeit folgt aus (3.99a) mit $I_c = I$ aus der transzendenten Gleichung

$$\sin \omega_c t_T e^{-\omega_c t_T/2Q} = \sqrt{\frac{L_c}{C}} \frac{I}{U_{c0}} \tag{3.104b}$$

wobei die Lösung im Bereich

$$0 \leq \omega_c t_T \leq \frac{\pi}{2} \tag{3.104c}$$

liegen muss.

Den Scheitelwert $\hat{I}_c$ des Kondensatorstromes erhält man näherungsweise aus (3.99a) mit $\omega_c t' = \pi/2$. Es folgt

$$\hat{I}_c = U_{c0} \sqrt{\frac{C}{L_c}} e^{-\pi/4Q} \tag{3.104d}$$

Da U_{c0} mit zunehmendem Laststrom I ansteigt, so wird $\hat{I}_c$ am grössten beim maximal zu kommutierenden Laststrom I_{max}. Man führt zweckmässigerweise den Maximallastüberschwingfaktor

$$\beta_{max} = \frac{\hat{I}_{c\,max}}{I_{max}} \tag{3.104e}$$

ein. Bei diesem Laststrom wird die Schonzeit t_f minimal und aus (3.104a) folgt

$$t_{f\,min} = \frac{1}{\omega_c}\left(\frac{\pi}{2} - \omega_c t_{T\,max}\right) \tag{3.104f}$$

wobei $t_{T\,max}$ aus (3.104b) mit $I = I_{max}$ bestimmt werden kann. Substituiert man darin $U_{c0}\sqrt{C/L_c}$ entsprechend (3.104d) durch $\hat{I}_{c\,max} e^{\pi/4Q}$, so folgt

$$\sin \omega_c t_{T\,max} e^{-\omega_c t_{T\,max}/2Q} = \frac{I_{max}}{\hat{I}_{c\,max}} e^{-\pi/4Q} = \frac{e^{-\pi/4Q}}{\beta_{max}}. \tag{3.104g}$$

Die Lösung dieser transzendenten Gleichung muss gemäss (3.104c) im Bereich $0 \leq \omega_c t_{T\,max} \leq \pi/2$ liegen.

Beim maximalen Laststrom I_{max} wird die Zeit t_c minimal. Aus (3.99c) folgt unter Einführung von β_{max}

$$\sin \omega_c t_{c\,min} e^{-\omega_c t_{c\,min}/2Q} = \frac{e^{-\pi/4Q}}{\beta_{max}}. \tag{3.104h}$$

Es ist dies die gleiche transzendente Beziehung wie in (3.104g) wobei jetzt allerdings nach (3.99d) die Lösung im Bereich $\pi/2 \leq \omega_c t_{c\,min} \leq \pi$ liegen muss.

Die im Schwingkreis umgesetzte magnetische und kapazitive Energie wird minimal, wenn $\beta_{\max} = 1{,}5$ ist (siehe BEDFORD und HOFT [34]). Damit kann $\omega_c t_{T\max}$ und somit auch $\omega_c t_{f\min}$ bestimmt werden. Für eine bestimmte minimale Schonzeit $t_{f\min}$ ist dann ω_c gegeben, woraus insbesondere die Zeiten t_c und t_u berechnet werden können, womit auch U_k festgelegt ist.

Es ist zweckmässig die Zeiten t_c und t_u auf $t_{f\min}$ zu beziehen, unter Einführung der Faktoren

$$g_c = \frac{t_c}{t_{f\min}} = \frac{\omega_c t_c}{\omega_c t_{f\min}} = \frac{2\omega_c t_c}{\pi - 2\omega_c t_{T\max}} \tag{3.105a}$$

und

$$g_u = \frac{t_u}{t_{f\min}} = \frac{\omega_c t_u}{\omega_c t_{f\min}} = \frac{2\pi}{\pi - 2\omega_c t_{T\max}}. \tag{3.105b}$$

Damit kann für die Spannung U_k an Stelle von (3.103e)

$$U_k = \mp U_z \frac{t_{f\min}}{T_p}(g_u - g_c) = \mp U_z \frac{t_{f\min}}{T_p} g \tag{3.105c}$$

gesetzt werden, wobei

$$g = \frac{2\pi - 2\omega_c t_c}{\pi - 2\omega_c t_{T\max}} \tag{3.105d}$$

ist. Der Faktor g hängt vom Laststrom I ab und kann als Funktion von $I/I_{\max}$ bestimmt werden. In Abbildung 3.59 ist $\omega_c t_{c\min}$ für $\beta_{\max} = 1{,}5$ eingetragen. Der dazugehörende Stromfaktor k_i entspricht dem maximal zu kommutierenden Strom $I_{\max}$. Daraus kann g in Abhängigkeit von $I/I_{\max}$ numerisch berechnet werden. Die entsprechende Kurve ist in Abbildung 3.61 dargestellt, wobei die Güte Q des Löschkreises als Parameter auftritt.

Die minimale Einschaltdauer t_e des Wechselrichterzweiges muss bei positivem Laststrom grösser als die Zeitdauer t_u der Kondensatorumladung sein, während die minimale Ausschaltdauer t_a grösser als die Zeit $t_c + t_D$ sein muss, wie dies aus Abbildung 3.60 entnommen werden kann. Bei negativem Laststrom sind die Verhältnisse gerade umgekehrt. Demnach gilt für die relative Einschaltdauer $\tau_e = t_e/T_p$

$$\frac{t_u}{T_p} \le \tau_e \le 1 - \frac{t_c + t_D}{T_p} \qquad I > 0 \tag{3.106a}$$

$$\frac{t_c + t_D}{T_p} \le \tau_e \le 1 - \frac{t_u}{T_p} \qquad I < 0. \tag{3.106b}$$

Im Leerlauf, d.h. für $I = 0$ wird $t_c + t_D$ am grössten. Hier ist $\omega_c t_c + \omega_c t_D = 2\pi$ (siehe Abbildung 3.59). Dagegen ist t_u unabhängig vom Laststrom entsprechend $\omega_c t_u = \pi$. Für die Bestimmung der Grenzen für die zulässige relative Einschaltdauer ist mit diesen Extremwerten zu rechnen.

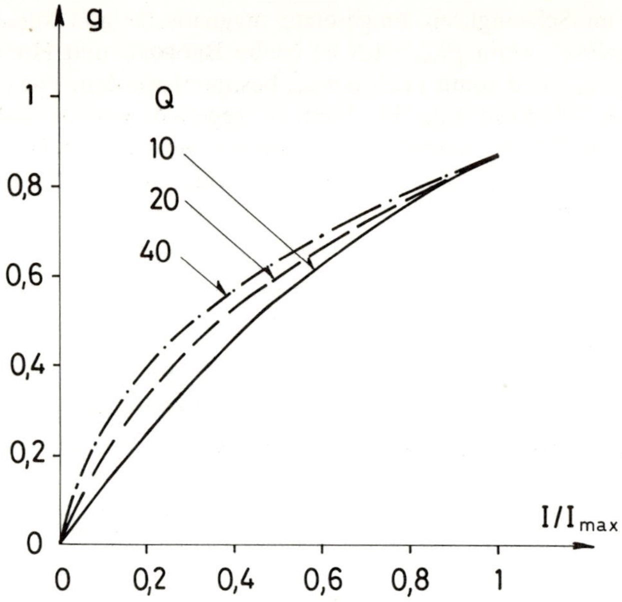

Abbildung 3.61
Faktor g zur Bestimmung der Spannung U_k in Abhängigkeit von I/I_{max}

3.533 *Bezogene Grössen*

Beim Wechselrichterzweig mit Phasenlöschung werden Ausgangsspannung und Ausgangsstrom ebenfalls auf die Nennwerte $\hat{U}_n$ und $\hat{I}_n$ der Drehstrommaschine bezogen, während für die Spannung U_z im Gleichspannungszwischenkreis der Nennwert U_{zn} gewählt wird (siehe Abschnitt 3.523).

Damit gilt für den ideellen Mittelwert in bezogenen Grössen ausgedrückt

$$u_i = \tau_e \ddot{u}_z u_z \tag{3.107a}$$

wobei gemäss (3.88b) $\ddot{u}_z = U_{zn}/\hat{U}_n$ das Uebersetzungsverhältnis der Spannungsnennwerte darstellt.

Für den Anteil am Mittelwert infolge Zwangskommutierung erhält man aus (3.105c)

$$u_k = \mp \ddot{u}_z u_z \frac{t_{f\,min}}{T_p}\, g. \tag{3.107b}$$

3.534 *Das Ersatzschaltbild des Wechselrichterzweiges*

Auch der Wechselrichterzweig mit Phasenlöschung arbeitet im Prinzip wie ein Abtastsystem. Das entsprechende Blockschaltbild soll hier nicht besonders dargestellt werden, sondern direkt zum Blockschaltbild des stetigen

Systems übergegangen werden, das sich ergibt, wenn wiederum nur mit den Mittelwerten der Spannung gerechnet wird und somit der Einfluss der Oberwellen infolge Pulsung vernachlässigt wird. Das entsprechende Blockschaltbild geht aus Abbildung 3.62 hervor.

Die Spannung u_z des Gleichspannungszwischenkreises wird mit der relativen Einschaltdauer τ_e multipliziert und zu diesem ideellen Spannungsmittelwert u_i der Anteil u_k infolge der Zwangskommutierung hinzugefügt, der eine nichtlineare Funktion des Stromes i ist.

Aus diesem Blockschaltbild soll wiederum ein physikalisch interpretierbares Ersatzschaltbild abgeleitet werden. Der innere Widerstand des Wechselrichterzweiges folgt als differentieller Widerstand aus $r_i = -\mathrm{d}u_k/\mathrm{d}i$. Da u_k nicht durch einen analytischen Ausdruck wiedergegeben werden kann, so lässt sich r_i nur numerisch durch $r_i = -\Delta u_k/\Delta i$ berechnen. Aus (3.107b) folgt

$$r_i = \pm \ddot{u}_z u_z \frac{t_{f\,min}}{T_p} \frac{\Delta g}{\Delta i} = \pm \frac{\ddot{u}_z u_z}{i_{max}} \frac{t_{f\,min}}{T_p} \frac{\Delta g}{\dfrac{\Delta i}{i_{max}}} \tag{3.108a}$$

Den Ausdruck $\Delta g/(\Delta i/i_{max})$ erhält man aus Abbildung 3.61 durch Anlegen der Tangente an die entsprechende Kurve.

Der Innenwiderstand ist wiederum eine nichtlineare Funktion des Stromes i, wie aus Abbildung 3.63a hervorgeht. Hier ist auch noch $-u_k/i$ eingetragen. Meistens ist es zulässig mit einem konstanten Mittelwert für r_i zu rechnen, entsprechend der strichpunktierten Geraden in Abbildung 3.63a. Dieser Mittelwert folgt aus

$$r_i = \frac{\ddot{u}_z u_z}{i_{max}} \frac{t_{f\,min}}{T_p}. \tag{3.108b}$$

Die Kennlinie $u_k(i)$ weist beim Nulldurchgang des Stromes keine Unstetigkeit auf (siehe Abbildung 3.63b). Man erkennt, dass diese nichtlineare Kennlinie sehr gut durch eine Gerade approximiert werden kann, entsprechend einem konstanten innern Widerstand r_i.

Der Wechselrichterzweig mit Phasenlöschung besitzt keine vom Laststrom i durchflossenen Induktivitäten, so dass sich als Ersatzschaltbild die

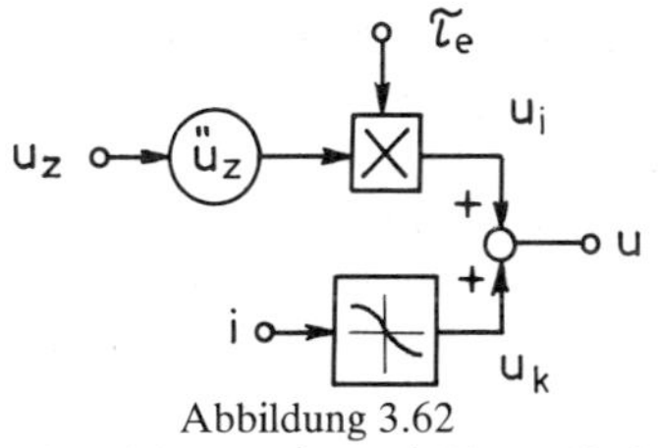

Abbildung 3.62
Blockschaltbild eines Wechselrichterzweiges mit Phasenlöschung als stetiges System

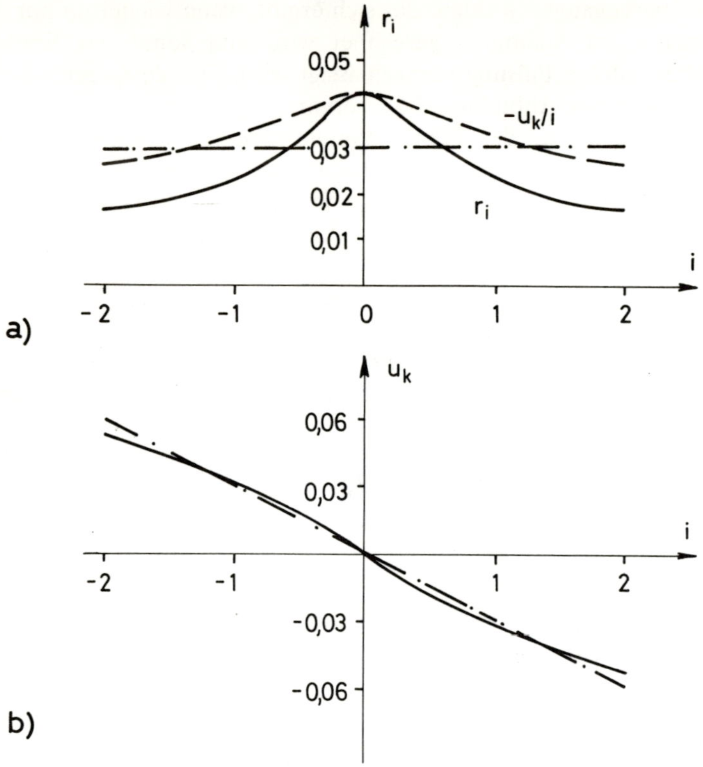

Abbildung 3.63
Zwangskommutierung bei einem Wechselrichterzweig mit Phasenlöschung. $\ddot{u}_z = 2$; $u_z = 1{,}5$; $i_{max} = 2$; $t_{fmin} = 40\ \mu s$; $T_p = 2$ ms ($f_p = 500$ Hz); $\beta_{max} = 1{,}5$; $Q = 10$
a) Innerer Widerstand r_i;
b) Spannungsanteil u_k infolge Zwangskommutierung

einfache Anordnung nach Abbildung 3.64 ergibt, die aus einer Wechselspannungsquelle für u_i und einem innern Widerstand r_i besteht.

Aendert sich der Laststrom sinusförmig, so ist zu beachten, dass die Anfangsspannung u_{c0} des Löschkondensators nicht demjenigen Wert entspricht, der durch den zu kommutierenden Momentanwert des Laststromes gegeben ist, sondern von den vorangehenden Stromwerten abhängt, die pulsförmig kommutiert wurden. Dies hat einen Einfluss auf die Zeit t_c und die Spannungskomponente u_k. Die Abweichung gegenüber den vorstehend berechneten «statischen» Kennlinien $u_k(i)$ wird um so geringer sein, je weiter die Grundfrequenz f des Laststromes von der Pulsfrequenz f_p entfernt ist. Um einen Anhaltspunkt über die Grösse dieses Einflusses zu bekommen, wurden die «dynamischen» Kennlinien $u_k(i)$ berechnet und in Abbildung 3.65 dargestellt, und zwar für $f/f_p = 0{,}1$ (Abbildung 3.65a) und

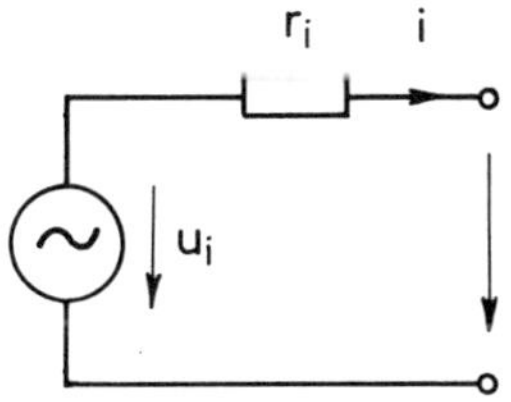

Abbildung 3.64
Ersatzschaltbild eines Wechselrichterzweiges mit Phasenlöschung als stetiges System

$f/f_p = 0{,}05$ (Abbildung 3.65b) je einmal für eine Stromamplitude von 1, bzw. 2. Die eingetragenen Punkte entsprechen den Momentanwerten des Laststromes, die durch den Wechselrichterzweig kommutiert werden. Man erkennt, dass sich die «dynamischen» Kennlinien relativ gut der statischen Kennlinie annähern, so dass auch bei sinusförmig veränderlichem Laststrom mit den statischen Kennlinien gerechnet werden kann. Es soll noch darauf

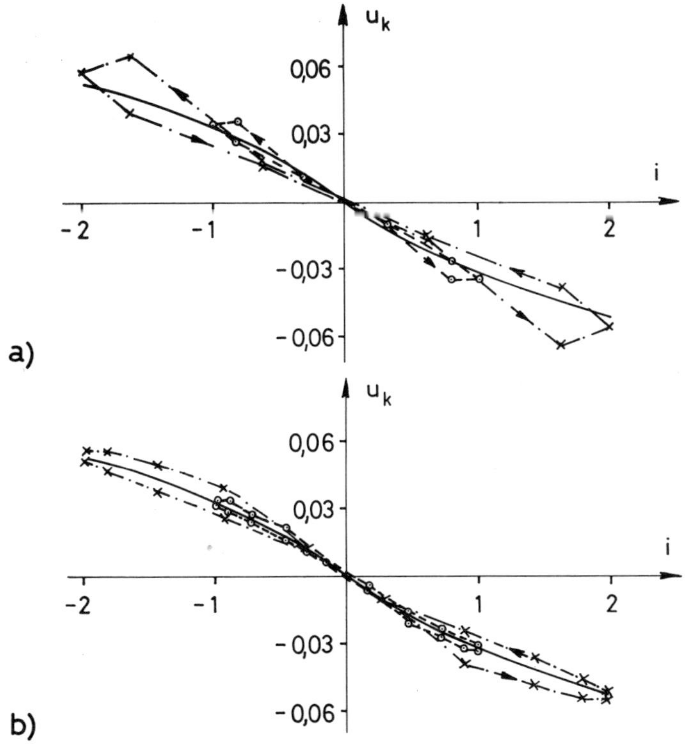

Abbildung 3.65
Dynamische Kennlinien eines Wechselrichterzweiges mit Phasenlöschung bei sinusförmig veränderlichem Laststrom *i*. Daten wie in Abbildung 3.63
a) Grundfrequenz zu Pulsfrequenz $f/f_p = 0{,}1$;
b) Grundfrequenz zu Pulsfrequenz $f/f_p = 0{,}05$

hingewiesen werden, dass die Abweichung der dynamischen Kennlinie von der statischen im Ersatzschaltbild nicht durch eine Induktivität oder eine Kapazität berücksichtigt werden kann, da die dynamischen Kennlinien keinen ellipsenähnlichen Verlauf symmetrisch zum Nullpunkt aufweisen.

3.535 *Die Steuerung des Wechselrichterzweiges*

Hinsichtlich der Steuerung des Wechselrichterzweiges mit Phasenlöschung gelten die gleichen Verhältnisse wie bei einem Wechselrichterzweig mit Einzellöschung, insbesondere was den Zusammenhang zwischen der Steuerspannung u_{st} und der ideellen Spannung u_i betrifft sowie auch der mittleren Verzögerung, die durch den Vergleich der Steuerspannung mit der dreieckförmigen Hilfsspannung bedingt ist. Diesbezüglich kann somit auf Abschnitt 3.525 verwiesen werden.

3.536 *Die Kennlinien im stationären Betrieb*

Die Kennlinien eines Wechselrichterzweiges im stationären Betrieb gelten wiederum unter der Voraussetzung, dass der Laststrom i nur langsam veränderlich ist. Die Ausgangsspannung ist dann $u = u_i + u_k$, wobei u_i von der Steuerspannung u_{st} abhängt, während u_k eine nichtlineare Funktion vom Laststrom i ist.

Diese Kennlinien sind in Abbildung 3.66 dargestellt, wobei die Steuerspannung u_{st} als Parameter auftritt. Die beiden Kurven für $u_{st} = 0{,}714$ und $-0{,}714$ entsprechen den Grenzen der relativen Einschaltdauer τ_e entsprechend den Beziehungen in (3.106). Die Spannung u erreicht hier weder den theoretisch maximal möglichen Wert $\ddot{u}_z u_z$ noch den Wert 0. Dies ist dadurch bedingt, dass der Wechselrichterzweig mit Phasenlöschung eine totale Zeit $t_c + t_D$ für den Ablauf der Zwangskommutierung erfordert, die insbesondere im Leerlauf wesentlich grösser ist als die Zeit t_c, die sich auf die Ausgangsspannung, d.h. auf die Komponente u_k auswirkt.

Ein Vergleich der Kennlinien in Abbildung 3.66 mit denjenigen in Abbildung 3.56 für einen Wechselrichterzweig mit Einzellöschung zeigt, dass bei der Phasenlöschung der Einfluss des Laststromes wesentlich geringer ist. Dies ist unter anderem darauf zurückzuführen, dass beim Wechselrichterzweig mit Phasenlöschung eine Pulsfrequenz $f_p = 500$ Hz zugrunde gelegt wurde, gegenüber 1 kHz beim Wechselrichterzweig mit Einzellöschung. Würde man auch bei der Phasenlöschung mit 1 kHz arbeiten, so würde der aussteuerbare Spannungsbereich weiter eingeschränkt.

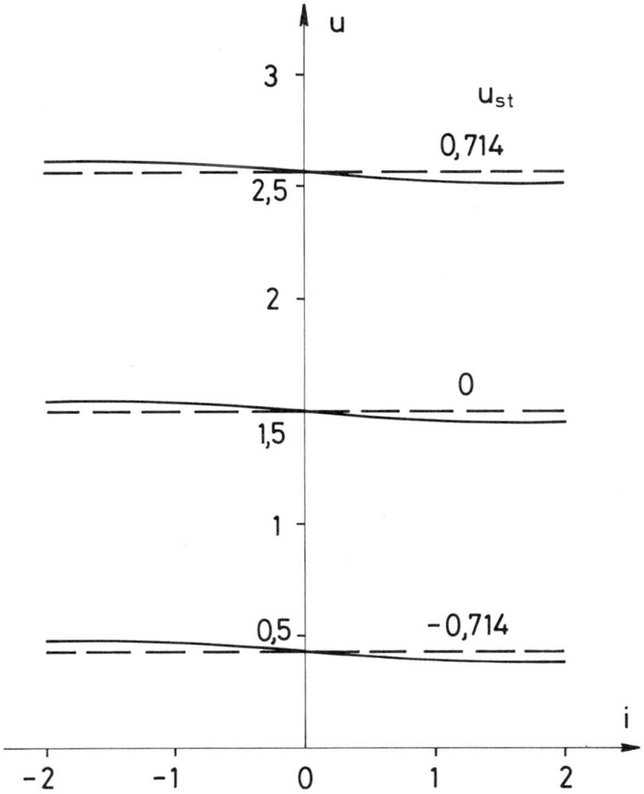

Abbildung 3.66
Kennlinien eines Wechselrichterzweiges mit Phasenlöschung im stationären Betrieb. Daten wie in Abbildung 3.63

3.54 Der Frequenzumrichter

3.541 *Definition der Bezugsgrössen*

Bei der Behandlung der Wechselrichterzweige in bezogenen Grössen wurden die Ausgangsgrössen auf Nennspannung $\hat{U}_n$ und Nennstrom $\hat{I}_n$ der Drehstrommaschinen bezogen, womit diese Grössen eindeutig definiert sind. Die Spannung U_z des Gleichspannungszwischenkreises ist auf einen Nennwert U_{zn} bezogen worden, der seinerzeit noch offengelassen wurde. Bei der Behandlung des dreiphasigen Wechselrichters und des gesamten Frequenzumrichters ist es notwendig, diesen Bezugswert zu definieren und mit der Nennspannung auf der Drehstromseite in Verbindung zu bringen.

Bei einem Dreiphasen-Wechselrichter in Brückenschaltung nach Abbildung 3.45a ist bei sinusförmiger Pulsung und ideellen Verhältnissen, d. h.

Vernachlässigung des Einflusses der Zwangskommutierung, die Amplitude der Spannungsgrundwelle maximal gleich der halben Spannung U_z im Gleichspannungszwischenkreis. Es ist daher angebracht für die Bezugswerte den Zusammenhang

$$\hat{U}_n = \frac{U_{zn}}{2} \tag{3.109a}$$

einzuführen. Für das Uebersetzungsverhältnis der Spannungsnennwerte folgt dann

$$\ddot{u}_z = \frac{U_{zn}}{\hat{U}_n} = 2. \tag{3.109b}$$

Bei dieser Definition der Bezugsgrössen ist der Einfluss der Zwangskommutierung, welche eine Einschränkung des aussteuerbaren Bereiches zur Folge hat, im bezogenen Wert u_z ersichtlich, da $u_z > 1$ sein muss.

Ist der Dreiphasen-Wechselrichter aus drei Einphasen-Wechselrichtern aufgebaut (siehe Abbildung 3.46a), so ist jetzt, erneut unter ideellen Verhältnissen, die Amplitude der gepulsten Spannungsgrundwelle maximal gleich der Spannung U_z im Gleichspannungszwischenkreis. In diesem Fall wird man daher

$$\hat{U}_n = U_{zn} \tag{3.109c}$$

wählen, womit

$$\ddot{u}_z = 1 \tag{3.109d}$$

ist.

Bei dieser Gelegenheit soll auch noch der Nennwert I_{zn} für den Strom im Gleichspannungszwischenkreis definiert werden, da man diese Grösse in Abschnitt 3.545 bei der Behandlung des Gleichspannungszwischenkreises benötigt. Dabei wird der Nennwert der Wirkleistung im Zwischenkreis $U_{zn} I_{zn}$ gleich dem Nennwert der Scheinleistung auf der Drehstromseite $S_n = 3\hat{U}_n \hat{I}_n/2$ gesetzt. Daraus folgt für den Bezugswert des Zwischenkreisstromes

$$I_{zn} = \frac{3}{2}\frac{\hat{U}_n \hat{I}_n}{U_{zn}} = \frac{3}{2}\frac{\hat{I}_n}{\ddot{u}_z}. \tag{3.110a}$$

Für einen Wechselrichter in Brückenschaltung ist mit $\ddot{u}_z = 2$

$$I_{zn} = \tfrac{3}{4}\hat{I}_n \tag{3.110b}$$

und für einen Wechselrichter bestehend aus drei Einphasen-Wechselrichtern mit $\ddot{u}_z = 1$ folgt

$$I_{zn} = \tfrac{3}{2}\hat{I}_n. \tag{3.110c}$$

3.542 *Einführung komplexer Raumvektoren*

Die Dreiphasengrössen auf der Drehstromseite des Wechselrichters lassen sich zu einem komplexen Raumvektor zusammenfassen. Mit den drei Phasenspannungen u_1, u_2 und u_3 an der symmetrischen Dreiphasenlast nach Abbildung 3.45a (jetzt in bezogenen Grössen ausgedrückt) folgt nach der allgemeinen Definition der Raumvektoren in Abschnitt 2.22

$$\underline{u}^s = \tfrac{2}{3}(u_1 + \underline{a}u_2 + \underline{a}^2 u_3) \tag{3.111a}$$

wobei wiederum $\underline{a} = e^{j2\pi/3}$ ist. Ersetzt man darin u_1, u_2 und u_3 durch die Ausgangsspannungen der drei Wechselrichterzweige u_{10}, u_{20} und u_{30} entsprechend den Beziehungen (3.77a) bis (3.77c), so folgt nach einer kleinen Zwischenrechnung

$$\underline{u}^s = \tfrac{2}{3}(u_{10} + \underline{a}u_{20} + \underline{a}^2 u_{30}). \tag{3.111b}$$

Die gleiche Beziehung ergibt sich auch für den aus drei Einphasen-Wechselrichtern aufgebauten Wechselrichter nach Abbildung 3.46a unter der dort getroffenen Voraussetzung, dass die drei Phasen induktiv über die Drossel *D* gekoppelt sind, so dass das Nullsystem verschwindet.

Der Raumvektor $\underline{u}^s$ ist auf das stillstehende Koordinatensystem (entsprechend dem Stator der Drehstrommaschine) bezogen. Es ist zweckmässig diesen Raumvektor auf ein mit synchroner Winkelgeschwindigkeit $f_s\omega_n$ umlaufendes Koordinatensystem zu transformieren. Gemäss den allgemeinen Ausführungen in Abschnitt 2.22 ist

$$\underline{u} = \underline{u}^s e^{-j\vartheta_k} \tag{3.111c}$$

wobei $\vartheta_k = \vartheta_{k0} + \omega_s t$ ist. Mit $\vartheta_{k0} = 0$ folgt dann aus (3.111b)

$$\underline{u} = \tfrac{2}{3}[u_{10}e^{-j\omega_s t} + u_{20}e^{-j[\omega_s t-(2\pi/3)]} + u_{30}e^{-j[\omega_s t-(4\pi/3)]}]. \tag{3.111d}$$

Abbildung 3.67 zeigt den zeitlichen Verlauf der Komponenten $u_\alpha(t)$ und $u_\beta(t)$ des komplexen Raumvektors $\underline{u}(t) = u_\alpha(t) + ju_\beta(t)$ für den Fall einer sinusförmigen Pulsung der Wechselrichterzweige. Im gleichen Bild ist auch der Verlauf der drei Steuerspannungen u_{st1}, u_{st2} und u_{st3} sowie der gemeinsamen dreieckförmigen Hilfsspannung u_h eingetragen (siehe auch Abbildung 3.47). Bei $u_\alpha(t)$ und $u_\beta(t)$ wurde dabei zur Vereinfachung der Einfluss der Zwangskommutierung vernachlässigt. Die Pulsung der Wechselrichterspannungen wirkt sich auch auf $u_\alpha(t)$ und $u_\beta(t)$ aus, wobei hier die doppelte Pulsfrequenz erscheint. $u_\alpha(t)$ besitzt eine ausgeprägte Gleichkomponente, während der Mittelwert von $u_\beta(t)$ Null ist. $u_\beta(t)$ hat somit lediglich einen Einfluss auf die Welligkeit. Vernachlässigt man wiederum die durch die Pulsung bedingte Welligkeit, so ist $u_\alpha = u_{med}$ eine Gleichspannung und u_β verschwindet.

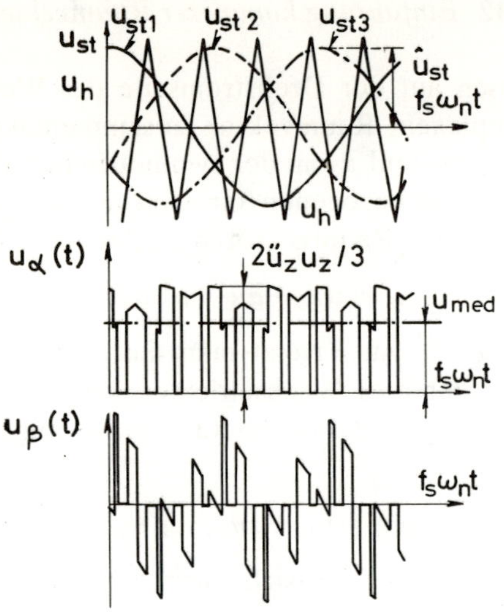

Abbildung 3.67
Zeitlicher Verlauf der Komponenten $u_\alpha(t)$ und $u_\beta(t)$ des komplexen Raumvektors $\underline{u}(t)$ der Wechselrichterausgangsspannung für den Fall einer sinusförmigen Pulsung der Wechselrichterzweige

Die vorstehend abgeleiteten Beziehungen behalten ihre Gültigkeit, wenn von der Ausgangsspannung nur der mit der Grundfrequenz sinusförmig veränderliche Anteil berücksichtigt wird. Insbesondere gilt dann im mit synchroner Geschwindigkeit umlaufenden Koordinatensystem

$$\underline{u} = \underline{u}_\mathrm{i} + \underline{u}_\mathrm{k} \tag{3.112a}$$

wobei der Raumvektor $\underline{u}_\mathrm{i}$ der ideellen Spannung von der Steuerspannung abhängt, wie in Abschnitt 3.543 gezeigt werden wird.

Vorerst soll der durch die Zwangskommutierung bedingte Anteil $\underline{u}_\mathrm{k}$ näher bestimmt werden. Dazu wird für jede Umrichterphase mit dem in Abbildung 3.54 dargestellten Ersatzschaltbild gerechnet, dem ein mittlerer, konstanter Innenwiderstand r_i zugrunde liegt. Für den Fall eines Wechselrichterzweiges mit Phasenlöschung ist u_kv und x_c gleich Null zu setzen. Für die Wechselrichterphase 1 gilt somit

$$u_{\mathrm{k}1} = u_{\mathrm{kv}1} - r_\mathrm{i} i_1 - \frac{x_\mathrm{c}}{\omega_\mathrm{n}} \frac{\mathrm{d}i_1}{\mathrm{d}t}. \tag{3.112b}$$

Entsprechende Beziehungen gelten für die Wechselrichterphasen 2 und 3, aus denen $u_{\mathrm{k}2}$ und $u_{\mathrm{k}3}$ folgen. Fasst man diese Gleichungen durch Einführung komplexer Raumvektoren zu einer einzigen Gleichung zusammen, so folgt nach Transformation in das mit synchroner Geschwindigkeit umlaufenden Koordinatensystem in bekannter Art und Weise

$$\underline{u}_k = \underline{u}_{kv} - r_i \underline{i} - \frac{x_c}{\omega_n} \frac{d\underline{i}}{dt} - j f_s x_c \underline{i}. \tag{3.112c}$$

Dabei ist $\underline{i}$ der komplexe Raumvektor des Laststromes des Frequenzumrichters.

Eine nähere Untersuchung bedarf noch der Raumvektor $\underline{u}_{kv}$. Gemäss Abbildung 3.53b hängt u_{kv} vom Vorzeichen des betreffenden Stromes i ab, d. h. es ist $u_{kv} = u_{k0}$ sign i. Aendert der Strom i sinusförmig mit der bezogenen Frequenz f_s, so weist u_{kv} einen zeitlich rechteckförmigen Verlauf auf, wie dies in Abbildung 3.68 schematisch für die Phase 1 dargestellt ist. Für die andern Phasen ist u_{kv} je um $2\pi/3$ verschoben. Mit Hilfe von (3.111d) kann dann für Real- und Imaginärteil $u_{kv\alpha}(t)$ und $u_{kv\beta}(t)$ des komplexen Raumvektors $\underline{u}_{kv}(t)$ der in Abbildung 3.68 dargestellte zeitliche Verlauf bestimmt werden. Die Komponente $u_{kv\alpha}(t)$ weist abgesehen von der überlagerten kleinen Welligkeit einen konstanten Wert auf und bringt somit keinen periodisch veränderlichen Anteil ins System. Dagegen weist die Komponente $u_{kv\beta}(t)$ einen sägezahnähnlichen Verlauf auf und bringt in das System eine Störung mit der sechsfachen Grundfrequenz des Frequenzumrichters. Die Darstellung in Abbildung 3.68 gilt unter der Voraussetzung, dass das synchron umlaufende Koordinatensystem auf den Stromvektor $\underline{i}$ ausgerichtet ist, d. h. dass $\vartheta_{k0} = 0$ in bezug auf den Strom ist.

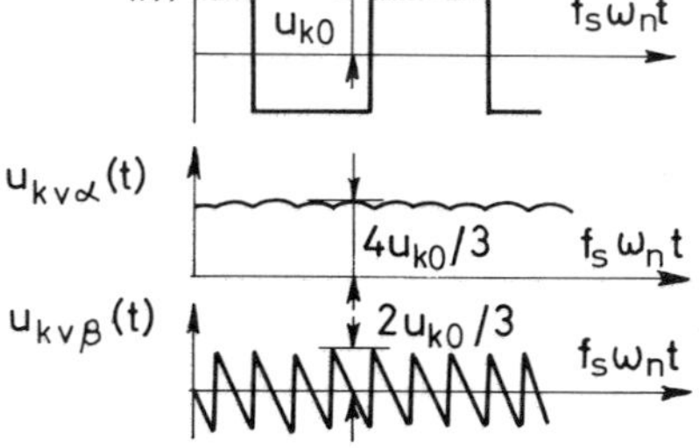

Abbildung 3.68
Zeitlicher Verlauf der Komponenten $u_{kv\alpha}(t)$ und $u_{kv\beta}(t)$ des komplexen Raumvektors $\underline{u}_{kv}(t)$ zur Berücksichtigung der Vorspannung infolge Zwangskommutierung bei einem Wechselrichter mit Einzellöschung

Werden wiederum die Oberwellen vernachlässigt, so ist

$$\underline{u}_{kv} = \frac{4}{\pi}\, u_{k0}. \tag{3.112d}$$

Ist das Koordinatensystem nicht auf den Strom $\underline{i}$ ausgerichtet, so weist $\underline{u}_{kv}$ die Richtung des Raumvektors $\underline{i}$ auf, wobei der Betrag von $\underline{u}_{kv}$ immer $4u_{k0}/\pi$ ist.

3.543 *Die Steuerung des Frequenzumrichters nach dem Pulsverfahren*

Jede Phase des dreiphasigen Wechselrichters wird getrennt gesteuert. Vernachlässigt man vorerst die Zeitverzögerung, die durch die Steuerung eingeführt wird, so besteht für jede Phase die in Abschnitt 3.525 abgeleitete Beziehung (3.93c) für den Zusammenhang zwischen der ideellen Spannung u_i und der Steuerspannung u_{st}. Für die drei Phasen gilt somit

$$u_{i1} = \frac{\ddot{u}_z}{2}\, u_z(1 + u_{st1}) \tag{3.113a}$$

$$u_{i2} = \frac{\ddot{u}_z}{2}\, u_z(1 + u_{st2}) \tag{3.113b}$$

$$u_{i3} = \frac{\ddot{u}_z}{2}\, u_z(1 + u_{st3}). \tag{3.113c}$$

Multipliziert man die zweite Gleichung mit $\underline{a}$ und die dritte mit $\underline{a}^2$, so kann man nach Addition der drei Gleichungen sowohl für u_i als auch für u_{st} je einen komplexen Raumvektor einführen. Da $1 + \underline{a} + \underline{a}^2 = 0$, so folgt

$$\underline{u}_i^s = \frac{\ddot{u}_z}{2}\, u_z \underline{u}_{st}^s \tag{3.114a}$$

im feststehenden Koordinatensystem. Durch Transformation auf das mit synchroner Winkelgeschwindigkeit umlaufende Koordinatensystem ergibt sich

$$\underline{u}_i = \frac{\ddot{u}_z}{2}\, u_z \underline{u}_{st}. \tag{3.114b}$$

Diese Beziehungen gelten für einen Dreiphasen-Wechselrichter in Brückenschaltung.

Bei einem Wechselrichter, der aus drei Einphasen-Wechselrichtern aufgebaut ist, muss beachtet werden, dass die beiden Zweige einer Phase gegensinnig ausgesteuert werden. Für die Spannungen der beiden Teilzweige *a* und *b* gilt für die Phase 1

$$u_{i1a} = \frac{\ddot{u}_z}{2}\, u_z(1 + u_{st1}) \tag{3.115a}$$

$$u_{i1b} = \frac{\ddot{u}_z}{2}\, u_z(1 - u_{st1}) \tag{3.115b}$$

womit für die ideelle Spannung der Phase 1 folgt

$$u_{i1} = u_{i1a} - u_{i1b} = \ddot{u}_z u_z u_{st1}. \tag{3.115c}$$

Entsprechende Beziehungen können für die Phasen 2 und 3 aufgestellt werden. Damit erhält man in komplexen Raumvektoren ausgedrückt

$$\underline{u}_i^s = \ddot{u}_z u_z \underline{u}_{st}^s \tag{3.116a}$$

für das feststehende Koordinatensystem, bzw.

$$\underline{u}_i = \ddot{u}_z u_z \underline{u}_{st} \tag{3.116b}$$

für das mit synchroner Winkelgeschwindigkeit, entsprechend der Grundfrequenz umlaufende Koordinatensystem.

Beachtet man, dass bei der Brückenschaltung $\ddot{u}_z = 2$ und bei drei Einphasen-Wechselrichtern $\ddot{u}_z = 1$ ist (siehe Abschnitt 3.541) so können die obigen Beziehungen auf die Ausdrücke

$$\underline{u}_i^s = u_z \underline{u}_{st}^s \tag{3.117a}$$

bzw.

$$\underline{u}_i = u_z \underline{u}_{st} \tag{3.117b}$$

reduziert werden, die für beide Schaltungsarten gültig sind.

Zur Bestimmung der Verzögerung, die durch die Steuerung des dreiphasigen Wechselrichters erzeugt wird, kann die gleiche Ueberlegung wie in Abschnitt 3.244 gemacht werden, wobei zu berücksichtigen ist, dass die Teilverzögerung jedes Wechselrichterzweiges durch den in Abbildung 3.55 dargestellten Verlauf gegeben ist. Diese Untersuchung, die hier nicht besonders dargestellt werden soll, zeigt, dass der Dreiphasen-Wechselrichter praktisch die gleiche Zeitverzögerung T_v im Mittel aufweist wie ein einzelner Wechselrichterzweig. Nach Abschnitt 3.525 kann mit der Pulsperiode T_p für die Verzögerung

$$T_v = \frac{T_p}{3} \tag{3.118a}$$

gesetzt werden, wobei diese Verzögerung als Totzeit auftritt. Bei Ausgleichsvorgängen ist somit an Stelle von (3.117a) mit

$$\underline{u}_i^s = u_z e^{-sT_v} \underline{u}_{st}^s \tag{3.118b}$$

zu rechnen, wobei die kleine Totzeit T_v durch ein Verzögerungsglied erster Ordnung mit der gleichen Zeitkonstanten T_v angenähert werden kann, so dass gilt

$$\underline{u}_i^s = \frac{u_z}{1 + sT_v} \underline{u}_{st}^s. \tag{3.118c}$$

Bei der Koordinatentransformation in das mit der synchronen Winkelgeschwindigkeit $\omega_s = f_s \omega_n$ umlaufende Koordinatensystem ist die in Abschnitt 3.244 abgeleitete Umformung zu beachten, womit

$$\underline{u}_i = \frac{u_z}{1+(s+jf_s\omega_n)T_v}\,\underline{u}_{st} \tag{3.118d}$$

folgt.

3.544 *Die Steuerung des Frequenzumrichters nach dem Rechteckverfahren*

Der aus drei Einphasen-Wechselrichtern aufgebaute Dreiphasen-Wechselrichter nach Abbildung 3.46a kann auch nach dem Rechteckverfahren gesteuert werden, wie dies in Abschnitt 3.515 beschrieben wurde. Nachfolgend sollen die Zusammenhänge zwischen der Ausgangsspannung des Dreiphasen-Wechselrichters und der Steuerspannung abgeleitet werden. Dazu werden vorerst die Verhältnisse an der Phase 1 betrachtet.

In Abbildung 3.69 sind oben die Steuerspannung u_{st} sowie die dreieckförmige Hilfsspannung u_h aufgetragen und anschliessend die Spannung u_{i1a} des ersten Teilzweiges und u_{i1b} des zweiten Teilzweiges des Einphasen-Wechselrichters sowie schliesslich dessen ideelle Ausgangsspannung u_{i10}. Berücksichtigt man von den beiden Zweigspannungen nur die Gleichkomponente und die Grundwelle, so gilt

$$u_{i1a} = \left[1+\frac{4}{\pi}\cos(f_s\omega_n t+\varphi)\right]\frac{u_z}{2} \tag{3.119a}$$

$$u_{i1b} = \left[1-\frac{4}{\pi}\cos(f_s\omega_n t-\varphi)\right]\frac{u_z}{2}. \tag{3.119b}$$

Damit folgt

$$u_{i1} = u_{i10} = u_{i1a} - u_{i1b} = \frac{4}{\pi}\,u_z\cos(f_s\omega_n t)\cos\varphi. \tag{3.120a}$$

Dementsprechend gilt für die beiden andern Phasen

$$u_{i2} = \frac{4}{\pi}\,u_z\cos\left(f_s\omega_n t-\frac{2\pi}{3}\right)\cos\varphi \tag{3.120b}$$

$$u_{i3} = \frac{4}{\pi}\,u_z\cos\left(f_s\omega_n t-\frac{4\pi}{3}\right)\cos\varphi. \tag{3.120c}$$

Gemäss der allgemeinen Beziehung in (2.1) können diese drei Grössen zu einem komplexen Raumvektor zusammengefasst werden. Nach einer kurzen

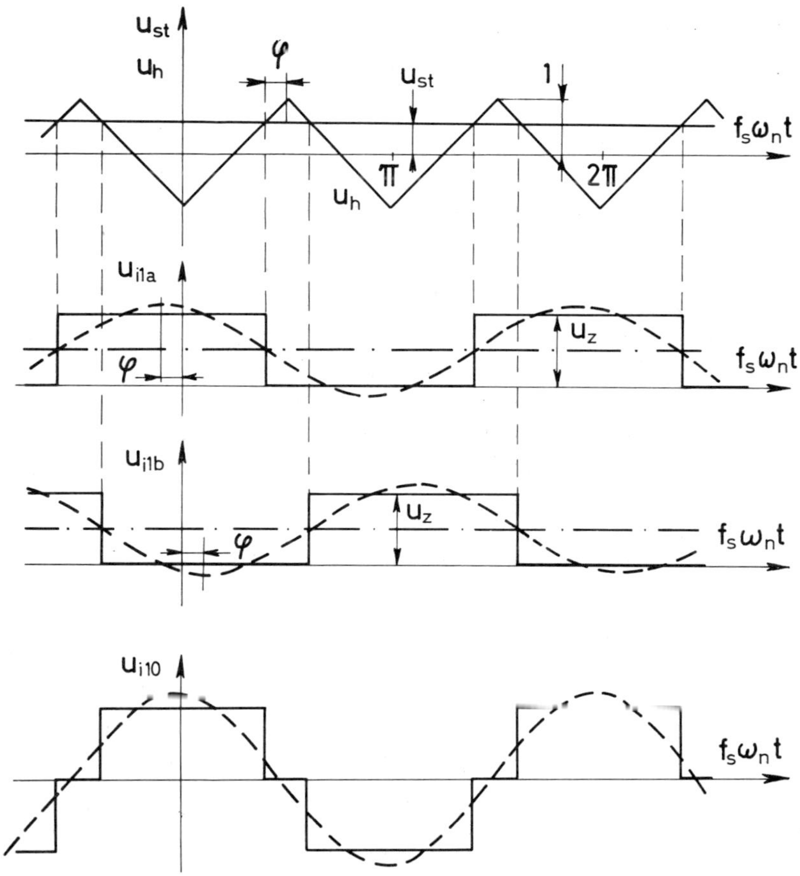

Abbildung 3.69

Rechtecksteuerung bei einem aus drei Einphasen-Wechselrichtern aufgebauten Dreiphasen-Wechselrichter. Zusammenhänge für die Phase 1

Umformung erhält man

$$\underline{u}_i^s = \frac{4}{\pi} u_z e^{jf_s\omega_n t} \cos \varphi. \tag{3.120d}$$

Auf der rechten Seite tritt der Einheitsraumvektor $e^{jf_s\omega_n t}$ auf. Dies ist dadurch begründet, dass im vorliegenden Fall das Dreiphasensystem im Frequenzumrichter gebildet wird und nicht durch eine dreiphasige Steuerspannung von aussen vorgegeben wird.

Der Verschiebungswinkel φ ist von der Steuerspannung abhängig. Wird die Steuerspannung (wie beim Pulswechselrichter) auf die Amplitude der dreieckförmigen Hilfsspannung bezogen, so kann man aus Abbildung 3.69

die Beziehung

$$\varphi = \frac{\pi}{4}(1 - u_{st}) \tag{3.121}$$

ablesen.

Der Zusammenhang zwischen dem komplexen Raumvektor $\underline{u}_i^s$ der ideellen Spannung und der Steuerspannung u_{st} ist nichlinear. Durch Einführung kleiner Aenderungen ergibt sich der linearisierte Ausdruck aus (3.120d) und (3.121)

$$\Delta \underline{u}_i^s = u_z e^{jf_s\omega_n t} \sin \varphi \, \Delta u_{st}. \tag{3.122a}$$

Diese Beziehung gilt nur im stationären Zustand. Bei Ausgleichsvorgängen ist zu beachten, dass eine gewisse Zeitverzögerung verstreicht, bis sich eine Aenderung der Steuerspannung auf $\underline{u}_i^s$ auswirken kann. Ein Vergleich mit Abbildung 3.55 zeigt, dass hinsichtlich dieser Zeitverzögerung praktisch die gleichen Verhältnisse bestehen, wie bei einem Pulswechselrichter. Dabei ist allerdings zu beachten, dass jetzt die Periodendauer der dreieckförmigen Hilfsspannung $T/2$ ist, wobei $T = 2\pi/f_s\omega_n$ die Periodendauer der Grundschwingung des Wechselrichters ist. Dementsprechend kann man mit einer mittleren Verzögerung

$$T_v = \frac{T}{6} = \frac{\pi}{3f_s\omega_n} \tag{3.122b}$$

rechnen. Es sei darauf hingewiesen, dass T_v jetzt wesentlich grösser ist als bei einem Pulswechselrichter. Bei Ausgleichsvorgängen ist dann (3.122a) durch

$$\Delta \underline{u}_i^s = \frac{u_z \sin \varphi}{1 + sT_v} e^{jf_s\omega_n t} \Delta u_{st} \tag{3.122c}$$

zu ersetzen. Nach einer Koordinatentransformation in das mit f_s synchron umlaufende Koordinatensystem erhält man schliesslich

$$\Delta \underline{u}_i = \frac{u_z \sin \varphi}{1 + (s + jf_s\omega_n)T_v} \Delta u_{st}. \tag{3.122d}$$

Es soll noch darauf hingewiesen werden, dass bei der Rechtecksteuerung der Einfluss der Zwangskommutierung auf die Ausgangsspannung sehr gering ist, da jetzt die «Pulsfrequenz» gleich der Grundfrequenz des Wechselrichters ist. Daher darf man in den meisten Fällen mit $r_i = 0$ rechnen, und zwar immer dann, wenn die Grundfrequenz $\leq 100 \ldots 200$ Hz ist.

3.545 *Der Gleichspannungszwischenkreis*

Wie in Abbildung 3.44 gezeigt wurde, wird der zwangskommutierte Wechselrichter über einen ungesteuerten Stromrichter gespeist, dem ein

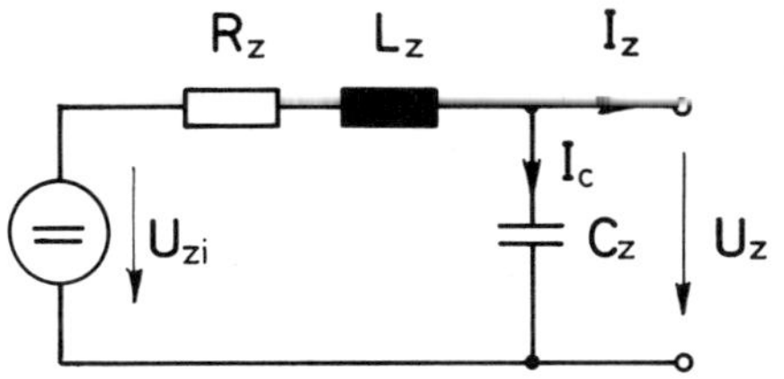

Abbildung 3.70
Ersatzschaltbild des Gleichspannungszwischenkreises

netzgeführter Stromrichter antiparallelgeschaltet ist, der immer an der Wechselrichtertrittgrenze arbeitet. Unter Verwendung der in den Abschnitten 3.22 und 3.23 abgeleiteten Erkenntnisse, lässt sich für den Gleichspannungszwischenkreis das in Abbildung 3.70 dargestellte Ersatzschaltbild aufstellen.

U_{zi} ist die ideelle Spannung des ungesteuerten Gleichrichters, die gleich derjenigen des netzgeführten Wechselrichters ist. Der ohmsche Widerstand R_z berücksichtigt den induktiven Spannungsabfall der speisenetzseitigen Stromrichter, während L_z die Induktivität des Speisenetzes, des Stromrichtertransformators, der Kreisstromdrosseln sowie eventuell weitere im Zwischenkreis vorhandene Induktivitäten umfasst. Schliesslich ist C_z die Kapazität des Glättungs- und Pufferkondensators im Gleichspannungszwischenkreis. Für dieses Ersatzschaltbild gelten die folgenden Gleichungen

$$-U_{zi}+R_z(I_z+I_c)+L_z\frac{d(I_z+I_c)}{dt}+U_z=0 \qquad (3.123a)$$

$$I_c=C_z\frac{dU_z}{dt}. \qquad (3.123b)$$

I_z ist der Zwischenkreisstrom, der zum Wechselrichter fliesst. Eliminiert man den Strom I_c, so resultiert eine einzige Differentialgleichung, und zwar

$$-U_{zi}+R_zI_z+L_z\frac{dI_z}{dt}+R_zC_z\frac{dU_z}{dt}+L_zC_z\frac{d^2U_z}{dt^2}+U_z=0. \qquad (3.123c)$$

Zum Uebergang auf bezogene Grössen wird die ganze Gleichung durch U_{zn} dividiert und $I_z=i_zI_{zn}$ gesetzt. Nach einer kleinen Umstellung erhält man

$$\frac{1}{\omega_z^2}\frac{d^2u_z}{dt^2}=u_{zi}-r_zi_z-r_zT_z\frac{di_z}{dt}-\frac{1}{\omega_z^2T_z}\frac{du_z}{dt}-u_z. \qquad (3.124a)$$

Dabei wurde der bezogene Widerstand

$$r_z=\frac{R_zI_{zn}}{U_{zn}} \qquad (3.124b)$$

die Zeitkonstante

$$T_z = \frac{L_z}{R_z} \tag{3.124c}$$

und die Eigenkreisfrequenz

$$\omega_z = \frac{1}{\sqrt{C_z L_z}} \tag{3.124d}$$

des Gleichspannungszwischenkreises eingeführt.

Schliesslich ist noch der Zwischenkreisstrom I_z mit den Strömen auf der Drehstromseite des zwangskommutierten Wechselrichters in Beziehung zu bringen. Vernachlässigt man die Wirkverluste im Wechselrichter, so muss die vom Zwischenkreis abgegebene Leistung $U_z I_z$ gleich der vom Wechselrichter auf der Drehstromseite abgegebenen Wirkleistung sein. Drückt man die Dreiphasengrössen durch ihre Raumvektoren aus, so ist die Wirkleistung durch (2.10) gegeben. Es kann somit der Ansatz

$$U_z I_z = \tfrac{3}{2} \operatorname{Re}[\underline{U}^* \underline{I}] \tag{3.125a}$$

gemacht werden. Führt man wiederum bezogene Grössen ein und beachtet, dass zwischen den Bezugswerten die Beziehungen $U_{zn}/\hat{U}_n = \ddot{u}_z$ und $I_{zn}/\hat{I}_n = 3/2\ddot{u}_z$ gelten (siehe Abschnitt 3.541), so folgt

$$u_z i_z = \operatorname{Re}[\underline{u}^* \underline{i}]. \tag{3.125b}$$

Für den Strom im Zwischenkreis ergibt sich somit

$$i_z = \frac{1}{u_z} \operatorname{Re}[\underline{u}^* \underline{i}]. \tag{3.125c}$$

Es sei noch nachgetragen, dass es sich bei dem so ermittelten Strom um den Mittelwert handelt, wenn also wiederum der Einfluss der Pulsung vernachlässigt wird. Tatsächlich weist der Strom i_z eine gepulste Form auf, wobei kurzzeitig der Momentanwert bis auf Null absinkt. Dagegen ist die Spannung u_z nur wenig gewellt, da sie durch den Pufferkondensator C_z gehalten wird, der auch die raschen Stromänderungen aufnehmen muss.

Bei veränderlicher Belastung ist die Spannung u_z im Gleichspannungszwischenkreis nicht mehr konstant, was sich somit auch auf die ideelle Spannung $\underline{u}_i$ des Frequenzumrichters auswirkt. Es ist dann zweckmässig für die letztere den Ansatz

$$\underline{u}_i = \frac{u_z}{u_{zi}} \underline{u}_{i0} \tag{3.126a}$$

zu machen, wobei mit $\underline{u}_{i0}$ die ideelle Spannung des Pulswechselrichters bei leerlaufendem Zwischenkreis eingeführt wurde. Diese hängt von der

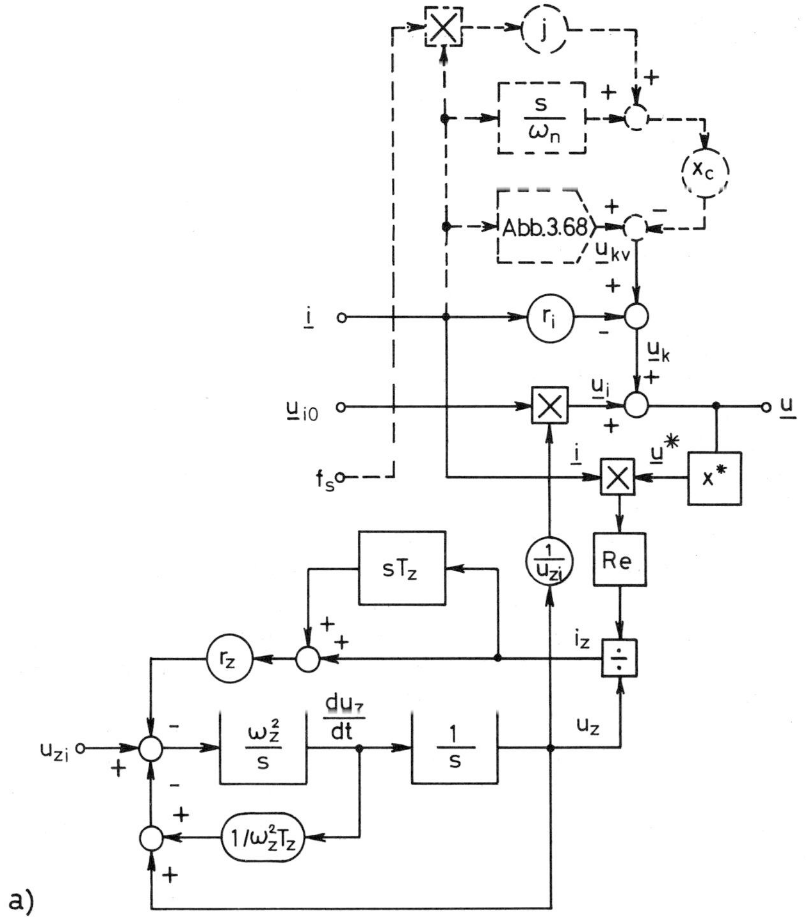

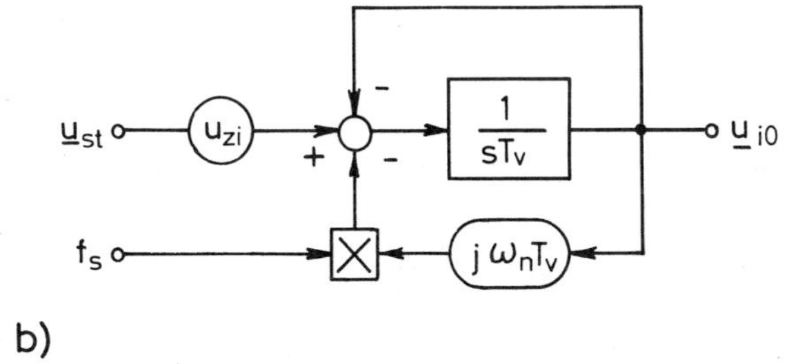

Abbildung 3.71
Strukturdiagramm eines Frequenzumrichters mit Zwangskommutierung und Gleichspannungszwischenkreis. Darstellung der Dreiphasengrössen durch Raumvektoren
a) Leistungsteil; b) Steuerteil

Steuerspannung $\underline{u}_{st}$ ab, so dass in Uebereinstimmung mit (3.118d)

$$\underline{u}_{i0} = \frac{u_{zi}}{1 + (s + jf_s\omega_n)T_v}\underline{u}_{st} \qquad (3.126b)$$

gesetzt werden kann.

3.546 *Das Strukturdiagramm des Frequenzumrichters*

Mit Hilfe der in den vorhergehenden Abschnitten abgeleiteten Beziehungen kann das in Abbildung 3.71 dargestellte Strukturdiagramm aufgestellt werden, wobei wiederum in Leistungsteil und Steuerteil unterschieden wird.

In Abbildung 3.71a für den Leistungsteil erkennt man unten die Beziehungen im Gleichspannungszwischenkreis, aus denen die Spannung u_z und der Strom i_z hervorgehen. Im oberen Teil sind die Zusammenhänge zwischen den Dreiphasengrössen, als Raumvektoren ausgedrückt, dargestellt. Der Raumvektor $\underline{u}_{kv}$ hängt entsprechend Abschnitt 3.542 von der Lage des Raumvektors $\underline{i}$ ab. Dieser Teil fällt weg, wenn der Frequenzumrichter Zweige mit Phasenlöschung aufweist, ebenso ist dann $x_c = 0$ zu setzen. Daher ist dieser Teil im Strukturdiagramm gestrichelt eingezeichnet.

Als Eingangsgrössen treten der Raumvektor der ideellen Leerlaufspannung $\underline{u}_{i0}$ und derjenige des Umrichterstromes $\underline{i}$ auf (beide im mit synchroner Winkelgeschwindigkeit umlaufenden Koordinatensystem) sowie die bezogene Frequenz f_s, welche die Umlauffrequenz des Koordinatensystems bestimmt. Der Raumvektor der Ausgangsspannung $\underline{u}$ des Frequenzumrichters bildet die Ausgangsgrösse. Die ideelle Spannung u_{zi} des Zwischenkreises kann als interne Grösse aufgefasst werden, da diese Spannung normalerweise konstant ist.

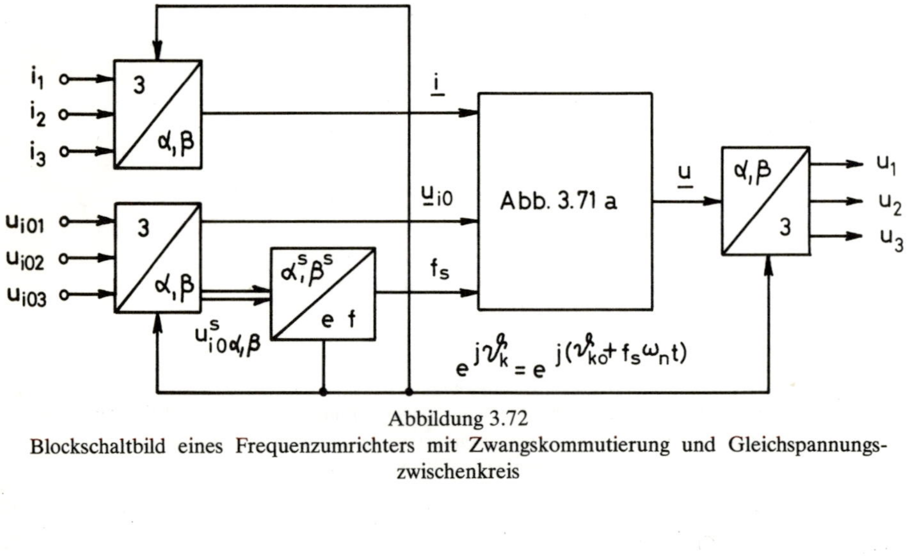

Abbildung 3.72
Blockschaltbild eines Frequenzumrichters mit Zwangskommutierung und Gleichspannungszwischenkreis

Für den Steuerteil in Abbildung 3.71b sind die Eingangsgrössen durch den Raumvektor der Steuerspannung $\underline{u}_{st}$ sowie die bezogene Frequenz f_o gegeben. Am Ausgang erscheint dann die ideelle Leerlaufspannung $\underline{u}_{i0}$.

Für den Zusammenhang zwischen den Dreiphasengrössen und den entsprechenden Raumvektoren gilt das Blockschaltbild in Abbildung 3.72, wobei für das Koordinatensystem k das mit synchroner Geschwindigkeit umlaufende Koordinatensystem zu wählen ist. Die Blöcke zur Umwandlung der Dreiphasengrössen in Raumvektoren und umgekehrt sowie zur Bildung des Einheitsraumvektors $e^{j\vartheta_k}$ und der Frequenz $f_s = f_k$ entsprechen den Strukturdiagrammen in den Abbildungen 2.23, 2.24 und 2.26 (siehe Abschnitt 2.432).

VERZEICHNIS DER VERWENDETEN BUCHSTABENSYMBOLE

Anmerkung: Für die physikalischen Grössen werden durchwegs grosse Buchstabensymbole verwendet, selbst wenn es sich um zeitlich veränderliche Grössen handelt. Die kleinen Buchstabensymbole sind zur Kennzeichnung von bezogenen Grössen reserviert. Eine Ausnahme bildet nur die Zeit t in [s] und die Kreisfrequenz ω in [s^{-1}], für die keine bezogenen Grössen verwendet werden. Nachfolgend sind vorwiegend nur die bezogenen Grössen (mit kleinen Buchstaben) angeführt.
Unterstrichene Buchstaben: komplexe Grössen, komplexe Raumvektoren
Fettgedruckte Buchstaben: Vektoren, Matrizen

Hauptsymbole:

$\underline{a}$	$= \exp(j2\pi/3) = -1/2 + j\sqrt{3}/2$
C	Kondensator, Kapazität
C_0	Integrationskonstante
$C(s)$	Funktion der gegenseitigen Kopplung
d	digitales Signal zur Steuerung eines Wechselrichterzweiges
d_x	relativer induktiver Spannungsabfall
$D(s)$	Determinante
e	Einschaltfunktion
f	Frequenz (bezogener Wert)
f_s	Speisefrequenz (Stator)
f_r	Schlupffrequenz (Rotor)
g	Faktor $= g_u - g_c$
g_c	Faktor $= t_c/t_{fmin}$
g_u	Faktor $= t_u/t_{fmin}$
$G(s)$	Uebertragungsfunktion
$h(t)$	Uebergangsfunktion
i	Strom
Δi_g	Ansprechgrenze bei Zweipunktregler
Im	Imaginärteil
j	$\sqrt{-1}$ Operator der komplexen Rechnung
J	Massenträgheitsmoment
k	Faktor

k_i	Stromfaktor
k_u	Spannungsfaktor
K	Uebertragungsfaktor
L, l	Induktivität in [H], bzw. in bezogenen Grössen
m	Drehmoment
n	Drehzahl (bezogene Grösse)
$N(s)$	Nenner
p	Wirkleistung
p	Pulszahl Stromrichter
p	Polpaarzahl
Q	Güte eines Schwingkreises
r	Ohmscher Widerstand
Re	Realteil
s	Laplace-Operator
t	Zeit in [s]
t_c	Dauer der Zwangskommutierung
t_f	Schonzeit
t_q	Freiwerdezeit
t_u	Umladezeit
t_T	Stromleitdauer in Hauptthyristor
T	Zeitkonstante
T	Periodendauer
T_g	Glättungszeitkonstante
T_{g2}	Glättungszeitkonstante bei Glättungsglied zweiter Ordnung
T_i	Integrationszeitkonstante
T_k	kleine Summenzeitkonstante
T_m	mechanische Zeitkonstante
T_n	Nachstellzeitkonstante
T_p	Pulsperiode
T_{p0}	Grundpulsperiode
T_v	Verzögerungszeitkonstante bei Strom- und Frequenzumrichtern
T_v	Vorhaltezeitkonstante
T'	Ersatzzeitkonstante
T''	zweite Ersatzzeitkonstante
u	Spannung
u_i	ideelle Spannung
u_{di0}	ideeller Mittelwert der Gleichspannung bei Zündverzögerungswinkel $\alpha = 0°$
$u_{di\alpha}$	ideeller Mittelwert der Gleichspannung bei Zündverzögerungswinkel $\alpha \neq 0°$
u_{de0}	ideeller Mittelwert der Erregerspannung bei Zündverzögerungswinkel $\alpha = 0°$
u_k	Spannungskomponente infolge Kommutierung

u_{kv}	Vorspannung infolge Zwangskommutierung
$\ddot{u}_z$	Uebersetzungsverhältnis der Spannungsnennwerte im Zwischenkreis
$w(\omega t)$	Funktion für Welligkeit
$\hat{w}_i$	Faktor für maximale Stromwelligkeit
x	Reaktanz
$x(s)$	Reaktanzoperator
$z(s)$	Impedanzoperator
α	Zündverzögerungswinkel
α	Dämpfungsfaktor $= R_c/2L_c$
β	Winkel $= \pi/2 - (\delta + \varphi)$
β_0	Leerlaufüberschwingfaktor
β_{max}	Maximallastüberschwingfaktor
γ	Löschwinkel
γ_v	Voreilwinkel
δ	Polradwinkel
δ	Dämpfung
$\delta(t)$	Dirac-Impuls
ε	Phasenverschiebung zwischen Strom und Flussverkettung
$\zeta_i(t)$	Funktion für Stromwelligkeit bei Zweipunktreglern
ϑ	Winkel $= \vartheta_0 + \omega_n \int_0^t n\,dt$
μ	Ueberlappungswinkel
μ	Uebersetzungsfaktor zwischen zwei Wicklungen
σ	Streufaktor
τ	relative Zeit $= t/T_p$
τ_e	relative Einschaltdauer $= t_e/T_p$
φ	Phasenverschiebungswinkel
φ	Verschiebungswinkel
φ_1	Phasenverschiebungswinkel der Grundwelle
φ_{1k}	Phasenverschiebungswinkel der Grundwelle infolge Kommutierung
ψ	Flussverkettung
ω	Kreisfrequenz in $[s^{-1}]$
ω	elektrische Winkelgeschwindigkeit in $[s^{-1}]$
ω_n	Nennkreisfrequenz in $[s^{-1}]$
ω_0	Eigenkreisfrequenz in $[s^{-1}]$
ω_c	Eigenkreisfrequenz bei LC-Kreis in $[s^{-1}]$
ω_1	Durchtrittskreisfrequenz in $[s^{-1}]$
Ω	mechanische Winkelgeschwindigkeit in $[s^{-1}]$

Indices:

a	Maschinenphase a
a	Stromrichter a

a	Ausschalt(dauer)
a	Anfangsbedingungen
b	Maschinenphase b
b	Stromrichter b
c	Maschinenphase c
c	Kondensator
c	LC-Kreis
c	Kommutierungskreis
c	Sollwert
d	Längsachse
d	Gleich(spannung, -strom)
D	Dämpferwicklung in Längsachse
D	Diode
e	elektromagnetisch
e	Erregung
e	Erregerstromregelung
e	Einschalt(dauer)
E	Entkopplung
eff	Effektivwert
f	Frequenz
f	Filter
g	Glättung
g	Grenze
h	Haupt(reaktanz)
h	Hilfs(spannung)
i	Strom
i	Stromregelung
i	innere
i	ideell
i	Integral(zeitkonstante)
j	Imaginärteil
k	Kommutierung
k	Kurzschluss
k	Koordinatensystem k
k	Kipp(schlupffrequenz)
k	klein
lim	Limit, Grenzwert
L	induktiv
m	Drehmoment
m	mechanisch
m	mittel
max	Maximalwert
med	Mittelwert

min	Minimalwert
n	Nennwert
n	Drehzahl
n	Drehzahlregelung
n	Nachstell(zeitkonstante)
N	Netz
o	offener Regelkreis
p	Puls
p	Polrad
q	Querachse
Q	Dämpferwicklung in Querachse
r	Rotor
r	Referenz
r	Realteil
R	Phase R
R	Regler
s	Stator
s	Speise(frequenz)
s	Statorstromregelung
S	Phase S
st	Steuer(spannung)
st	Stellorgan
t	total
T	Phase T
T	Transformator
T	Thyristor
u	Spannung
v	Verzögerung
v	Vorhalte(zeitkonstante)
y	Phasen(spannung)
z	Zwischenkreis
z	Zwischenkreis-Stromregelung
zul	zulässig
α	vom Zündverzögerungswinkel abhängig
α	reelle Achse im komplexen Einachsensystem
β	imaginäre Achse im komplexen Einachsensystem
ε	Regelabweichung
μ	Magnetisierung
σ	Streuung
ψ	Flussverkettung
ψ	Flussregelung
0	Anfangswert
0	in bezug auf Nullpunkt

0 für Zündverzögerungswinkel $\alpha = 0$
1 Grundwelle
1,2 Wicklung
1,2,3 Stromrichterphasen
1,2,3 Phasen einer in Stern geschalteten Last
0,1,2,3 Zeitpunkte
I netzseitiger Stromrichter
II maschinenseitiger Stromrichter

Hochgestellte Indices:

^{c} gekoppelte Regelkreise
^{k} Koordinatensystem k
^{r} mit dem Rotor umlaufendes Koordinatensystem
^{s} mit dem Stator stillstehendes Koordinatensystem

Sonderzeichen:

$\hat{}$ Scheitelwert
^{1} Grundwelle (dem Hauptsymbol hoch- und vorgestellt)
$\tilde{}$ Welligkeit (dem Hauptsymbol hoch- und vorgestellt)
Δ kleine Aenderung, Abweichung (dem Hauptsymbol vorgestellt)
$'$ transient
$''$ subtransient
$'$ Ersatzgrösse
$''$ zweite Ersatzgrösse
$'$ geschlossener Regelkreis
$*$ konjugiert komplexer Wert

LITERATURVERZEICHNIS

[1] BÜHLER, H., *Einführung in die Theorie geregelter Gleichstromantriebe*, (Birkhäuser, Basel 1962).

[2] KÜMMEL, F., *Elektrische Antriebstechnik*, (Springer, Berlin 1971).

[3] PFAFF, G., *Regelung elektrischer Antriebe*, (Oldenbourg, München 1971).

[4] LEONHARD, W., *Regelung in der Antriebstechnik*, (Teubner, Stuttgart 1974).

[5] BUXBAUM, A., *Berechnung von Regelkreisen in der Antriebstechnik*, (Elitera, Berlin 1974).

[6] ERNST, D. und STRÖLE, D., *Industrieelektronik* (Springer, Berlin 1973).

[7] KÖLLENSPERGER, D., *Die Synchronmaschine als selbstgesteuerter Stromrichtermotor*, Siemens-Zeitschrift *41*, 830–836 (1967).

[8] LANGER, J., *Umrichterspeisung von Synchronmotoren für Rohrmühlen*, Brown Boveri Mitteilungen *57*, H. 3, 112–120 (1970).

[9] SCHÖNUNG, A. und STEMMLER, H., *Geregelter Drehstrom-Umkehrantrieb mit gesteuertem Umrichter nach dem Unterschwingungsverfahren*, Brown Boveri Mitteilungen *51*, H. 8/9, 555–577 (1964).

[10] SCHÖNUNG, A., *Möglichkeiten zur Regelung von Drehstrommotoren mit Stromrichtern*, Brown Boveri Mitteilungen *51*, H. 8/9, 540–554 (1964).

[11] ABRAHAM, L., HEUMANN, K. und KOPPELMANN, F., *Wechselrichter zur Drehzahlsteuerung von Käfigläufermotoren*, AEG-Mitteilungen *54*, H. 1/2, 89–106 (1964).

[12] ABRAHAM, L. und KOPPELMANN, F., *Käfigläufermotoren mit hoher Drehzahldynamik*, AEG-Mitteilungen *55*, H. 2, 118–123 (1965).

[13] BYSTRON, K. und MEYER, M., *Kontaktlose, drehzahlregelbare Umrichtermaschinen für hohe Drehzahlen*, Siemens-Zeitschrift *37*, H. 9, 660–667 (1963).

[14] HEUMANN, K. und JORDAN, K. G., *Das Verhalten des Käfigläufermotors bei veränderlicher Speisefrequenz und Stromregelung*, AEG-Mitteilungen *54*, H. 1/2, 107–116 (1964).

[15] HEUMANN, K. und JORDAN, K. G., *Einfluss von Spannungs- und Stromoberschwingungen auf den Betrieb von Asynchronmaschinen*, AEG-Mitteilungen *54*, H. 1/2, 117–122 (1964).

[16] NAUNIN, D., *Berechnung des Drehmomentverlaufs einer Asynchronmaschine bei Speisung mit gepulster Rechteckspannung*, Bulletin SEV *62*, Nr. 18, 879–884 (1971).

[17] KÖLLENSPERGER, D. und TOVAR, K., *Stromrichtermotoren grösserer Leistung*, Siemens-Zeitschrift *43*, H. 8, 686–690 (1969).

[18] STEMMLER, H., *Antriebssystem und elektronische Regeleinrichtung der getriebelosen Rohrmühle*, Brown Boveri Mitteilungen *57*, H. 3, 121–129 (1970).

[19] HABÖCK, A., *Antriebe mit stromrichtergespeisten Synchronmaschinen*, Neue Technik *16*, Nr. 3, 93–108 (1974).

[20] HÜBNER, K., *Der bürstenlose, drehzahlveränderbare Drehfeld-Maschinenantrieb kleiner und mittlerer Leistung*, IFAC Symposium Regelung und Steuerung in der Leistungselektronik und bei elektrischen Antrieben, Düsseldorf, Preprints, Vol. 1 (VDI/VDE-Verlag, Düsseldorf 1974), S. 487–498.

[21] HABÖCK, A. und KÖLLENSPERGER, D., *Stand der Entwicklung des Stromrichtermotors*, Siemens-Zeitschrift *45*, H. 4, 177–179 (1971).

[22] HEUMANN, K. und STUMPE, C., *Thyristoren, Eigenschaften und Anwendungen*, (Teubner, Stuttgart 1970).

[23] STEMMLER, H., *Wirk- und Blindleistungsregelung von Netzkupplungsumformern 50/16 2/3 Hz mit Umrichterkaskade*, Neue Technik *16*, Nr. 6, 215–227 (1974).

[24] BÜHLER, H., *Umrichtergespeiste Antriebe mit Asynchronmaschinen*, Neue Technik *16*, Nr. 4, 121–139 (1974).

[25] LAIBLE, TH., *Die Theorie der Synchronmaschine im nichtstationären Betrieb*, (Springer, Berlin 1952).

[26] KOVACS, K. P. und RACZ, I., *Transiente Vorgänge in Wechselstrommaschinen*, (Verlag der Ungarischen Akademie der Wissenschaften, Budapest 1959).

[27] KOVACS, K. P., *Symmetrische Komponenten in Wechselstrommaschinen*, (Birkhäuser, Basel 1962).

[28] MURPHY, J. M. D., *Thyristor Control of A. C. Motors*, (Pergamon Press, Oxford 1973).

[29] BÜHLER, H., *Stromrichtergespeiste Drehstrom- und Gleichstromantriebe*, IFAC Symposium Regelung und Steuerung in der Leistungselektronik und bei elektrischen Antrieben, Düsseldorf, Survey Papers, (VDI/VDE-Verlag, Düsseldorf 1974), S. 63–123.

[30] WASSERRAB, TH., *Schaltungslehre der Stromrichtertechnik*, (Springer, Berlin 1962).

[31] SCHAEFER, J., *Rectifier Circuits*, (J. Wiley, New York-London-Sydney 1965).

[32] MÖLTGEN, G., *Netzgeführte Stromrichter*, (Siemens, Berlin-München 1970).

[33] MEYER, M., *Selbstgeführte Thyristor-Stromrichter*, (Siemens, Berlin-München 1974).

[34] BEDFORD, B. D. und HOFT, R. G., *Principles of Inverter Circuits*, (J. Wiley, New York-London-Sydney 1964).

[35] LAGASSE, J. und PRAJOUX, R., *Behaviour of Control Systems including Controlled Convertors, especially Rectifiers: A Review of existing Theories*, IFAC Symposium Regelung und Steuerung in der Leistungselektronik und bei elektrischen Antrieben, Düsseldorf, Survey Papers, (VDI/VDE-Verlag, Düsseldorf 1974), S. 1–38.

[36] BÜHLER, H., *Investigation of a Rectifier Regulating Circuit as a Sampled Data System*, IFAC-Congress, Warszawa, Preprints, (Warschau 1969), Technical Session No. 64, p. 46–68. Deutsche Uebersetzung in: Bulletin Oerlikon Nr. 392/393, 22–30 (1970).

[37] YECHOUROUN, C., *Comportement dynamique des convertisseurs de courant*, Dissertation Ecole polytechnique fédérale de Lausanne, 1977.

[38] SCHRÖDER, D., *Untersuchung der dynamischen Eigenschaften von Stromrichterstellgliedern mit natürlicher Kommutierung*, Dissertation Techn. Hochschule Darmstadt, 1969.

[39] SCHRÖDER, D., *Einsatz adaptativer Regelverfahren bei Regelkreisen mit Stromrichter-Stellgliedern*, Aussprachetag Industrielle Anwendung adaptativer Systeme, April 1973, Freiburg, (VDI/VDE-Verlag, Düsseldorf 1973), S. 81–97.

[40] BUXBAUM, A., *Einsatz von adaptativen Reglern bei geregelten Stromrichter-Stellgliedern*, Aussprachetag Industrielle Anwendung adaptativer Systeme, April 1973, Freiburg, (VDI/VDE-Verlag, Düsseldorf 1973), S. 99–113.

[41] MÖLTGEN, G., *Grundlagen einer Theorie des Stromrichters in Drehstrom-Brückenschaltung mit mehrstufiger LC-Kommutierung*, Siemens-Zeitschrift *43*, H. 8, 680–685 (1969).

[42] STEMMLER, H., *Ein- und mehrpulsige Unterschwingungswechselrichter, Steuerverfahren, Strom- und Spannungsverhältnisse*, IFAC Symposium Regelung und Steuerung in der Leistungselektronik und bei elektrischen Antrieben, Düsseldorf, Preprints, Band 1 (VDI/VDE-Verlag, Düsseldorf 1974), S. 457–472.

[43] RIEHLEIN, D., *Getriebeloser Antrieb für eine Zementmahlanlage*, Siemens-Zeitschrift *45*, 189–191 (1971).

[44] SCHWARZ, H., *Mehrfachregelungen*, (Springer, Berlin-Heidelberg-New York 1967) Bd. 1 und 2.

[45] KESSLER, C., *Das Symmetrische Optimum*, Regelungstechnik *6*, 395–400, 432–436 (1958).

[46] KESSLER, C., *Ueber die Vorausberechnung optimal abgestimmter Regelkreise*, Regelungstechnik *2*, 274–281 (1954) und *3*, 16–22 (1955).

[47] Fröhr, F. und Orttenburger, F., *Einführung in die elektronische Regelungstechnik*, (Siemens, Berlin-München 1970).

[48] Voumard, A., *Mise en vitesse de machines synchrones au moyen de convertisseurs statiques de fréquence, dans les centrales électriques*, Neue Technik *16*, 139–146 (1974).

[49] Zürcher, S., *Umrichter und klassische Gleichstromtechnik in industriellen Antrieben*, Neue Technik *16*, Nr. 5, 168–178 (1974).

[50] Hödle, H. und Stemmler, H., *Neuartige Traktionsausrüstungen und Steuerverfahren für Wechselstromtriebfahrzeuge*, BBC-Mitteilungen *52*, H. 9/10, 706–719 (1965).

[51] Brechbühler, M. und Bohli, W. U., *Erfahrungen mit der Versuchslokomotive Be 4/4 12001 der Schweizerischen Bundesbahnen mit statischen Umrichtern*, BBC-Mitteilungen *60*, H. 4, 63–66 (1973).

[52] Blaschke, F. und Ströle, D., *Transformationen zur Entflechtung elektrischer Antriebsregelstrecken*, Regelungstechnik und Prozess-Datenverarbeitung *21*, H. 4, 105–109 (1973).

[53] Hasse, K., *Drehzahlregelverfahren für schnelle Umrichterantriebe mit stromrichtergespeisten Asynchron-Kurzschlussläufermotoren*, Regelungstechnik und Prozess-Datenverarbeitung *20*, H. 2, 60–66 (1972).

[54] Blaschke, F., *Das Prinzip der Feldorientierung für die Transvektor-Regelung von Drehfeldmaschinen*, Siemens-Zeitschrift *45*, 757–760 (1971).

[55] Blaschke, F., *A new Method for the Structural Decoupling of A.C. Induction Machines*, 2. IFAC Symposium über Technische Mehrfachregelsysteme, Düsseldorf, Preprints (VDI/VDE-Verlag, Düsseldorf 1971), Beitrag 6.3.1.

[56] Blaschke, F., *Das Verfahren der Feldorientierung zur Regelung der Drehfeldmaschine*, Dissertation Technische Universität Braunschweig (1974).

[57] Jötten, R., *Signalverarbeitung für die Regelung umrichtergespeister Drehfeldmaschinen*, IFAC Symposium Regelung und Steuerung in der Leistungselektronik und bei elektrischen Antrieben, Düsseldorf, Preprints, Band 1 (VDI/VDE-Verlag, Düsseldorf 1974), S. 681–695.

[58] Blaschke, F. und Böhm, K., *Verfahren der Felderfassung bei der Regelung stromrichtergespeister Asynchronmaschinen*, IFAC Symposium Regelung und Steuerung in der Leistungselektronik und bei elektrischen Antrieben, Düsseldorf, Preprints, Band 1 (VDI/VDE-Verlag, Düsseldorf 1974), S. 635–649.

[59] Becker, H., *Dynamisch hochwertige Drehzahlregelung einer umrichtergespeisten Asynchronmaschine*, Regelungstechnische Praxis und Prozess-Rechentechnik, H. 9, 217–221 (1973).

[60] Stemmler, H., *Steuerverfahren für ein- und mehrpulsige Unterschwingungswechselrichter zur Speisung von Kurzschlussläufermotoren*, Dissertation Techn. Hochschule Aachen, 1970.

[61] Theuerkauf, H., *Digitale Nachbildung drehzahlgeregelter Drehstrom-Antriebe mit Stromrichterspeisung*, IFAC Symposium Regelung und Steuerung in der Leistungselektronik und bei elektrischen Antrieben, Düsseldorf, Preprints, Band 1 (VDI/VDE-Verlag, Düsseldorf 1974), S. 729–743.

[62] Kunz, U., *Ein Pulswechselrichter mit weicher Kommutierung*, IFAC Symposium Regelung und Steuerung in der Leistungselektronik und bei elektrischen Antrieben, Düsseldorf, Preprints, Band 1 (VDI/VDE-Verlag, Düsseldorf 1974), S. 309–325.

[63] Blumenthal, M., *Modifiziertes Stromregelverfahren zur Umrichtertaktung*, ETZ-A *94*, H. 10, 610–612 (1973).

[64] Yeger, D., *Régulation de vitesse d'un moteur asynchrone avec courant statorique imposé*, Travail de diplôme, Chaire d'électronique industrielle, Ecole Polytechnique Fédérale de Lausanne, 1973.

[65] Blumenthal, M., *Beitrag zum feldorientierten Betrieb der Asynchronmaschine mit eingeprägtem Ständerstrom*, Regelungstechnik *23*, H. 5, 158–159 (1975).

[66] Oppliger, K., *Réglage d'un moteur asynchrone orienté par rapport au flux rotorique*, Travail de diplôme, Chaire d'électronique industrielle, Ecole Polytechnique Fédérale de Lausanne, 1974.

[67] Braun, W., *Anwendungsbeispiele für die Entkopplung mehrfach geregelter Systeme*, Regelungstechnik *23*, H. 1, 11–16 (1975).

[68] Meyer, M., *Ueber die untersynchrone Stromrichterkaskade*, ETZ-A *82*, 589–596 (1961).

[69] Elger, H. und Weiss, M., *Untersynchrone Stromrichterkaskade als drehzahlregelbarer Antrieb für Kreiselpumpen*, Siemens-Zeitschrift *42*, 308–310 (1968).

[70] Rentmeister, M., *Optimierung bei der Auslegung stromrichtergespeister Triebfahrzeugmotoren synchroner Bauart*, ETZ-A *96*, H. 9, 413–418 (1975).

[71] Kühnert, S., *Antriebe mit untersynchroner Stromrichterkaskade für Kesselspeisepumpen*, BBC Nachrichten *57*, H. 11, 588–594 (1975).

[72] Schröder, D., *Selbstgeführter Stromrichter mit Phasenfolgelöschung und eingeprägtem Strom*, ETZ-A *96*, H. 11, 520–523 (1975).

[73] Klautschek, H., *Asynchronmaschinenantriebe mit Strom-Zwischenkreisumrichtern*, Siemens-Zeitschrift *50*, H. 1, 23–28 (1976).

[74] Sperling, P., *Die umrichtergespeiste Asynchronmaschine im Betrieb mit eingeprägten Rechteckströmen*, Siemens-Zeitschrift *45*, H. 8, 508–514 (1971).

[75] Pelly, B. R., *Thyristor Phase-Controlled Converters and Cycloconverters*, (J. Wiley, New York–London–Sydney–Toronto 1971).

[76] Heumann, K., *Grundlagen der Leistungselektronik*, (Teubner, Stuttgart 1975).

[77] Jufer, M. und Pittet, A., *Simulation analogique et numérique du comportement transitoire des moteurs asynchrones*, Contributi simposio sulla evoluzione nella dinamica delle macchine elettriche rotanti, Tirrenia (Università di Pisa e Napoli 1975), S. 36–43.

Sachverzeichnis